向为创建中国卫星导航事业

并使之立于世界最前列而做出卓越贡献的北斗功臣们

致以深深的敬意！

"十三五"国家重点出版物
出版规划项目

卫星导航工程技术丛书

主　编　杨元喜
副主编　蔚保国

时间基准与授时服务

Time Standard and Timing Service

蔡志武　蔺玉亭　肖胜红　卢鋆　著

国防工业出版社

·北京·

内 容 简 介

本书系统阐述了时间频率基础理论和方法,重点介绍了时间频率的产生、传递、发播和应用技术,深入分析了卫星导航系统的时间频率系统设计原理和方法。内容涵盖相对论时空理论框架、时间基准建立与保持、授时技术、时间频率应用、卫星导航系统时间频率设计等基本内容。

本书可供从事时间频率技术、卫星导航技术研究的人员参考,也可作为高等院校相关专业的辅导教材。

图书在版编目(CIP)数据

时间基准与授时服务 / 蔡志武等著. —北京:国防工业出版社,2021.3
(卫星导航工程技术丛书)
ISBN 978 – 7 – 118 – 12150 – 6

Ⅰ.①时… Ⅱ.①蔡… Ⅲ.①原子钟 – 频率基准②卫星导航 – 时间服务 Ⅳ.①TM935.11②TN967.1

中国版本图书馆 CIP 数据核字(2020)第 139585 号

审图号 GS(2020)2678 号

※

国防工业出版社出版发行
(北京市海淀区紫竹院南路 23 号 邮政编码 100048)
天津嘉恒印务有限公司印刷
新华书店经销

*

开本 710×1000 1/16 插页 10 印张 15¾ 字数 290 千字
2021 年 3 月第 1 版第 1 次印刷 印数 1—2000 册 定价 118.00 元

(本书如有印装错误,我社负责调换)

国防书店:(010)88540777　　书店传真:(010)88540776
发行业务:(010)88540717　　发行传真:(010)88540762

孙家栋院士为本套丛书致辞

探索中国北斗自主创新之路
凝练卫星导航工程技术之果

当今世界,卫星导航系统覆盖全球,应用服务广泛渗透,科技影响如日中天。

我国卫星导航事业从北斗一号工程开始到北斗三号工程,已经走过了二十六个春秋。在长达四分之一世纪的艰辛发展历程中,北斗卫星导航系统从无到有,从小到大,从弱到强,从区域到全球,从单一星座到高中轨混合星座,从 RDSS 到 RNSS,从定位授时到位置报告,从差分增强到精密单点定位,从星地站间组网到星间链路组网,不断演进和升级,形成了包括卫星导航及其增强系统的研究规划、研制生产、测试运行及产业化应用的综合体系,培养造就了一支高水平、高素质的专业人才队伍,为我国卫星导航事业的蓬勃发展奠定了坚实基础。

如今北斗已开启全球时代,打造"天上好用,地上用好"的自主卫星导航系统任务已初步实现,我国卫星导航事业也已跻身于国际先进水平,领域专家们认为有必要对以往的工作进行回顾和总结,将积累的工程技术、管理成果进行系统的梳理、凝练和提高,以利再战,同时也有必要充分利用前期积累的成果指导工程研制、系统应用和人才培养,因此决定撰写一套卫星导航工程技术丛书,为国家导航事业,也为参与者留下宝贵的知识财富和经验积淀。

在各位北斗专家及国防工业出版社的共同努力下,历经八年时间,这套导航丛书终于得以顺利出版。这是一件十分可喜可贺的大事!丛书展示了从北斗二号到北斗三号的历史性跨越,体系完整,理论与工程实践相结合，突出北斗卫星导航自主创新精神，注意与国际先进技术融合与接轨，展现了"中国的北斗，世界的北斗，一流的北斗"之大气！每一本书都是作者亲身工作成果的凝练和升华，相信能够为相关领域的发展和人才培养做出贡献。

"只要你管这件事，就要认认真真负责到底。"这是中国航天界的习惯，也是本套丛书作者的特点。我与丛书作者多有相识与共事，深知他们在北斗卫星导航科研和工程实践中取得了巨大成就，并积累了丰富经验。现在他们又在百忙之中牺牲休息时间来著书立说，继续弘扬"自主创新、开放融合、万众一心、追求卓越"的北斗精神，力争在学术出版界再现北斗的光辉形象，为北斗事业的后续发展鼎力相助，为导航技术的代代相传添砖加瓦。为他们喝彩！更由衷地感谢他们的巨大付出！由这些科研骨干潜心写成的著作，内蓄十足的含金量！我相信这套丛书一定具有鲜明的中国北斗特色，一定经得起时间的考验。

我一辈子都在航天战线工作，虽然已年逾九旬，但仍愿为北斗卫星导航事业的发展而思考和实践。人才培养是我国科技发展第一要事，令人欣慰的是，这套丛书非常及时地全面总结了中国北斗卫星导航的工程经验、理论方法、技术成果，可谓承前启后，必将有助于我国卫星导航系统的推广应用以及人才培养。我推荐从事这方面工作的科研人员以及在校师生都能读好这套丛书，它一定能给你启发和帮助，有助于你的进步与成长，从而为我国全球北斗卫星导航事业又好又快发展做出更多更大的贡献。

2020 年 8 月

祝贺卫星导航工程技术丛书

闭幕出版

杨元喜

于2019年第十届中国卫星导航年会期间题词。

期待 卫星导航工程技术丛书

助力中国北斗系统发展

于 2019 年第十届中国卫星导航年会期间题词。

卫星导航工程技术丛书
编审委员会

主　　　任　　杨元喜

副　主　任　　杨长风　　冉承其　　蔚保国

院士学术顾问　魏子卿　　刘经南　　张明高　　戚发轫
　　　　　　　　许其凤　　沈荣骏　　范本尧　　周成虎
　　　　　　　　张　军　　李天初　　谭述森

委　　　员　（按姓氏笔画排序）

丁　群　　王　刚　　王　岗　　王志鹏　　王京涛
王宝华　　王晓光　　王清太　　牛　飞　　毛　悦
尹继凯　　卢晓春　　吕小平　　朱衍波　　伍蔡伦
任立明　　刘　成　　刘　华　　刘　利　　刘天雄
刘迎春　　许西安　　许丽丽　　孙　倩　　孙汉荣
孙越强　　严颂华　　李　星　　李　罡　　李　隽
李　锐　　李孝辉　　李建文　　李建利　　李博峰
杨　俊　　杨　慧　　杨东凯　　何海波　　汪　勃
汪陶胜　　宋小勇　　张小红　　张国柱　　张爱敏
陆明泉　　陈　晶　　陈金平　　陈建云　　陈韬鸣
林宝军　　金双根　　郑晋军　　赵文军　　赵齐乐
郝　刚　　胡　刚　　胡小工　　俄广西　　姜　毅
袁　洪　　袁运斌　　党亚民　　徐彦田　　高为广
郭树人　　郭海荣　　唐歌实　　黄文德　　黄观文
黄佩诚　　韩春好　　焦文海　　谢　军　　蔡　毅
蔡志武　　蔡洪亮　　裴　凌

丛书策划　　王晓光

卫星导航工程技术丛书
编写委员会

主　　　编　杨元喜
副　主　编　蔚保国
委　　　员　（按姓氏笔画排序）
　　　　　　　尹继凯　朱衍波　伍蔡伦　刘　利
　　　　　　　刘天雄　李　隽　杨　慧　宋小勇
　　　　　　　张小红　陈金平　陈建云　陈韬鸣
　　　　　　　金双根　赵文军　姜　毅　袁　洪
　　　　　　　袁运斌　徐彦田　黄文德　谢　军
　　　　　　　蔡志武

丛书序

宇宙浩瀚、海洋无际、大漠无垠、丛林层密、山峦叠嶂,这就是我们生活的空间,这就是我们探索的远方。我在何处?我之去向?这是我们每天都必须面对的问题。从原始人巡游狩猎、航行海洋,到近代人周游世界、遨游太空,无一不需要定位和导航。

正如《北斗赋》所描述,乘舟而惑,不知东西,见斗则寤矣。又戒之,瀚海识途,昼则观日,夜则观星矣。我们的祖先不仅为后人指明了"昼观日,夜观星"的天文导航法,而且还发明了"司南"或"指南针"定向法。我们为祖先的聪颖智慧而自豪,但是又不得不面临新的定位、导航与授时(PNT)需求。信息化社会、智能化建设、智慧城市、数字地球、物联网、大数据等,无一不需要统一时间、空间信息的支持。为顺应新的需求,"卫星导航"应运而生。

卫星导航始于美国子午仪系统,成形于美国的全球定位系统(GPS)和俄罗斯的全球卫星导航系统(GLONASS),发展于中国的北斗卫星导航系统(BDS)(简称"北斗系统")和欧盟的伽利略卫星导航系统(简称"Galileo 系统"),补充于印度及日本的区域卫星导航系统。卫星导航系统是时间、空间信息服务的基础设施,是国防建设和国家经济建设的基础设施,也是政治大国、经济强国、科技强国的基本象征。

中国的北斗系统不仅是我国 PNT 体系的重要基础设施,也是国家经济、科技与社会发展的重要标志,是改革开放的重要成果之一。北斗系统不仅"标新""立异",而且"特色"鲜明。标新于设计(混合星座、信号调制、云平台运控、星间链路、全球报文通信等),立异于功能(一体化星基增强、嵌入式精密单点定位、嵌入式全球搜救等服务),特色于应用(报文通信、精密位置服务等)。标新立异和特色服务是北斗系统的立身之本,也是北斗系统推广应用的基础。

2020 年 6 月 23 日,北斗系统最后一颗卫星发射升空,标志着中国北斗全球卫星导航系统卫星组网完成;2020 年 7 月 31 日,北斗系统正式向全球用户开通服务,标志着中国北斗全球卫星导航系统进入运行维护阶段。为了全面反映中国北斗系统建设成果，同时也为了推进北斗系统的广泛应用，我们紧跟北斗工程的成功进展，组织北斗系统建设的部分技术骨干，撰写了卫星导航工程技术丛书，系统地描述北斗系统的最新发展、创新设计和特色应用成果。丛书共 26 个分册，分别介绍如下：

卫星导航定位遵循几何交会原理，但又涉及无线电信号传输的大气物理特性以及卫星动力学效应。《卫星导航定位原理》全面阐述卫星导航定位的基本概念和基本原理，侧重卫星导航概念描述和理论论述，包括北斗系统的卫星无线电测定业务（RDSS）原理、卫星无线电导航业务（RNSS）原理、北斗三频信号最优组合、精密定轨与时间同步、精密定位模型和自主导航理论与算法等。其中北斗三频信号最优组合、自适应卫星轨道测定、自主定轨理论与方法、自适应导航定位等均是作者团队近年来的研究成果。此外，该书第一次较详细地描述了"综合 PNT"、"微 PNT"和"弹性 PNT"基本框架，这些都可望成为未来 PNT 的主要发展方向。

北斗系统由空间段、地面运行控制系统和用户段三部分构成，其中空间段的组网卫星是系统建设最关键的核心组成部分。《北斗导航卫星》描述我国北斗导航卫星研制历程及其取得的成果，论述导航卫星环境和任务要求、导航卫星总体设计、导航卫星平台、卫星有效载荷和星间链路等内容，并对未来卫星导航系统和关键技术的发展进行展望，特色的载荷、特色的功能设计、特色的组网，成就了特色的北斗导航卫星星座。

卫星导航信号的连续可用是卫星导航系统的根本要求。《北斗导航卫星可靠性工程》描述北斗导航卫星在工程研制中的系列可靠性研究成果和经验。围绕高可靠性、高可用性，论述导航卫星及星座的可靠性定性定量要求、可靠性设计、可靠性建模与分析等，侧重描述可靠性指标论证和分解、星座及卫星可用性设计、中断及可用性分析、可靠性试验、可靠性专项实施等内容。围绕导航卫星批量研制，分析可靠性工作的特殊性，介绍工艺可靠性、过程故障模式及其影响、贮存可靠性、备份星论证等批产可靠性保证技术内容。

卫星导航系统的运行与服务需要精密的时间同步和高精度的卫星轨道支持。《卫星导航时间同步与精密定轨》侧重描述北斗导航卫星高精度时间同步与精密定轨相关理论与方法，包括：相对论框架下时间比对基本原理、星地/站间各种时间比对技术及误差分析、高精度钟差预报方法、常规状态下导航卫星轨道精密测定与预报等；围绕北斗系统独有的技术体制和运行服务特点，详细论述星地无线电双向时间比对、地球静止轨道/倾斜地球同步轨道/中圆地球轨道（GEO/IGSO/MEO）混合星座精密定轨及轨道快速恢复、基于星间链路的时间同步与精密定轨、多源数据系统性偏差综合解算等前沿技术与方法;同时,从系统信息生成者角度,给出用户使用北斗卫星导航电文的具体建议。

北斗卫星发射与早期轨道段测控、长期运行段卫星及星座高效测控是北斗卫星发射组网、补网,系统连续、稳定、可靠运行与服务的核心要素之一。《导航星座测控管理系统》详细描述北斗系统的卫星/星座测控管理总体设计、系列关键技术及其解决途径,如测控系统总体设计、地面测控网总体设计、基于轨道参数偏置的 MEO 和 IGSO 卫星摄动补偿方法、MEO 卫星轨道构型重构控制评价指标体系及优化方案、分布式数据中心设计方法、数据一体化存储与多级共享自动迁移设计等。

波束测量是卫星测控的重要创新技术。《卫星导航数字多波束测量系统》阐述数字波束形成与扩频测量传输深度融合机理,梳理数字多波束多星测量技术体制的最新成果,包括全分散式数字多波束测量装备体系架构、单站系统对多星的高效测量管理技术、数字波束时延概念、数字多波束时延综合处理方法、收发链路波束时延误差控制、数字波束时延在线精确标校管理等,描述复杂星座时空测量的地面基准确定、恒相位中心多波束动态优化算法、多波束相位中心恒定解决方案、数字波束合成条件下高精度星地链路测量、数字多波束测量系统性能测试方法等。

工程测试是北斗系统建设与应用的重要环节。《卫星导航系统工程测试技术》结合我国北斗三号工程建设中的重大测试、联试及试验,成体系地介绍卫星导航系统工程的测试评估技术,既包括卫星导航工程的卫星、地面运行控制、应用三大组成部分的测试技术及系统间大型测试与试验,也包括工程测试中的组织管理、基础理论和时延测量等关键技术。其中星地对接试验、卫星在轨测试技术、地面运行控制系统测试等内容都是我国北斗三号工程建设的实践成果。

卫星之间的星间链路体系是北斗三号卫星导航系统的重要标志之一,为北斗系统的全球服务奠定了坚实基础,也为构建未来天基信息网络提供了技术支撑。《卫星导航系统星间链路测量与通信原理》介绍卫星导航系统星间链路测量通信概念、理论与方法,论述星间链路在星历预报、卫星之间数据传输、动态无线组网、卫星导航系统性能提升等方面的重要作用,反映了我国全球卫星导航系统星间链路测量通信技术的最新成果。

自主导航技术是保证北斗地面系统应对突发灾难事件、可靠维持系统常规服务性能的重要手段。《北斗导航卫星自主导航原理与方法》详细介绍了自主导航的基本理论、星座自主定轨与时间同步技术、卫星自主完好性监测技术等自主导航关键技术及解决方法。内容既有理论分析,也有仿真和实测数据验证。其中在自主时空基准维持、自主定轨与时间同步算法设计等方面的研究成果,反映了北斗自主导航理论和工程应用方面的新进展。

卫星导航"完好性"是安全导航定位的核心指标之一。《卫星导航系统完好性原理与方法》全面阐述系统基本完好性监测、接收机自主完好性监测、星基增强系统完好性监测、地基增强系统完好性监测、卫星自主完好性监测等原理和方法,重点介绍相应的系统方案设计、监测处理方法、算法原理、完好性性能保证等内容,详细描述我国北斗系统完好性设计与实现技术,如基于地面运行控制系统的基本完好性的监测体系、顾及卫星自主完好性的监测体系、系统基本完好性和用户端有机结合的监测体系、完好性性能测试评估方法等。

时间是卫星导航的基础,也是卫星导航服务的重要内容。《时间基准与授时服务》从时间的概念形成开始:阐述从古代到现代人类关于时间的基本认识,时间频率的理论形成、技术发展、工程应用及未来前景等;介绍早期的牛顿绝对时空观、现代的爱因斯坦相对时空观及以霍金为代表的宇宙学时空观等;总结梳理各类时空观的内涵、特点、关系,重点分析相对论框架下的常用理论时标,并给出相互转换关系;重点阐述针对我国北斗系统的时间频率体系研究、体制设计、工程应用等关键问题,特别对时间频率与卫星导航系统地面、卫星、用户等各部分之间的密切关系进行了较深入的理论分析。

卫星导航系统本质上是一种高精度的时间频率测量系统,通过对时间信号的测量实现精密测距,进而实现高精度的定位、导航和授时服务。《卫星导航精密时间传递系统及应用》以卫星导航系统中的时间为切入点,全面系统地阐述卫星导航系统中的高精度时间传递技术,包括卫星导航授时技术、星地时间传递技术、卫星双向时间传递技术、光纤时间频率传递技术、卫星共视时间传递技术,以及时间传递技术在多个领域中的应用案例。

空间导航信号是连接导航卫星、地面运行控制系统和用户之间的纽带,其质量的好坏直接关系到全球卫星导航系统(GNSS)的定位、测速和授时性能。《GNSS空间信号质量监测评估》从卫星导航系统地面运行控制和测试角度出发,介绍导航信号生成、空间传播、接收处理等环节的数学模型,并从时域、频域、测量域、调制域和相关域监测评估等方面,系统描述工程实现算法,分析实测数据,重点阐述低失真接收、交替采样、信号重构与监测评估等关键技术,最后对空间信号质量监测评估系统体系结构、工作原理、工作模式等进行论述,同时对空间信号质量监测评估应用实践进行总结。

北斗系统地面运行控制系统建设与维护是一项极其复杂的工程。地面运行控制系统的仿真测试与模拟训练是北斗系统建设的重要支撑。《卫星导航地面运行控制系统仿真测试与模拟训练技术》详细阐述地面运行控制系统主要业务的仿真测试理论与方法，系统分析全球主要卫星导航系统地面控制段的功能组成及特点，描述地面控制段一整套仿真测试理论和方法，包括卫星导航数学建模与仿真方法、仿真模型的有效性验证方法、虚-实结合的仿真测试方法、面向协议测试的通用接口仿真方法、复杂仿真系统的开放式体系架构设计方法等。最后分析了地面运行控制系统操作人员岗前培训对训练环境和训练设备的需求，提出利用仿真系统支持地面操作人员岗前培训的技术和具体实施方法。

卫星导航信号严重受制于地球空间电离层延迟的影响，利用该影响可实现电离层变化的精细监测，进而提升卫星导航电离层延迟修正效果。《卫星导航电离层建模与应用》结合北斗系统建设和应用需求，重点论述了北斗系统广播电离层延迟及区域增强电离层延迟改正模型、码偏差处理方法及电离层模型精化与电离层变化监测等内容，主要包括北斗全球广播电离层时延改正模型、北斗全球卫星导航差分码偏差处理方法、面向我国低纬地区的北斗区域增强电离层延迟修正模型、卫星导航全球广播电离层模型改进、卫星导航全球与区域电离层延迟精确建模、卫星导航电离层层析反演及扰动探测方法、卫星导航定位电离层时延修正的典型方法等，体系化地阐述和总结了北斗系统电离层建模的理论、方法与应用成果及特色。

卫星导航终端是卫星导航系统服务的端点，也是体现系统服务性能的重要载体，所以卫星导航终端本身必须具备良好的性能。《卫星导航终端测试系统原理与应用》详细介绍并分析卫星导航终端测试系统的分类和实现原理，包括卫星导航终端的室内测试、室外测试、抗干扰测试等系统的构成和实现方法以及我国第一个大型室外导航终端测试环境的设计技术，并详述各种测试系统的工程实践技术，形成卫星导航终端测试系统理论研究和工程应用的较完整体系。

卫星导航系统 PNT 服务的精度、完好性、连续性、可用性是系统的关键指标，而卫星导航系统必然存在卫星轨道误差、钟差以及信号大气传播误差，需要增强系统来提高服务精度和完好性等关键指标。卫星导航增强系统是有效削弱大多数系统误差的重要手段。《卫星导航增强系统原理与应用》根据国际民航组织有关全球卫星导航系统服务的标准和操作规范，详细阐述了卫星导航系统的星基增强系统、地基增强系统、空基增强系统以及差分系统和低轨移动卫星导航增强系统的原理与应用。

与卫星导航增强系统原理相似,实时动态(RTK)定位也采用差分定位原理削弱各类系统误差的影响。《GNSS 网络 RTK 技术原理与工程应用》侧重介绍网络 RTK 技术原理和工作模式。结合北斗系统发展应用,详细分析网络 RTK 定位模型和各类误差特性以及处理方法、基于基准站的大气延迟和整周模糊度估计与北斗三频模糊度快速固定算法等,论述空间相关误差区域建模原理、基准站双差模糊度转换为非差模糊度相关技术途径以及基准站双差和非差一体化定位方法,综合介绍网络 RTK 技术在测绘、精准农业、变形监测等方面的应用。

GNSS 精密单点定位(PPP)技术是在卫星导航增强原理和 RTK 原理的基础上发展起来的精密定位技术,PPP 方法一经提出即得到同行的极大关注。《GNSS 精密单点定位理论方法及其应用》是国内第一本全面系统论述 GNSS 精密单点定位理论、模型、技术方法和应用的学术专著。该书从非差观测方程出发,推导并建立 BDS/GNSS 单频、双频、三频及多频 PPP 的函数模型和随机模型,详细讨论非差观测数据预处理及各类误差处理策略、缩短 PPP 收敛时间的系列创新模型和技术,介绍 PPP 质量控制与质量评估方法、PPP 整周模糊度解算理论和方法,包括基于原始观测模型的北斗三频载波相位小数偏差的分离、估计和外推问题,以及利用连续运行参考站网增强 PPP 的概念和方法,阐述实时精密单点定位的关键技术和典型应用。

GNSS 信号到达地表产生多路径延迟,是 GNSS 导航定位的主要误差源之一,反过来可以估计地表介质特征,即 GNSS 反射测量。《GNSS 反射测量原理与应用》详细、全面地介绍全球卫星导航系统反射测量原理、方法及应用,包括 GNSS 反射信号特征、多路径反射测量、干涉模式技术、多普勒时延图、空基 GNSS 反射测量理论、海洋遥感、水文遥感、植被遥感和冰川遥感等,其中利用 BDS/GNSS 反射测量估计海平面变化、海面风场、有效波高、积雪变化、土壤湿度、冻土变化和植被生长量等内容都是作者的最新研究成果。

伪卫星定位系统是卫星导航系统的重要补充和增强手段。《GNSS 伪卫星定位系统原理与应用》首先系统总结国际上伪卫星定位系统发展的历程,进而系统描述北斗伪卫星导航系统的应用需求和相关理论方法,涵盖信号传输与多路径效应、测量误差模型等多个方面,系统描述 GNSS 伪卫星定位系统(中国伽利略测试场测试型伪卫星)、自组网伪卫星系统(Locata 伪卫星和转发式伪卫星)、GNSS 伪卫星增强系统(闭环同步伪卫星和非同步伪卫星)等体系结构、组网与高精度时间同步技术、测量与定位方法等,系统总结 GNSS 伪卫星在各个领域的成功应用案例,包括测绘、工业控制、军事导航和 GNSS 测试试验等，充分体现出 GNSS 伪卫星的"高精度、高完好性、高连续性和高可用性"的应用特性和应用趋势。

GNSS 存在易受干扰和欺骗的缺点，但若与惯性导航系统(INS)组合，则能发挥两者的优势，提高导航系统的综合性能。《高精度 GNSS/INS 组合定位及测姿技术》系统描述北斗卫星导航/惯性导航相结合的组合定位基础理论、关键技术以及工程实践，重点阐述不同方式组合定位的基本原理、误差建模、关键技术以及工程实践等，并将组合定位与高精度定位相互融合，依托移动测绘车组合定位系统进行典型设计，然后详细介绍组合定位系统的多种应用。

未来 PNT 应用需求逐渐呈现出多样化的特征，单一导航源在可用性、连续性和稳健性方面通常不能全面满足需求，多源信息融合能够实现不同导航源的优势互补，提升 PNT 服务的连续性和可靠性。《多源融合导航技术及其演进》系统分析现有主要导航手段的特点、多源融合导航终端的总体构架、多源导航信息时空基准统一方法、导航源质量评估与故障检测方法、多源融合导航场景感知技术、多源融合数据处理方法等，依托车辆的室内外无缝定位应用进行典型设计，探讨多源融合导航技术未来发展趋势，以及多源融合导航在 PNT 体系中的作用和地位等。

卫星导航系统是典型的军民两用系统，一定程度上改变了人类的生产、生活和斗争方式。《卫星导航系统典型应用》从定位服务、位置报告、导航服务、授时服务和军事应用 5 个维度系统阐述卫星导航系统的应用范例。"天上好用，地上用好"，北斗卫星导航系统只有服务于国计民生，才能产生价值。

海洋定位、导航、授时、报文通信以及搜救是北斗系统对海事应用的重要特色贡献。《北斗卫星导航系统海事应用》梳理分析国际海事组织、国际电信联盟、国际海事无线电技术委员会等相关国际组织发布的 GNSS 在海事领域应用的相关技术标准，详细阐述全球海上遇险与安全系统、船舶自动识别系统、船舶动态监控系统、船舶远程识别与跟踪系统以及海事增强系统等的工作原理及在海事导航领域的具体应用。

将卫星导航技术应用于民用航空，并满足飞行安全性对导航完好性的严格要求，其核心是卫星导航增强技术。未来的全球卫星导航系统将呈现多个星座共同运行的局面，每个星座均向民航用户提供至少 2 个频率的导航信号。双频多星座卫星导航增强技术已经成为国际民航下一代航空运输系统的核心技术。《民用航空卫星导航增强新技术与应用》系统阐述多星座卫星导航系统的运行概念、先进接收机自主完好性监测技术、双频多星座星基增强技术、双频多星座地基增强技术和实时精密定位技术等的原理和方法,介绍双频多星座卫星导航系统在民航领域应用的关键技术、算法实现和应用实施等。

  本丛书全面反映了我国北斗系统建设工程的主要成就,包括导航定位原理,工程实现技术,卫星平台和各类载荷技术,信号传输与处理理论及技术,用户定位、导航、授时处理技术等。各分册:虽有侧重,但又相互衔接;虽自成体系,又避免大量重复。整套丛书力求理论严密、方法实用,工程建设内容力求系统,应用领域力求全面,适合从事卫星导航工程建设、科研与教学人员学习参考,同时也为从事北斗系统应用研究和开发的广大科技人员提供技术借鉴,从而为建成更加完善的北斗综合 PNT 体系做出贡献。

  最后,让我们从中国科技发展史的角度,来评价编撰和出版本丛书的深远意义,那就是:将中国卫星导航事业发展的重要的里程碑式的阶段永远地铭刻在历史的丰碑上!

2020 年 8 月

前言

自从 20 世纪 90 年代以来，卫星导航系统和技术在世界各国得到了广泛应用。自从我国北斗系统建设和运行以来，在我国的国防和经济建设中发挥了重要作用。当前北斗三号系统正在紧密的组网建设过程中，即将为全球提供基于北斗系统的定位、导航、授时等服务。

卫星导航定位实现的基础在于精密测距，测距的本质为测时，因此，时间频率技术是卫星导航系统的核心技术之一。卫星导航系统的信号发射与接收、轨道精密测定、星地和站间的协同工作等各个方面都离不开时间频率技术的支持和保障。从时间频率专业体系来看，守时、授时、用时系统是其核心组成部分，而卫星导航系统则是授时系统中精度最高、覆盖最广，也是最重要的系统。

本书围绕时间基准与授时服务，详细介绍标准时间如何产生、如何传递、如何应用等基础知识，并结合北斗卫星导航系统，深入分析北斗系统如何建立内部时间尺度，如何实现地面站、卫星、用户的时间一致性，如何建立自洽的时频指标体系，如何实现与标准时间的溯源及多个卫星导航系统之间如何实现时间基准上的兼容互操作等技术。

全书共 9 章，其中第 1 章、第 2 章、第 8 章由蔡志武撰写，第 3 章、第 4 章、第 7 章由蔺玉亭撰写，第 5 章、第 6 章由肖胜红撰写，第 9 章由卢鋆撰写。各章基本内容如下：

第 1 章为绪论，概述人类对于时间的认知起源和发展，分析科学领域时间理论框架的建立和演变，介绍从古至今的主要时间计量工具及当前国内外一些重要的时频实验室。

第 2 章为时间频率理论基础，分析比较科研和工程领域最常用的两种时空参考系理论框架，即牛顿绝对时空框架和爱因斯坦相对时空框架，详细阐述当今国际通用的时间频率标准的产生、发播及未来可能面临的改革，介绍常用时间频率信号类型与测量及性能指标检测与评估方法。

第 3 章介绍常用的各类天文时系统,包括真太阳时、平太阳时、世界时、脉冲星时等时间系统的定义与实现,并给出东方、西方国家和地区常见的历法由来及计算方法。

第 4 章介绍原子时系统的建立方法,比较常见的原子钟的性能特点,给出原子钟性能分析的基本方法,介绍常见的综合原子时计算方法,说明频率基准运行原理及在原子时系统中的作用和频率驾驭方法。

第 5 章介绍北斗系统时间基准及内部时间频率体系设计思路,给出北斗系统时间的具体定义、实现方式,深入分析北斗系统时间的产生、溯源、星地同步等系统内部各节点时间精确同步方法,深入论述北斗系统时间频率指标要素影响关系、分析模型及综合方法。

第 6 章介绍 GNSS 时间设计及兼容互操作对时间基准的要求,对 GPS、GLONASS、Galileo 系统等的时间定义、产生、溯源、同步等技术设计进行分析,对多个 GNSS 兼容互操作概念与内涵及系统时间偏差监测方法进行分析。

第 7 章介绍常用的授时技术和系统,对卫星授时、陆基无线电授时、网络和电话授时的技术原理、方法、精度等进行分析说明,研究授时系统溯源和监测原理及方法并提出相应的设计方案。

第 8 章介绍信息化战场中的时间频率,总结古代、近代、现代战争中的时间观,对信息化战场时间统一、频率支撑的作用进行深入分析,通过典型战例的解剖分析时间频率的具体应用,也对新出现的时间战的基本概念进行初步分析和讨论。

第 9 章为时间频率展望,在回顾几十年来时间频率技术高速发展的基础上,对未来几个重要的新兴领域和热点方向进行初步分析和介绍,对时间频率技术和系统的未来发展趋势进行展望。

通过本书的介绍,期望能帮助读者较全面地了解国内外时间频率体系的基本概况,较深入地了解北斗和其他卫星导航系统时间频率系统构建的基本框架,并理解和建立各类时间概念之间的关系,在实际开发和应用中能够根据需要合理选择所使用的技术和标准。

特别感谢杨元喜院士的总体指导;感谢北京卫星导航中心韩春好教授、北京无线电计量测试研究所张升康研究员、中国科学院国家授时中心的袁海波研究员及许多领导和同事的无私帮助;感谢国防工业出版社编辑认真细致的工作。

鉴于编者水平有限,书中难免会有错漏或不妥之处,敬请读者批评指正。

作者

2020 年 8 月

目　录

第 1 章　绪论 ······ 1
1.1　时间认知起源 ······ 1
1.2　时间理论演变 ······ 4
1.2.1　牛顿绝对时空框架 ······ 4
1.2.2　爱因斯坦相对时空框架 ······ 5
1.2.3　霍金时空框架 ······ 8
1.2.4　其他领域的时间观 ······ 9
1.3　时间计量工具 ······ 10
1.4　现代时频实验室 ······ 15
参考文献 ······ 20

第 2 章　时间频率理论基础 ······ 21
2.1　时空参考系理论框架 ······ 21
2.1.1　时空观念与理论框架 ······ 21
2.1.2　相对论框架下时空参考系 ······ 27
2.1.3　常用相对论时标理论关系 ······ 30
2.2　国际时间频率参考系统 ······ 35
2.2.1　国际时间频率标准 ······ 35
2.2.2　标准时间频率发播 ······ 42
2.2.3　协调世界时改革计划 ······ 46
2.3　时间频率基本信号与测量 ······ 50
2.3.1　时间信号类型 ······ 50
2.3.2　频率信号类型 ······ 51
2.3.3　时频信号测量 ······ 52
2.4　时间频率性能指标与评估 ······ 53
2.4.1　时间准确度 ······ 53

  2.4.2 频率准确度 ········· 53
  2.4.3 频率稳定度 ········· 55
  2.4.4 频率漂移率 ········· 56
  2.4.5 频率复现性 ········· 57
  2.4.6 相位噪声 ··········· 58
  2.4.7 其他指标 ··········· 58
  2.4.8 检测与评估 ········· 59
 参考文献 ····················· 59

第3章 天文时系统 ········· 62

 3.1 真太阳时与平太阳时 ····· 62
  3.1.1 基本定义 ··········· 63
  3.1.2 太阳时的实现 ······· 64
 3.2 世界时系统 ············· 65
  3.2.1 基本定义 ··········· 65
  3.2.2 世界时的实现 ······· 66
  3.2.3 北京时间 ··········· 67
 3.3 天文历表与历书时 ······· 69
 3.4 脉冲星时间计量 ········· 70
  3.4.1 脉冲星的基本特征 ··· 70
  3.4.2 脉冲星计时实现 ····· 71
 3.5 年月日与历法 ··········· 73
  3.5.1 公历 ··············· 73
  3.5.2 伊斯兰历 ··········· 74
  3.5.3 农历 ··············· 76
 参考文献 ····················· 78

第4章 原子时系统 ········· 80

 4.1 量子跃迁与原子钟 ······· 80
  4.1.1 原子钟基本原理 ····· 80
  4.1.2 铯原子钟及性能 ····· 82
  4.1.3 氢原子钟及性能 ····· 83
  4.1.4 铷原子钟及性能 ····· 85
  4.1.5 国产原子钟工作进展 · 85
 4.2 原子钟性能分析 ········· 89
  4.2.1 原子钟时域分析方法 · 90

  4.2.2 原子钟频域分析方法 ………………………………………………… 93
 4.3 综合原子时算法 ……………………………………………………………… 100
  4.3.1 ALGOS 算法 …………………………………………………………… 100
  4.3.2 卡尔曼滤波算法 ………………………………………………………… 103
  4.3.3 AT1 算法 ………………………………………………………………… 105
 4.4 频率基准与频率驾驭 ………………………………………………………… 107
  4.4.1 频率基准 ………………………………………………………………… 107
  4.4.2 频率驾驭 ………………………………………………………………… 111
 4.5 原子时系统建立 ……………………………………………………………… 111
  4.5.1 原子时定义 ……………………………………………………………… 111
  4.5.2 地方原子时系统 ………………………………………………………… 112
  4.5.3 国际原子时系统 ………………………………………………………… 113
 参考文献 ……………………………………………………………………………… 114

第 5 章 卫星导航时间系统与体系设计 …………………………………………… 116

 5.1 卫星导航时间系统概述 ……………………………………………………… 116
  5.1.1 卫星导航时间系统的重要性 …………………………………………… 116
  5.1.2 其他 GNSS 时间系统 …………………………………………………… 116
  5.1.3 北斗时间系统 …………………………………………………………… 117
 5.2 系统时间的总体设计 ………………………………………………………… 117
  5.2.1 北斗时间系统物理组成 ………………………………………………… 117
  5.2.2 系统工作流程 …………………………………………………………… 118
  5.2.3 功能体系组成 …………………………………………………………… 119
  5.2.4 系统时间的外部关系 …………………………………………………… 123
 5.3 北斗系统时间指标设计 ……………………………………………………… 123
  5.3.1 指标设计思路 …………………………………………………………… 123
  5.3.2 主要指标要素 …………………………………………………………… 125
  5.3.3 指标关系模型 …………………………………………………………… 125
  5.3.4 指标综合方法 …………………………………………………………… 130
 5.4 北斗系统时间产生 …………………………………………………………… 132
  5.4.1 系统时间产生 …………………………………………………………… 132
  5.4.2 系统时间溯源 …………………………………………………………… 132
  5.4.3 卫星时间系统 …………………………………………………………… 133
  5.4.4 星地时间同步与控制 …………………………………………………… 133
 参考文献 ……………………………………………………………………………… 134

第6章 GNSS 时间系统及兼容互操作 ·················· 135

6.1 GPS 时间系统 ·················· 135
- 6.1.1 时间基准定义 ·················· 135
- 6.1.2 系统时间产生 ·················· 135
- 6.1.3 系统时间溯源 ·················· 136
- 6.1.4 卫星时间系统 ·················· 137
- 6.1.5 星地时间同步与控制 ·················· 139

6.2 GLONASS 时间系统 ·················· 139
- 6.2.1 时间基准定义 ·················· 139
- 6.2.2 系统时间产生 ·················· 140
- 6.2.3 系统时间溯源 ·················· 141
- 6.2.4 卫星时间系统 ·················· 142
- 6.2.5 星地时间同步与控制 ·················· 144

6.3 Galileo 时间系统 ·················· 145
- 6.3.1 时间基准定义 ·················· 145
- 6.3.2 系统时间产生 ·················· 145
- 6.3.3 系统时间溯源 ·················· 148
- 6.3.4 卫星时间系统 ·················· 149
- 6.3.5 星地时间同步与控制 ·················· 150

6.4 GNSS 兼容互操作 ·················· 150
- 6.4.1 概念与内涵 ·················· 150
- 6.4.2 具体技术方法 ·················· 151

参考文献 ·················· 152

第7章 授时服务 ·················· 154

7.1 授时技术发展简史 ·················· 154

7.2 卫星授时 ·················· 155
- 7.2.1 北斗 RDSS 单向授时 ·················· 156
- 7.2.2 北斗 RDSS 双向授时 ·················· 157
- 7.2.3 RNSS 授时 ·················· 158

7.3 陆基无线电授时 ·················· 161
- 7.3.1 短波无线电授时 ·················· 161
- 7.3.2 长波无线电授时 ·················· 164

7.4 网络和电话授时 ·················· 166
- 7.4.1 网络授时 ·················· 166

7.4.2 电话授时 ·········· 172
7.5 授时系统溯源与监测 ·········· 172
　　7.5.1 授时系统时间溯源 ·········· 172
　　7.5.2 授时系统信号监测 ·········· 177
参考文献 ·········· 182

第8章 信息化战场中的时间频率 ·········· 184

8.1 战争的时间观 ·········· 184
　　8.1.1 古代战争的时间观 ·········· 184
　　8.1.2 近代战争的时间观 ·········· 185
　　8.1.3 现代战争的时间观 ·········· 185
8.2 信息化战场的时间统一 ·········· 187
　　8.2.1 联合作战的时统基础 ·········· 187
　　8.2.2 敌我识别的时统前提 ·········· 188
　　8.2.3 通信传输的时统要求 ·········· 190
　　8.2.4 精确打击的时统保障 ·········· 192
8.3 信息化战场的频率支撑 ·········· 194
　　8.3.1 电磁信号与频率源 ·········· 194
　　8.3.2 信息化武器装备与频率源 ·········· 195
8.4 典型战例的时频作用分析 ·········· 197
8.5 时间战的新概念研究 ·········· 200
参考文献 ·········· 202

第9章 时间频率发展展望 ·········· 203

9.1 喷泉基准钟性能不断提升 ·········· 203
9.2 光频标未来将重新定义"秒" ·········· 207
9.3 新型超稳频率源快速发展 ·········· 208
9.4 卫星双向时间频率传递技术新发展 ·········· 211
9.5 光纤时频传递引领远程校准技术革新 ·········· 213
9.6 北斗卫星授时技术改变中国时间服务格局 ·········· 218
9.7 结束语 ·········· 218
参考文献 ·········· 220

缩略语 ·········· 221

第1章 绪　　论

1.1　时间认知起源

在人类数百万年的进化历程中,日月星辰的运动变化直接影响了人类的生活与生产,在长期的观察中,人类逐渐认识到太阳、月亮等天体运动变化具有周期性,从感知时间到逐步建立时间的概念,再到时间科学的研究,经历了漫长的过程[1-2]。人们通过观察太阳的东升西落,感受着昼夜轮回现象,逐渐形成了"日"的概念,于是把一个昼夜轮回的时间长度称为1日。然后人们通过观察月亮的圆缺,逐渐形成了"月"的概念,于是把两次月圆之间的时间长度称为1月。通过观察地球上四季气候和动植物有规律的、重复性的变化,逐渐形成了"年"的概念,于是把一个四季轮回的时间长度称为1年。这就是远古时期人类对时间的最初认识和日、月、年等最基本的时间概念的形成。

古代许多思想家开始对时间是什么进行了认真思考和研究,代表了对时间的朴素的感性或理性认识。古希腊哲学家亚里士多德(图1.1)等人认为,时间是日月星辰的运行、四季更替的变化。古罗马思想家奥古斯丁(图1.2)认为,运动不是时间,运动的持续也不是时间,如果是前者,因运动速度不同时间就有了快慢,但时间是均匀流逝的,如果是后者,运动停止了时间并没有停止。奥古斯丁观点的独特性在于,他把时间和具体的运动分开,提出了时间均匀流逝的观点。

图1.1　亚里士多德

图1.2　奥古斯丁

进入近代,哥白尼的"日心说"更新了人们的宇宙观(图1.3和图1.4),推动了现代天文学的发展。科学家们逐渐认识到,"日"内所发生的昼夜交替等各类天文现象是由地球自转运动所产生的(图1.5),"年"内所发生的春夏秋冬四季轮回现象是由于地球围绕太阳公转所产生的(图 1.6),在此科学认识基础上,人们把地球自转一周定义为 1 日,公转 1 周定义为 1 年。更进一步,人们还把一日划分为 24 小时,把 1 年划分为 12 个月份,把每个月份定义为 28~31 天,由此形成了科学意义上的严格的时间计量单位,时间可以通过天文观测的方式来精确测量。

图 1.3　华沙哥白尼纪念碑

图 1.4　《天体运行论》中哥白尼的宇宙观

人们对时间的认识,最早来自于日、月等天体的周期性变化及其对日常生活的周期性影响,进而以天体运动的周期来定义时间长度,随着科技的发展,人们进一步认识到,任何具有稳定周期的物质运动都可以用来定义或计量时间长度,如单摆运动

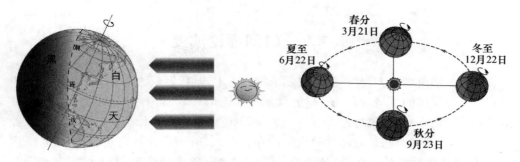

图 1.5 地球自转与昼夜交替(见彩图) 　　图 1.6 地球公转与四季轮回(见彩图)

(图 1.7)、分子运动、原子运动(图 1.8)等。进入现代以来,人们发现原子跃迁具有更加稳定的运动周期,发明了原子钟并在此基础上定义了秒基准,由此开启了原子时标的新时代。

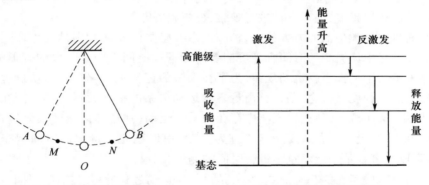

图 1.7 单摆运动示意图　　图 1.8 原子能级跃迁示意图

　　人们通过不同事件发生的前后次序的生活经验总结出时刻的概念,通过某一事件持续长短的生活经验总结出时间间隔的概念,时刻和时间间隔代表了时间的两个基本度量形式。在实际生活中,人们为了方便相互间的交流和活动,通常以一些具有唯一性及标志性事物的起止作为对时的参考点。例如:以耶稣诞生的年份作为公元纪年的开始;以毛主席宣告中华人民共和国成立的年份作为新中国的开始;以运动场上发令枪的声音作为某项比赛的开始。为了方便使用时间,人们发明了多种多样的计时工具,如日晷、机械钟、石英钟、原子钟等,这些计时工具让人们在生活或劳动中可以很方便地获取准确的时间。

　　综上所述,时间的认识及其概念和理论的产生,起源于日、月等天体运动对人们生活与劳动的支配性影响,对物质运动的科学研究又进一步加深了人们对时间的理解和认识,时间在人类社会的各类联系和协作中发挥的重要作用又促进了对时间科学和计时工具的独立研究与应用,时间是现代国际单位制中 7 个基本物理量单位之一,是信息时代必不可少的信息要素。广义上看,时间总是与物质运动密切联系的,时间可以说是物质运动的一种度量形式,时间反映了物质运动的持续性、顺序性。

1.2 时间理论演变

时间虽然早就被人们所认识,说起来没有人不知道,但要为其下一确切的定义却是一件十分困难的事情。有人说时间就是钟表上的读数,也有人说时间就是日升日落、四季更替……这些表述都没有错,但又都不能完全地解释什么是时间。马克思哲学观认为:时间和空间是运动着的物质的存在形式,时间是物质运动的持续性、顺序性,空间是物质运动的广延性、伸展性。诺贝尔物理学奖获得者、美国物理学家伊西多·艾萨克·拉比(Isidor Isaac Rabi)教授曾写道:"时间是什么?似乎小孩都知道,但是即使水平最高的理论物理学家也难为它下一个令人满意的定义。然而,时间的度量是一切科学的基础,因为科学家们所能研究的仅仅是随着时间的流逝改变的是什么。"由此可见,时间必须从物质的运动过程角度,判别和排列事件发生的先后顺序和运动的快慢程度,来对它们进行观察、分析和研究。

时间贯穿人类生活的方方面面,每个人亲身感受的时间特别是在生命运动现象的感受和记忆中体会到的时间含义可能各不相同。时间不同于一般的有形的实体,时间是人类为了把握事物运动规律、为了在大脑的记忆中理解事物运动过程及其关系而建立的一种度量概念,是人类衡量事物运动关系的一把无形的尺度。在具体的时间计量方法实现上,往往以现实中存在的某一运动(如地球的自转及公转运动、月球的公转运动、铯原子的跃迁运动等)为参考,用以建立可量化的时间。在此基础上,就可以对事物某一运动过程进行时间的测量和分析。

时间是物质存在的基本形式之一,是对物质运动过程的一种描述,时间也是思维对物质运动过程的分割、划分。在近现代科学领域,各种时间理论及其研究主要建立在3个大的理论框架基础上,即牛顿绝对时空框架、爱因斯坦相对时空框架、霍金时空框架[3-6]。

1.2.1 牛顿绝对时空框架

17世纪,在研究物理运动规律和力学作用的基础上,牛顿提出了静态的、平直的、绝对的时空观。牛顿在其1687年出版的《自然哲学的数学原理》一书中给出了如下定义:"绝对的、真实的数学时间,就其自身及其本质而言,是永远均匀流动的,它不依赖于任何外界事物。"

牛顿经典力学总结了低速物体的运动规律,它反映了牛顿的绝对时空观。绝对时空观认为时间和空间是两个完全独立的观念,彼此之间没有任何联系,具有绝对性。绝对时空观认为时间与空间的度量与惯性参照系的运动状态无关,同一物体在不同惯性参照系中观察到的运动学量(如坐标、速度)可通过伽利略变换而互相联系。伽利略变换是经典力学中在两个相对移动的参考系之间进行变换的一种方法,伽利略变换与人们对相对运动导致物体速度加减的直觉相一致,其理论基础是时间和空间是绝对的。一切力学规律在伽利略变换下是不变的,这就是力学相对性原理。

牛顿在《自然哲学的数学原理》一书中阐述的绝对时间有如下几层含义:①时间是均匀流逝的,时间流逝的快慢是永远不变的,与其他事物无关,特别是与空间无关。②时间是无始无终的,任何一个确定的时间点之前和之后一定还存在时间。③一只具体的时钟误差,不是由时间本身产生的,而是由具体的计时方法和装置产生的。只要定义理想的标准钟,那么所有的标准钟都是走得一样快的。④所有的标准钟一经对准,无论在何时何地都是同步的。

同时期的德国数学家、物理学家莱布尼兹(Gottfried Wilhelm Leibniz)认为:同时间相比,事件要更为基本,那种认为没有事件时间也会存在的观点是荒谬的。在他看来,时间是从事件引出来的,所有同时性事件构成了宇宙的一个阶段。而这些阶段就像昨天、今天和明天一样,一个紧接着一个。莱布尼兹的这种基于事件的时间理论,与爱因斯坦的相对时空观具有一定的相似性,在今天看来似乎比牛顿理论更能为人接受。

1.2.2 爱因斯坦相对时空框架

直至20世纪初,人们还普遍认为存在着一个普遍适用的、不依赖于任何其他事物的时间体系。当爱因斯坦提出狭义相对论和广义相对论并从理论上阐述时间的快慢与物质运动相关、与引力场有关、时间的变化具有相对性等新观点时,就从根本上动摇了牛顿的时空观及牛顿力学理论体系,给整个物理学带来了革命性的变化。相对论和量子力学共同奠定了现代物理学的理论基础。

相对论(theory of relativity)是关于时空和引力的理论,主要由爱因斯坦创立,依其研究对象的不同可分为狭义相对论(special theory of relativity)和广义相对论(general relativity)。相对论极大地改变了人类对宇宙和自然的"常识性"观念,提出了"同时的相对性""四维时空""弯曲时空"等全新的概念。目前一般认为,狭义与广义相对论的区别在于所讨论的问题是否涉及引力(弯曲时空),即狭义相对论只涉及那些没有引力作用或者引力作用可以忽略的问题,而广义相对论则是讨论有引力作用的问题。用相对论的语言来说,就是狭义相对论的背景时空是平直的,其曲率张量为零,又称闵氏时空;而广义相对论的背景时空则是弯曲的,其曲率张量不为零。

爱因斯坦在他1905年的论文《论动体的电动力学》中介绍了其狭义相对论。狭义相对论建立在如下的两个基本公设上:

(1)狭义相对性原理(狭义协变性原理):一切惯性参考系都是平权的,即物理规律的形式在任何的惯性参考系中都是相同的。这意味着物理规律对于一位静止在实验室里的观察者和一个相对于实验室高速匀速运动着的电子是相同的。

(2)光速不变原理:真空中的光速在任何参考系下是恒定不变的,这用几何语言可以表述为光子在时空中的世界线总是类光的。也正是由于光子有这样的实验性质,光速不变原理是宇宙时空对称性的体现。

在狭义相对论提出以前,人们认为时间和空间是各自独立的绝对的存在,自伽利略时代以来这种绝对时空的观念就开始建立,牛顿创立的牛顿经典力学和经典运动学进一步完善和强化了绝对时空观。而爱因斯坦的相对论则在牛顿经典力学、麦克斯韦经典电磁学等的基础上首次提出了"四维时空"的概念,它认为时间和空间各自都不是绝对的,而绝对的是它们的一个整体——时空。以光速不变原理为前提,就可以推导出"尺缩""钟慢"等效应,这些结论动摇了长期以来人们关于时空的基本认识,更新了人们的世界观,同时也为广义相对论的诞生奠定了坚实的基础。

所有的物理学问题都涉及采用哪个时空观的问题。在 20 世纪以前的经典物理学里,人们采用的是牛顿的绝对时空观,这在宏观低速运动领域是适用的。但在接近光速的运动领域,则需要以相对论为基础。相对论的提出改变了经典的时空观,这就需要在相对论的基础上对经典物理学的公式进行改写和重建,以使其满足相对论所要求的洛伦兹协变性而不是以往的伽利略协变性,符合低速运动、近光速运动等各种不同的物理条件,使之成为更具普遍性的规律。经典力学的大部分理论公式都可以在相对论框架下成功地改写为新形式,以使其可以用来更好地描述高速运动下的物体,但由于狭义相对论是在无引力场的惯性坐标系下建立的,故而牛顿的万有引力理论无法在狭义相对论框架体系下改写,这直接促使爱因斯坦进一步扩展其狭义相对论,从而得到了广义相对论。

爱因斯坦在 1915 年左右发表的一系列论文中给出了广义相对论最初的形式。他首先注意到了被称为(弱)等效原理的实验事实:引力质量与惯性质量是等效的。这一事实可以理解为,当除了引力之外不受其他力时,所有质量足够小(即其本身的质量对引力场的影响可以忽略)的测验物体在同一引力场中以同样的方式运动。因此,可以认为引力其实并不是一种"力",而是一种时空效应,即物体的质量(准确地说应当为非零的能动张量)能够产生时空的弯曲,引力源对于测验物体的引力作用正是这种时空弯曲所造成的一种几何效应(图 1.9)。这时,所有的测验物体就在这个弯曲的时空中做惯性运动,其运动轨迹正是该弯曲时空的测地线,它们都遵守测地线方程。在这样的思路下,爱因斯坦推导得出了广义相对论。

图 1.9　爱因斯坦的四维时空(见彩图)

广义相对论包括如下基本假设：

（1）广义相对性原理（广义协变性原理）：任何物理规律都应该用与参考系无关的物理量表示出来。用几何语言描述即为，任何在物理规律中出现的时空量都应当为该时空的度规或者由其导出的物理量。

（2）爱因斯坦场方程：它具体表达了时空中的物质（能动张量）对于时空几何（曲率张量的函数）的影响，其中对应能动张量的要求（其梯度为零）则包含了在其中做惯性运动物体的运动方程的内容。

在现有的广义相对论的理论框架下，等效原理也可以由其他假设推出，因而一些现代的相对论学家经常认为其不应列入广义相对论的基本假设，其中比较有代表性的如 Synge 就认为：等效原理在相对论创立的初期起到了与以往经典物理的桥梁的作用，它可以被称为"广义相对论的接生婆"，而现在"在广义相对论这个新生婴儿诞生后把她体面地埋葬掉"。

如果说到了 20 世纪初狭义相对论因为经典物理原来固有的矛盾、大量的新实验以及广泛的关注而呼之欲出的话，那么广义相对论的提出则在某种意义下是"理论走在了实验前面"的一次实践。广义相对论的提出，在很大程度上是由于相对论理论自身发展的需要，而并非是出于有一些实验现象急待有理论去解释的现实需要，这在物理学的发展史上是不多见的。在相对论提出之后的一段时间，通过天文学上的一系列观测实验进一步证实了它的正确性，这为广义相对论提供了坚实的实验基础并促进其进一步发展。例如，通过哈勃望远镜对恒星的空间观测可以证实广义相对论预言的"光线弯曲"的存在（图 1.10）。到了当代，在对于引力波的观测和对于一些高密度天体的研究中，广义相对论已成为其理论基础之一。而另一方面，广义相对论的提出也为人们重新认识一些如宇宙学、时间旅行等古老的问题提供了新的理论工具和视角。

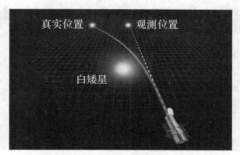

图 1.10　哈勃望远镜观测验证光线的空间弯曲（见彩图）

相对论在全球卫星定位系统中具有重要应用。例如，导航卫星上的原子钟对精确定位非常重要，这些时钟按狭义相对论计算，因高速运动会导致时间变慢（-7.2μs/天），按广义相对论计算，因相比地面物体承受较弱的重力场而导致时间变快（+45.9μs/天），综合考虑，相对论的净效应使星载时钟较地面时钟运行得更快。因此,卫星导航系统需要在相对论框架下建立精确的星地时间同步理论模型,才能够保证精确的导航定位授时服务。

特别要注意的是:相对论的时间概念是逻辑推理的结果,它以光速不变为逻辑起点,得出时间速率可变的结论,它和普通人对时间的直觉似乎并不直接相符,较难理解。实际上,时间速率的变化只有在高速运动物体中才可以显著地观测到,在我们日常生活中最常见的低速运动中时间速率的变化近似于零,这与我们的生活经验还是保持一致的。

从绝对时间和相对时间的概念可以看出,两者最显著区别是:时间和空间的相关性。牛顿的绝对时间是空间无关的,爱因斯坦的相对时间是空间相关的。相对论的推理结果是:在无引力场的惯性坐标系中时空不再独立;在有引力场的任意坐标系中,时空不再均匀。根据等效原理,任一点可以找到一个局域惯性坐标系,在其中狭义相对论成立,但不同点的局域惯性坐标系不同,所以时间速率不同,与空间坐标相关,所以时空不再均匀。简言之,相对论认为:时间不再是一个绝对的、均匀流逝的物理量,物体的运动或引力场作用会改变时间流逝的快慢。

1.2.3 霍金时空框架

英国物理学家霍金(图1.11)在《时间简史》中提出,至少有3种不同的时间箭头(图1.12):首先是热力学时间箭头,在这个时间方向上无序度或熵增加;然后是心理学时间箭头,这是我们感觉时间流逝的方向,在这个方向上我们可以记忆过去而不是未来;最后,是宇宙学时间箭头,宇宙在这个方向上膨胀,而不是收缩。心理学箭头本质上应和热力学箭头相同,热力学箭头和宇宙学箭头指向也一致,即这3个时间箭头的方向是一致的,智慧生命不会存在于三者不一致的时空之中。

图1.11　霍金和他的宇宙

霍金认为宇宙起源于一个奇点,这个奇点密度无限高、引力无限大、时空曲率无限大。宇宙是从奇点开始的,时间也是从奇点开始的。霍金认为宇宙中存在很多像黑洞一样的奇点,从一个奇点可以直接到另一个奇点,因此就有可能实现遥远的星际旅行和时间旅行。

从物理学角度来看,要进行星际旅行,需要克服星际遥远距离的障碍,从当前理论来看,克服星际距离的最好办法就是扭曲空间。例如,北京和华盛顿相隔很远,在较短的时间内到达不了,但如果大地像一张纸,能够折叠,只要将大地的两端合适地折叠起来,让华盛顿和北京叠在一起,两地的距离就可以拉得很近了。根据相对论,只要有足够的质量和引力场就可以扭曲时空。如果时空扭曲了,宇航员就可以像蚂蚁从折叠纸的一面爬到另一面那样,很容易地跨越遥远的时空距离。扭曲时空需要超大密度的区域,通过黑洞就有可能实现。如果黑洞能将时空扭曲成漏斗状,并在"漏斗"底部,把两个完全不同的时空结构连接起来,这就能够形成所谓的"虫洞"(图1.13)。

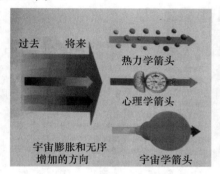

图1.12 时间箭头(见彩图)

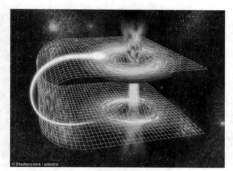

图1.13 虫洞(见彩图)

1.2.4 其他领域的时间观

除科学领域外,长久以来,时间一直也是宗教、哲学、文学、心理学等研究的主题。

哲学家对于时间有两派观点:一派认为时间是宇宙的基本结构,是一个会依序列方式出现的维度,像牛顿就对时间有这样的观点。另一派则认为时间不是任何一种已经存在的维度,也不是任何会"流动"的实存物,时间只是一种心智的概念,配合空间和数可以让人类对事件进行排序和比较,换句话说,时间不过是人类为便于思考宇宙,而对物质运动划分,是一种人定规则,包括莱布尼茨及康德在内支持这种观点。

在文学中,时间的流逝和不可逆性是一个古今中外一再提到的内容。光阴似箭,日月如梭,这句谚语既体现了古人对时间的最直接的领会,日与夜、光与阴的交汇,也体现了古人对时间载体周期性变化的认识。在科幻小说中,时间旅行是常见题材之一,在我国《西游记》等神话故事中经常提到"天上一天,地上一年",在神话世界中的时间与空间也具有相关性,这在思想上与相对论似有异曲同工之妙。

英国作家史蒂夫·泰勒在《时间心理学》中概括了关于时间的心理学的五大法则[7],即:时间会随着年龄增长而消逝得更快;当我们进入新环境或体验新经历时,时间流逝会变慢;在专注状态下,时间流逝得很快;没有完全投入时,时间流逝得很慢；当"意识心理"或正常自我失效时,时间往往会变慢甚至完全停止。这些法则可能很多人都有亲身经历和感受,既然有此类法则存在,尝试如何巧妙利用之,也是一项别具趣味而又意义重大的实验。

宗教对时间的存在问题也提出了一些值得研究的观点与思想,如时间的形态问题,有循环时间观和线性时间观；时间结构的取向问题,有过去取向、现在取向、未来取向；时间存在的方式问题,有线性存在、非线性存在、瞬时存在、跨点存在等。基督教、犹太教等对时间的记录见诸《圣经》记载,例如《彼得后书》记载"主看一日如千年,千年如一日。",这也在一定程度上体现了宗教的时间观。

1.3 时间计量工具

白昼黑夜的交替,四季的轮回变换是人们最早建立起来的时间观念。时间与人们的日常生活息息相关,而通过时间计量,可以帮助人们更好地进行生产活动。于是,逐渐出现了用来测量时间的计量工具。计量工具多种多样,所有具有稳定的周期性运动物体理论上都可以作为时间计量工具,如天体运动、机械运动、原子运动等,在此基础上就产生了各种各样的时钟[8]。

在远古的时候,人们通过太阳的升降来判断一天的早晚。当太阳升起的时候,人们开始一天的工作,太阳下山后,人们结束一天的忙碌,开始休息。"日出而作,日落而息"这句话其实也体现了人类利用自然现象进行的最简单的计时方式。但是,随着社会文明的发展和进步,这种计时方式已经不能满足日常生产生活的需要,人们开始探索研究利用人造的工具来计时,于是逐步发明了日晷、漏刻等简陋的计时工具。

日晷是中国古人利用太阳在一天中的运动轨迹而测得时刻的一种计时仪器(图1.14)。早期的日晷晷盘是木制的,后来改用石质晷盘,金属晷针,这也是我们通常所见到的日晷。将晷盘以南高北低的方式安放在石台之上,使之平行于天赤道面,晷针垂直穿过晷盘中心,这样,晷针的上端正好指向北天极,下端正好指向南天极。在晷面刻划出12个格,每个格代表2h。当太阳光照在日晷上时,晷针的影子就会投

图1.14　日晷

向晷面,太阳由东向西移动,投向晷面的晷针影子也会慢慢地由西向东移动。晷面的刻度是均匀的,于是,移动着的晷针影子好像是现代钟表的指针,晷面则是钟表的表面,以此来显示时刻。

漏刻同样是中国古老的计时工具,通过计算容器中流出的水量来计量时间。漏刻一般由置水的容器和刻有时刻的标杆组成。使用时,首先在漏壶中插入标杆,称为箭。箭下以一只箭舟相托,浮于水面。当水流出时,箭杆下沉,以壶口处箭上的刻度指示时刻,这种漏刻称为"沉箭漏"(图 1.15)。

由于这种方法受气压的影响较大,于是在汉武帝时期又出现了"浮箭漏"(图1.16)。浮箭漏由两只漏壶组成,一只用于供水,称为播水壶,另一只用来接水,称为受水壶。在受水壶中装有箭尺,箭尺上刻有刻度以标示时刻,故受水壶也常称为箭壶。播水壶中的水流入受水壶,箭舟逐渐上浮,同样以壶口处箭上的刻度指示时刻。

图 1.15　沉箭漏　　　　　图 1.16　浮箭漏

后来,为了提高计时的精度,又发明了多级漏刻(图 1.17)。多级漏刻拥有多只漏壶,上下依次串联成一组,每只漏壶都依次向其下一只漏壶中滴水,这样一来,壶内的水位就会基本保持恒定,计时的精度大为提高。

中国古代还出现过以称量水重来计量时间的称漏和以沙代水的沙漏(图 1.18)。沙漏的工作原理与漏刻大体相同,它是根据流沙从一个容器漏到另一个容器的数量来计量时间。这种采用流沙代替水的方法,是因为中国北方冬天寒冷,水容易结冰的缘故。

最著名的沙漏是 1360 年中国明代詹希元创制的"五轮沙漏"(图 1.19)。它通过沙斗内的流沙流动驱动初轮,从而带动各级机械齿轮旋转。而显示方式又与现代时钟的表面结构极其相似,一个有刻线的仪器在圆盘上转动,以此显示时刻。除此之外,中轮中添加了一个机械拨动装置,以提醒两个站在五轮沙漏上击鼓报时的木人。

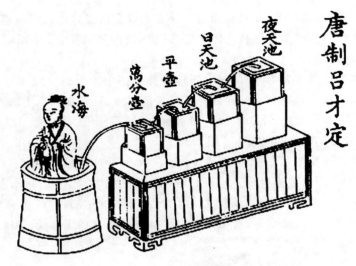

图 1.17　多级漏刻

图 1.18　沙漏

图 1.19　五轮沙漏

每到整点或一刻，两个木人便会自行出来，击鼓报告时刻。这种沙漏脱离了辅助的天文仪器，已经独立成为一种机械性的时钟结构。

　　机械结构计时工具的出现，使得计时器摆脱了天文仪器的结构形式，人类对计时的研究得到了突破性的新发展。1090 年，中国北宋宰相苏颂主持建造了一台水运仪象台（图 1.20），该仪象台具有比较复杂的齿轮传动机构，能报时打钟，而且有擒纵器，它的结构已近似于现代机械钟表的结构，且每天的误差仅有 1s，可谓是机械钟的鼻祖。

　　在 16 世纪的欧洲，意大利天文学家伽利略从教堂吊灯的摆动中受到启发，通过多种实验发现了单摆的等时性，提出利用单摆制造钟表，同时让他的两个孩子设计了制造钟表的图纸，但他们并没有制造出来。1656 年，荷兰物理学家惠更斯通过大量

图 1.20 水运仪象台

的理论研究与实践,应用伽利略的理论制造出了人类历史上的第一个钟摆。1675年,他又用游丝取代了原始的钟摆,这样就形成了以发条为动力、以游丝为调速机构的小型钟,同时也为制造便于携带的钟表提供了条件。英国人乔治·葛雷姆(George Graham)在 1726 年完善工字轮擒纵结构;它和之前发明的垂直放置的机轴擒纵结构不同,所以使得钟表机芯相对变薄。另外,1757 年左右,英国人汤马士·穆治(Thomas Mudge)发明了叉式擒纵结构,进一步提高了钟表计时的精确度。到了 19 世纪,世界各地产生了大批钟表生产厂家,机械钟表的小型化取得了巨大的进步,携带方便的袋表和手表开始出现在人们的日常生活中(图 1.21)。

1921 年,华特·加迪(Walter G. Cady)制造了世界上第一个石英晶体振荡器,简称石英晶振。沃伦·玛丽森(Warren Marrison)和约瑟夫·霍顿(Joseph Horton)于 1927 年,在贝尔实验室使用石英晶振制造了首台石英钟,它体积很大,差不多有两个衣柜那么大,每天差约 0.1 s。20 世纪 40 年代的石英钟每天差百分之几秒,到了 50 年代,石英钟一昼夜的误差只有万分之一秒左右。我们手上戴的石英表和家里挂的石英钟都是石英钟的一种,但属于最低级的,因使用的石英片又小又薄,受温度变化影响,不是很准;但在短时间内非常准确,足以满足人们的日常需要,加上价格便宜,又不用像机械表那样每天上弦,因此很受欢迎(图 1.22)。

机械钟摆和石英晶振的计时精度,满足了人们日常生产生活的需要,但随着科技的飞速发展,在一些特定的科技领域,例如航天航空、测绘、导航、通信等领域,需要更稳定更准确的产品来提供精确的时间频率。于是,1949 年世界上第一台原子钟在美

图 1.21　机械表

图 1.22　石英钟

国的国家度量衡标准实验室诞生。

　　根据原子物理学的基本原理,原子是按照不同电子排列顺序的能量差,也就是围绕在原子核周围不同电子层的能量差,来吸收或释放电磁能量的。这里电磁能量是不连续的。当原子从一个高"能量态"跃迁至低"能量态"时,它便会释放电磁波。这种电磁波特征频率是不连续的,这也就是人们所说的共振频率。原子钟便是以这种共振频率为基础来建立、保持高度精确的时间。

　　由于不同的原子具有不同的特性,人们又研制出铯原子钟、氢原子钟(图 1.23)、铷原子钟以及实验室秒复现装置。目前,科学家们正在进行光钟的研究,2010 年 2 月,由美国国家标准技术研究院(NIST)研制的铝离子光钟已达到 37 亿年误差不超过 1s 的惊人水平,成为世界上准确度最高水平的原子钟之一。

图 1.23　俄罗斯 KVARZ 公司生产的氢原子钟

　　从古至今,计时工具与仪器的发展演变大体过程可用图 1.24 表示。

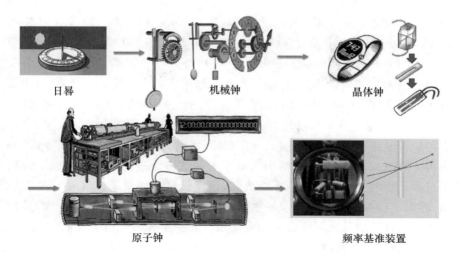

图 1.24　计时工具与仪器的演变

1.4　现代时频实验室

时间频率在现代科技、信息、通信、电力、金融、国防等领域都发挥了巨大作用,时间频率系统是一个国家的重大基础设施。当今世界大国和发达国家都非常重视时间频率技术的研究,并建立了许多的时频专业研究实验室。

1) 国际计量局(BIPM)

国际计量局(图 1.25)建立于 1875 年,总部设在法国巴黎,被赋予处理全球计量事务的重要使命,以确保全球计量基准的统一和一致性,包含长度、质量、时间电流、热力学温度、发光强度、物质的量 7 个基本物理量的科学计量工作。国际计量局负责全球通用标准时间协调世界时(UTC)的保持,目前,共有 80 多个实验室参与,其中,美国、俄罗斯、中国、日本等国家的时频实验室权重较高。

图 1.25　国际计量局(BIPM)

国际原子时(TAI)守时钟组的组成和时间比对的手段不断发生变化,2006 年,根据国际计量局时间频率咨询委员会的建议,TAI 开始在实验室之间利用精密单点定位技术进行时间比对的实验,结果通过 BIPM 的 ftp 定期发布。随着比对技术的发展,TAI 的算法经历了几个发展阶段。在 1973 年 7 月以前,TAI 是由 7 个实验室的原子时 TA(i)的平均来计算的(加权平均)。从 1973 年 7 月以后,TAI 直接以各实验室的原子钟数据为基础来计算,即应用一种频率稳定度最优的算法来计算,这个算法标记为 ALGOS。到 1977 年 1 月 1 日以前,TAI 经过自由原子时(EAL)直接得到,即 TAI 等于 EAL。1977 年 1 月 1 日以后,在 TAI 的计算中,先计算自由时间尺度 EAL,然后根据它与实验室铯基准的频率比较,确定频率改正值以后,由 EAL 换算得到 TAI。这种方法称为频率控制,它是采用微小频率步进调整方法进行的。随着原子钟质量的不断提高和远程时间比对技术的不断更新,国际计量局多次更新 TAI 计算方法和取权规则,缩短了计算周期和数据点的时间间隔,1996 年至今每月计算一次,数据点的间隔为 5 天。计算结果由国际计量局定期以月刊和年度报告的形式发布。

2)美国海军天文台(USNO)

美国海军天文台(图 1.26)自 1830 年以来,一直为海军和国际社会提供时间服务。目前 USNO 是国际上实力最强、影响最广的时间频率实验室,不仅拥有世界上最庞大的商品守时钟组,在 TAI 计算中所占的比例最高,而且拥有其他实验室不可比拟的卫星时间比对发播资源。当前,该实验室原子钟组由 80 多台铯钟和 30 多台氢钟组成,并配有 6 台铷喷泉频率基准装置。钟组分布在华盛顿本部和科罗拉多斯里佛空军基地,保存温度控制在 0.1℃、相对湿度控制在 1% 的钟房内(图 1.27)。系统主钟提供实时的时间信号 UTC(USNO),它通过动态调整与钟组给出的纸面时(即标准时间)相一致。主钟(MC)在华盛顿本部有 3 个备份,同钟房 1 个,临近钟房 1 个,还有 1 个在另一所建筑物内。UTC(USNO)从 1999 年以来,与 UTC 保持在 5ns(均方根(RMS))以内,2008 年后在 3.1ns(RMS)以内。目前,美国海军天文台守时系统的月稳定度已进入 10^{-16} 量级。

图 1.26　美国海军天文台(USNO)

3)美国国家标准技术研究院(NIST)

美国国家标准技术研究院(图 1.28)属于美国商业部的技术管理部门,前身是 1901 年建立的联邦政府的第一个物理科学实验室,位于马里兰州的 Gaithersburg,是目前 NIST 总部所在地,另一分部位于科罗拉多州的 Boulder,还有两个设在大学的联合研究所,JILA 在 Colorado 大学,CARB 在 Maryland 大学。当前,NIST 守时钟组包含 10 多台氢钟和 10 多台高性能铯原子钟,并建有一个远距离的备份时间实验室。钟组内所有的原子钟都会定期将数据传递给 BIPM,参与 TAI 和 UTC 的计算。NIST 每天通过 Ku 频段的卫星双向时间频率传递(TWSTFT)技术实现与欧洲的链路比对,可达到平均每天约 100ps 的时间传递稳定度。NIST 与 USNO 之间通过(GPS)精密时间比对技术可达到每天平均约 300ps 的时间传递稳定度。NIST 和 USNO 产生的时间都是美国官方认可的标准时间。

图 1.27　美国海军天文台(USNO)设备机房　　图 1.28　美国国家标准技术研究院(NIST)

4) 日本国家情报通信研究所(NICT)

NICT(图 1.29)是日本的官方机构,是由网络研究中心新成立的一支时空基准小组,管理时间频率的研究与发展。主要负责基准的建立并在涉及时间频率的各领域提供一定范围基本服务。NICT 参与 TAI 计算的有 33 台铯钟和 7 台氢钟。该机构的时间基准项目是产生和保持日本标准时间(JST)和 UTC(NICT)并通过各种方法发播。原子频标项目是针对一级频率基准的微波和光学部分的发展。卫星时间控制项目研究原子钟组与星载钟(如 ETS-8 和准天顶卫星系统)高精度时间传递试验。时空测量项目研究和发展高精度的时间和频率传递,通过使用卫星共视、光纤传输和空

图 1.29　日本国家情报通信研究所(NICT)

间测量技术的方法建立空间坐标系统。

NICT 采用一个特定的测量系统对其放置于钟室的铯原子钟和氢微波发射器原子钟每天进行一次时差测量,通过平均、合成这些原子钟的时间,得到该机构的世界协调时,并在此基础上增加 9h 成为日本标准时。在使用氢原子钟之前,其世界协调时与国际计量局的差距在 50ns 以内,在 2006 年 2 月 7 日引入氢原子钟后,目前的差距在 10ns 以内。

两座标准电波的发射台位于福岛县田村市的大鹰鸟谷山上和佐贺县佐贺市的羽金山上,发射频率为 40kHz 及 60kHz。除了接收长波电台的广播外,情报通信研究机构还通过网络时间协议(NTP)服务以及电话线路提供标准频率和时间的服务。

5) 德国物理技术研究院(PTB)

德国物理技术研究院(图 1.30)成立于 1887 年,隶属于德国联邦经济劳工部,是世界著名的计量和测试科研机构,保持着德国国家时间尺度,为商业和公众提供时间频率服务。

图 1.30 德国物理技术研究院(PTB)

目前,德国标准时间 UTC(PTB)主要是基于铯喷泉主钟 CS2 得到,并通过相位微跃器与协调世界时 UTC 保持在适当的范围内。为了实现 UTC(PTB)与 UTC 的同步,利用调节步长为 0.5ns/天的相位微跃器对铯喷泉钟 CS2 输出的 5MHz 频率信号进行调节,调节时间定于每月的月末,并定期发布公告。CS2 和其他的主钟 CS1、CSF1 和 CSF2 同属于原子钟组,其中 CS1 频率稳定度为 $7.5 \times 10^{-15} \sim 8.5 \times 10^{-15} h^{-1}$。CS2 与 CS1 两台钟的钟差数据均以标准的 ALGOS 格式上报给 BIPM,平均频率偏差大约是 1.3×10^{-14}。CSF1 作为 PTB 首个铯喷泉钟自 1999 年开始工作,短期稳定度达 $2 \times 10^{-13}/s$,频率不确定度优于 10^{-15}。2009 年,这些原子钟逐步地转移到新钟房,操作条件和技术水平都有所提高。

钟组数据除了为国际原子时(TAI)计算提供数据外还将为伽利略系统提供时间频率服务,PTB 也将成为与伽利略时间系统合作的四大实验室之一。此外,PTB 已经建立了基于铯喷泉钟 CS1(或者 CS2)驾驭氢钟频率的 UTC(PTB)守时系统,只要铯喷泉钟处于正常工作状态,该守时系统始终保持备份模式。

6) 中国科学院国家授时中心(NTSC)

中国科学院国家授时中心(图 1.31)的时间基准系统建成于 20 世纪 70 年代。目前,NTSC 的守时钟组由铯钟和氢钟组成;内部测量比对系统采用高精度的时间间隔计数器和相位比对设备;国际时间比对链接使用卫星双向时间频率传递系统和全球卫星导航系统(GNSS)共视时间比对。当前,NTSC 守时系统在完成国家大科学装置——长、短波授时发播控制任务的同时,还为国内其他重要授时服务系统(中国区域导航定位系统、上海海岸电台、NTSC 网络和电话时间服务系统等)提供实时物理信号。

根据国际计量局(BIPM)年报,2019 年度 UTC(NTSC)与国际标准时间——协调世界时(UTC)之差全年控制在 5ns 以内,即 |UTC - UTC(NTSC)| < 5ns,优于国际电信联盟(ITU)要求的各守时实验室所保持的协调世界时 UTC(k)与国际协调时 UTC 的差小于 100ns 的要求。

图 1.31 中国科学院国家授时中心(NTSC)

7) 中国计量科学研究院(NIM)

中国计量科学研究院建立并保持我国的秒基准装置和高性能守时实验室。守时实验室(图 1.32)的主要任务是建立和保持计量基准 UTC(NIM),参与国际原子时合作,开展时间频率测量传递技术研究。近年来,中国计量科学研究院不断加强时间频率计量研究和基地建设,守时钟组逐渐扩充。目前,由 13 台氢原子钟和 7 台铯原子钟向国际计量局报数,已成为对协调世界时(UTC)贡献最大的几家机构之一。UTC(NIM)和 UTC 的偏差优于 5ns,处于国际先进水平。

8) 北京无线电计量测试研究所(BIRM)

北京无线电计量测试研究所建立并保持协调世界时 UTC(BIRM),长期参与国际 UTC 时间比对。该所具有计量校准技术国家级重点实验室,建有多种时间频率计量测试标准,可对原子钟、晶振、计数器等常见时频设备开展计量检测。该所还是我国自主研制生产氢原子钟的重要单位之一。

图1.32　中国计量科学研究院守时实验室

除各类专业时频实验室外,我国还有许多时频专业研究机构,从事时频基础理论、原子钟、星载钟、光频标、时间频率测量控制等理论和技术研究。

当前,我国时间频率技术发展迅速,特别是在地面守时原子钟、星载原子钟、芯片钟、卫星授时系统、光纤授时系统、高精度时间频率传递终端等领域取得了非常大的进展,许多方面达到了国际一流水平。

参考文献

[1] 韩春好. 时空测量原理[M]. 北京:科学出版社,2017.
[2] 李孝辉,窦忠. 时间的故事[M]. 北京:人民邮电出版社,2013.
[3] 欧几里得. 几何原本[M]. 燕晓东,译. 南京:江苏人民出版社,2011.
[4] 牛顿. 自然哲学之数学原理[M]. 王克迪,译. 北京:北京大学出版社,2006.
[5] 爱因斯坦. 爱因斯坦文集[G]. 范岱年,赵中立,徐良英,编译. 北京:商务印书馆,1979.
[6] 霍金. 时间简史[M]. 许明贤,吴忠超,译. 长沙:湖南科学技术出版社,2010.
[7] 史蒂夫·泰勒. 时间心理学[M]. 张露,译. 南京:江苏人民出版社,2012.
[8] 王月霞. 科普知识百科全书——时间知识篇[M]. 北京:远方出版社,2006.

第 2 章　时间频率理论基础

2.1　时空参考系理论框架

2.1.1　时空观念与理论框架

时间和空间,可合称时空。时空观念存在于我们生产、生活等活动的方方面面。从科学体系上看,时空是最重要最基本的概念之一,在物理学、天文学、空间科学、信息科学和哲学等学科领域得到了大量研究和广泛应用。

时间和空间是人类文明最为古老的概念之一,可追溯至远古时期。人类的耕作、放牧等日常劳动都需要测量土地、顺应天时,这就产生了最基础的时空概念以及度量方法。古代就有"上下四方谓之宇,往古来今谓之宙"的说法。这里的"宇宙"就是时空的理念,这也就诞生了最原始的一维时间和三维空间观念。

近现代科学中,无处不涉及时空的概念和测量方法,特别是文艺复兴以来,经典力学、物理学、天文学、宇宙学等许多学科对时间空间问题进行了大量的研究,取得了巨大的进展和丰富的成果。总体来看,在对时空的认知上基本可以分为两条不同但又相互交叉的线索:

其一,以牛顿和麦克斯韦的重要理论——经典力学和经典电磁学为代表的时间-空间概念,经历爱因斯坦的狭义、广义相对论,再到现代宇宙论。

其二,从牛顿力学经过量子理论、量子力学以及量子场理论,再到量子引力、超弦或 M 理论。

尽管如此,物理学等研究对于时空的认识还存在不少基本问题尚待解决,还需要进一步完善和发展。

从物质运动的角度来看,一般认为,时间是描述物质运动之持续性、事件发生之顺序,空间是描述物质的广延性、方位性。在现代科学研究中,为了更加准确精细、数量化的定义和表达时间、空间,通常需要建立一套时间和空间坐标参考系统,它包含起点、尺度、方向等基本要素。例如,我们常见的时间尺度基本单位为"秒",空间尺度基本单位为"米"。从现代科学理论上看,要定义严密的时间和空间坐标参考系统,首先需要明确建立这些参考系统所依赖的更底层的时空观念、时空理论框架等理论基础。在近现代科学发展史中,经历了多个时空理论框架的发展,主要包含以下几类。

2.1.1.1　牛顿的绝对时空框架

牛顿以其三大运动定律描述了宏观世界物质运动的普遍规律,同时也隐含了对时间和空间的假设和认知,即时间与空间是绝对存在的、彼此独立的、均衡平直的。

1) 欧氏几何

牛顿运动定律建立在欧式几何的数学理论基础之上。欧几里得几何简称"欧氏几何",是几何学的一门分科。数学上,欧几里得几何是平面和三维空间中常见的几何,基于点线面假设。数学家也用这一术语表示具有相似性质的高维几何。古希腊数学家欧几里得把人们公认的一些几何知识作为定义和公理(公设),在此基础上研究图形的性质,推导出一系列定理,组成演绎体系,写出《几何原本》[1],如图2.1所示,大约成书于公元前300年,由此形成了欧氏几何。按所讨论的图形在平面上或空间中,又分别称为"平面几何"与"立体几何"。

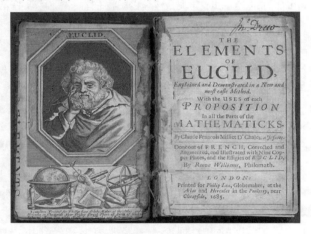

图2.1　几何原本(1685年版本)

欧氏几何的传统描述是一个公理系统,通过有限的公理来证明所有的"真命题"。欧氏几何的5条公理如下:

(1) 任意两个点可以通过一条直线连接。

(2) 任意线段能无限延长成一条直线。

(3) 给定任意线段,可以以其一个端点作为圆心,该线段作为半径做一个圆。

(4) 所有直角都全等。

(5) 若两条直线都与第三条直线相交,并且在同一边的内角之和小于两个直角和,则这两条直线在这一边必定相交。

第五条公理称为平行公理(平行公设),平行公理并不像其他公理那么显而易见。许多几何学家尝试用其他公理来证明这条公理,但都没有成功。19世纪,通过构造非欧几里得几何,说明平行公理是不可证的(若从上述公理体系中去掉平行公理,则可以得到更一般的几何,即绝对几何)。

2）绝对时空

牛顿于 1687 年出版的《自然哲学的数学原理》[2]一书(图 2.2)中总结提出牛顿三大运动定律，其现代版本通常这样表述：

第一定律：存在某些参考系，在其中，不受外力的物体都保持静止或匀速直线运动。

第二定律：施加于物体的合外力等于此物体的质量与加速度的乘积。

第三定律：当两个物体互相作用时，彼此施加于对方的力，其大小相等、方向相反。

其中，第一定律说明了力的含义：力是改变物体运动状态的原因；第二定律指出了力的作用效果：力使物体获得加速度；第三定律揭示出力的本质：力是物体间的相互作用。

牛顿运动定律中的各定律互相独立，且内在逻辑符合自洽一致性。其适用范围是经典力学范围，适用条件是质点、惯性参考系以及宏观、低速运动问题。牛顿运动定律阐释了牛顿力学的完整体系，阐述了经典力学中基本的运动规律，在各领域上应用广泛。

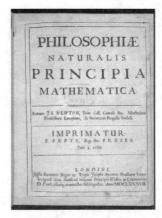

图 2.2 牛顿《自然哲学的数学原理》(1687 年拉丁文版本)

在牛顿运动定律中，为描述物体运动，需要物体瞬时的位置、速度、加速度，这就抽象出一维时间和三维空间的坐标系概念。为此，牛顿就创造出四维绝对时空的概念，绝对时间均匀流逝，绝对空间符合三维欧几里得几何。绝对时空的本质是时空与任何具体物体以及观测者运动状态无关。选择相对于绝对空间的静止或匀速直线运动为参照所得出坐标，就是惯性参考系。牛顿运动定律成立于惯性参考系，又称为牛顿参考系。

在牛顿运动定律提出后的 200 多年中，物理学者完成了很多个检验核对牛顿运动定律的实验与观测，对于一般的状况，牛顿定律能够计算出很好的近似结果。牛顿定律、牛顿万有引力定律、微积分数学方法，这些理论前所未有地对于各种各样的物理现象给出了一致的定量解释。虽然不断有人对牛顿的绝对空间概念提出异议,并且实际上也没有存在绝对时空的证据。但是牛顿力学和万有引力等规律在当时的各个领域应用得非常成功,牛顿的绝对时空理念一直主导着当时的自然科学和哲学界。

对于某些状况,牛顿运动定律并不适用,这时需要更高阶的物理理论。超高速或非常强烈重力场的状况下,我们需要相对论修正和解释一些天体运动和现象,例如黑洞。在原子尺寸,我们需要量子力学解释原子的发射光谱等物理现象。但是现代工程学里,对于一般应用案例,像车辆或飞机的运动,牛顿运动定律及其对应的牛顿时空参考系已能准确地解释和计算工程师遇到的问题。

2.1.1.2 爱因斯坦的相对时空框架

1) 狭义相对论

就在物理学家认为物理的"大厦"即将完工时,两朵"乌云"却让整个物理体系动摇,更让人类对时空的认识发生了巨大的改变。爱因斯坦在1905年提出的狭义相对论[3-5],拓展了伽利略相对性原理,使得包括力学和电磁学在内的所有物理定律在不同惯性参照系也要具有相同的形式。

当时的爱因斯坦还假定惯性参考系中单程光速是不变的,据此,不同惯性系的时间-空间坐标之间不再遵从伽利略变换,而是遵从洛伦兹变换。据此,时间间隔(钟的走动)和空间长度(尺子的长)都是变化的,而且相对于"静止的"而言,越是高速运动,时钟就越是变慢,尺子就越是变短。至此,绝对的同时性不存在,也就是说,在一个参照系中同时发生的两个事件,在另一个高速运动的参照系就不再是同时发生了。

狭义相对论中,因为光速是定量,所以时间-空间间隔(时空间隔)就成了不变量。因此,一些惯性系之间,除了对应于时间和空间平移的不变性之能量和动量守恒以外,还存在时空平移不变性。

2) 闵可夫斯基时空

狭义相对论判定光以太不存在,确定电磁波是一种波动,得出场是一种与"实实在在"的物体不一样的物质。它也判定牛顿的绝对时空不存在,并将一维时间和三维空间联系在一起,组成四维时空。赫尔曼·闵可夫斯基最先发现这一点,即闵可夫斯基时空。而由此所产生的几何也成为具有度规张量的欧几里得几何,其符合洛伦兹协变性,也就是闵可夫斯基度规。

3) 广义相对论

狭义相对论也有一个缺陷,它无法让引力定律满足任何参照系都具有同样形式的条件。就此,爱因斯坦提出广义相对论[3,6-8]。依据广义相对论,在宇宙中就不存在大范围的惯性参照系,而是只在任意时空点存在局部的惯性系,而不同的惯性系之间通过惯性力或引力让其相互联系。

因此,惯性力的时空仍然是平直的四维时空,引力的时空则是弯曲的四维时空。要描述这样的四维时空,只能用黎曼几何来描述。而要想得知时空的弯曲程度,需要知道物质及其能量-动量张量,再通过爱因斯坦引力场方程来确定。

时空不再是独立于物质的"运动场",弯曲的时空就是引力场作用的直接体现,其性质与在其中运动的物质的性质存在关联。物质的质量及其运动所产生的能量或动量作为场的源头,通过场方程确定场的强度,即时空的弯曲度,弯曲时空的几何特性同样也影响着物质的运动性质。

例如,在地球周围附近,因地球引力场导致近地空间时空产生弯曲,卫星就会在这个弯曲的时空做绕地运转,同时星载原子钟会因为引力场的特性而比地面钟走得更快,如图2.3所示。在太阳系中,太阳作为这个引力场的源头,它的质量使得整个太阳系的时空发生弯曲,越靠近太阳,其运动性质受到影响就越大,太阳系内的行星运动轨迹可以认为是太阳系弯曲时空的直接体现。另一方面,其他恒星所发出的光线在经过太阳边缘或类似大质量天体时也会发生显著的路径偏转,许多实际观测进一步证明了广义相对论的正确,如图2.4所示。但广义相对论也存在着挑战,20世纪中期的研究表明,在特定的条件下,广义相对论会让时空出现"奇点",在奇点处会让引力场失去意义。

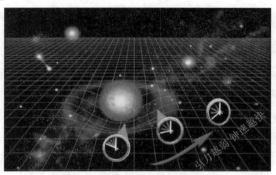

图2.3 时钟运行快慢与引力场强弱的相关性(见彩图)

(a) 通过日全食时恒星观测验证

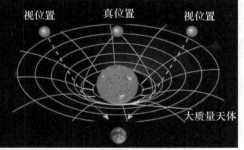

(b) 引力场内光线弯曲导致的恒星视位置偏移

图2.4 广义相对论的观测验证(见彩图)

2.1.1.3 宇宙演化理论的时空观

人类对时空的认识一直都与宇宙密切相关,而宇宙学原理和爱因斯坦引力场方程就是现代认识宇宙的基础[4,9-11]。宇宙学原理认定宇宙是一个整体,它在时间上是不断变化的,在宇宙学尺度上空间是均匀的且各向相同。

20世纪中期,宇宙大爆炸的模型成功地解释了河外星系红移,也解释了夜晚的天空是黑色的,这就是宇宙微波背景辐射。由此预测出的宇宙演化、星系形成、轻元素丰度等与天文观测结果大体上是一致的,这也解决了牛顿体系没有给出的宇宙图像的问题。

2.1.1.4 量子理论对时空观的影响

物理学从牛顿的经典力学到20世纪初的量子理论,带来了人类认识时空的剧烈变化,更引发物理学的震荡。量子力学描述了这样一个事实,也就是系统的空间位置与动量无法同时精确测量,同样的,时间与能量之间也是如此。它们满足不确定性原理;经典轨道在此刻也不再有精确的意义,如何理解量子力学以及有关测量的实质,一直处于争论中。但在20世纪末,有关量子的几个重要发现更是引发新的疑虑,这就是量子纠缠、量子隐形传态、量子信息等。

量子力学与狭义相对论结合产生出量子电动力学、量子场论以及电弱统一模型、强作用下的量子色动力学等标准模型。即使巨大的成功也无法掩盖其中所隐含的原则问题。比如真空与否,存在着零点能以及真空涨落等,让人们对什么是真正的"真空"产生了新的认识。

以上述为基础产生以下几个忧虑:量子电动力学的微扰论计算可给出与实验精密符合的结果,然而这个微扰展开却是不合理的。

对称性破缺的机制使传递弱作用的中间玻色子获得质量,然而黑格斯场的真空期望值和前面提到的零点能(相当于宇宙常数),其数值却比实际观测到的宇宙常数更大,而且是惊人的上百个数量级。

量子色动力学描述夸克和胶子之间的相互作用,但是被禁闭在强子内的夸克和胶子如何才能获得自由,这个问题却是物理学的疑点。

再者,量子论预言到,在10^{-33}cm和10^{-43}s这样小的时空尺度上,时空的经典概念将不再适用。为解决这个难题,需要在理论上建立自洽的量子引力理论,即量子时空理论。然而,量子理论和广义相对论如何结合一直没有解决。

一个可能的解决方法就是超弦理论或M理论。然而,这个理论却只有在一维时间、九维空间或一维时间、十维空间上实现。这里又出现了尖锐的矛盾,即如何将高维时空应用在低维时空上,也就是人类所熟知的四维时空观。人们所认知的时空是四维的,也就是说"宇宙"或许就是高维时空中的"一个泡沫"(通常称为"膜")。

从高维时空回到四维时空显然有很多种方法。那么,在"膜"宇宙以外,是否可能存在其他的"膜"宇宙?在产生宇宙大爆炸之前,是否还会有其他的阶段?这些问题,或许与暗物质、暗能量,以及宇宙常数等问题都有着密切的联系。

2.1.1.5 暗能量和宇宙常数对现有时空观的挑战

20世纪末,天文学的重大进展,特别是太空观测的拓展,让更多"隐藏"的物体都显露出来。经过测算基本确定,人类目前还看不见的暗物质占据宇宙总物质20%以上,与此类似,与通常的能量完全不同的暗能量占据宇宙中总能量70%。

这样的宇宙时空就不会是平坦的,而是呈现出正的常曲率时空。但这个正的常曲率时空,不仅仅在超弦理论或 M 理论上有着原则性的差别,就连通常意义的量子场论、量子力学,甚至连经典力学也都出现了疑难。这是因为在理论上没有一个可公认的方法自洽地定义物理上的可观测量,而且宇宙常数为什么这样小,也是一大难题。

2.1.2 相对论框架下时空参考系

2.1.2.1 相对论框架的引入

高精度的观测必须有高精度的理论模型与之相适应。在地球附近空间,经典的牛顿理论所对应的时间计量只能精确到 10^{-8},远远不能满足精度要求,因此在相对论框架下研究时间和空间的精确测量问题,并应用于现代卫星导航等航天工程中,具有十分重要的意义[12-13]。许多科学家在此领域开展了大量研究,考虑了相对论对天体力学、天体测量、时空坐标系建立的影响,提出了相应的理论模型[14-16],并通过国际天文学联合会(IAU)大会来形成共同决议,供科技工作者使用。

早在 20 世纪 70 年代初,天文工作者就开始在时间计量中考虑相对论效应。从 20 世纪 70 年代开始,国际天文学联合会组织了多个工作小组,研究制定在广义相对论框架里高精度天体测量资料处理所需要的时空度规和时间、坐标、质量、多极矩,及有关天文常数的定义和规范。自 1976 年以来通过了一系列关于时空参考系相对论部分的决议,例如:

(1) 1976 年在法国格勒诺布尔举行的第 16 届 IAU 大会发表的《建议 5》;

(2) 1979 年在加拿大蒙特利尔举行的第 17 届 IAU 大会发表的《决议 5》;

(3) 1991 年在阿根廷布宜诺斯艾利斯举行的第 21 届 IAU 大会发表的《决议 A4》;

(4) 1997 年在日本东京举行的第 23 届 IAU 大会发表的《决议 B6》;

(5) 2000 年在英国曼彻斯特举行的第 24 届 IAU 大会发表的《决议 B1.3-1.5》、《决议 B1.9》;

(6) 2006 年在捷克布拉格举行的第 26 届 IAU 大会发表的《决议 1-3》。

其中,最重要的关于相对论天文参考系的决议是在 1991 年和 2000 年做出的[17]。

在 1976 年第 16 届 IAU 大会上做出决议(IAU recommendations),正式在天文学领域引进了相对论时间尺度。1979 年第 17 届 IAU 大会进一步将所定义的相对论时标称为太阳系质心力学时(TDB)和地球力学时(TDT)。1985 年国际天文学联合会在列宁格勒召开了相对论天体测量与天体力学专题讨论会,有力地推动了相对论的应用研究,众多学者开始研究包括时间在内的时空参考系问题,试图从根本上将时空参考系纳入相对论框架。1989 年国际天文学联合会成立了参考系工作组并下设了时间分组,进一步讨论了相对论框架中关于时间的定义与实现问题。1991 年 IAU 第 21 届大会决议 A4 给出了地心天球参考系(GCRS)和太阳系质心天球参考系(BCRS)时空度规形式,并引进了新的时标——地心坐标时(TCG)和太阳系质心坐标时(TCB)。1997 年 IAU 成立了天体测量与天体力学中的相对论工作组,并与 BIPM 共同发起成立了时空参考系与计量学中的相对论联合委员会,使相对论在天文学和计量学中的应用研究得到进一步深化。在这两个国际组织的共同努力下,在 2000 年召开的 IAU 第 24 届大会上通过了新的关于时空参考系和时间尺度的决议,并建议在这一领域做更深入的研究。

2.1.2.2 原时与坐标时的概念

在相对论框架中,时间与空间的概念与牛顿力学有本质的差别。根据狭义相对论,时间和空间是相对的、统一的,既没有绝对的空间,也没有绝对的时间。对于存在相对运动的不同坐标系,与其相应的"时间"和"空间"是不一样的。换句话说,对于时空中发生的两个确定的事件,如果有两个相对运动的观测者拿着同样的"尺子"和"钟"来测量事件发生的空间距离和时间间隔,其结果是不相同的。其差异依赖于两个观测者的相对速度,相对速度越大,差异就越大。根据广义相对论,在引力场的作用下,时空不是平直的欧几里得空间,而是一个弯曲的四维伪黎曼空间。

由于时空的同一性和弯曲性,时空的整体度量变成了十分复杂的问题。然而,对时空的测量在概念上却并不非常复杂。测量总是在观测者的局域时空中进行,在局域范围内,时间和空间不但可以分离而且可以看作是平直的,因此在观测者附近的局域时空范围内可以建立笛卡儿坐标系。这个笛卡儿坐标系就是与观测者相对静止的并且相互垂直的三轴框架。局域笛卡儿坐标系加上观测者所携带的"钟",就构成了一个局域参考系。有了这个局域参考系,观测者就可以对其附近所发生的事件进行时间、距离和方向的测量。

然而,在科学实践中仅有观测者局域参考系是远远不够的。要描述在大尺度时空中的物质运动,就必须建立与之相适应的全局坐标系。由于时空的非欧性,这种全局性的大尺度坐标系不可能满足笛卡儿坐标条件,同时,由于时空的统一性,时间和空间也不可能绝对分离。因此在广义相对论与狭义相对论中,坐标系的概念就与笛卡儿坐标系有本质的差别。人们很难在一般意义上给全局性的空间坐标和时间以明确的物理含义,这样,在相对论框架中就产生了两类不同性质的时间:一类是用于观测者局域参考系并可由观测者所携带的钟实现的时间;另一类是由全局坐标系中的时空度规所确定的、用来作为时间坐标的"类时变量"。其中由观测者所携带的理想钟所计量的时间称为观测者的"原时(proper time)",全局坐标系中的"类时"坐标,称为"坐标时(coordinate time)"。

显然,原时是具有明确物理意义的,它可以根据"秒长"的定义由一个物理"时钟"或某种测量手段直接实现。坐标时却不具有这种属性,它只能根据由时空度规给出的数学关系,通过计算由原时间接得到,两种不同的时间对相同事件的描述结果是不同的(图 2.5)。时空度规可通过求解爱因斯坦场方程得到,它不但依赖于时空引力场的质能分布,还依赖于时空坐标的选择。

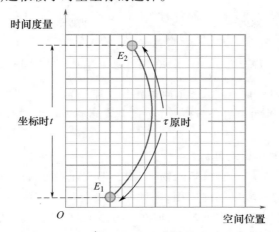

图 2.5　原时与坐标时对事件间隔的不同描述(见彩图)

2.1.2.3　后牛顿精度下的时空度规

由于爱因斯坦场方程的高阶非线性和质能分布的复杂性,一般不可能得到场方程的严格解。因此,在实际应用中所采用的时空度规都是在某种近似条件下得到的结果。所谓的后牛顿精度就是指由该度规所给出的物质运动方程只能精确到 c^{-2}。根据国际天文学联合会第 24 届大会决议(IAU recommendation B1.3,2000),太阳系质心和地心(非旋转)天球参考坐标系使用如下的时空度规形式:

$$\begin{cases} g_{00} = -1 + \dfrac{2\omega}{c^2} - \dfrac{2\omega^2}{c^4} \\ g_{0i} = -\dfrac{4}{c^3}\omega^i \\ g_{ij} = \delta_{ij}\left(1 + \dfrac{2\omega}{c^2}\right) \end{cases} \quad (2.1)$$

式中:ω、ω^i 分别为引力场的牛顿势和矢量势;c 为光速;δ_{ij} 为克罗内克符号。与该度规形式所对应的坐标时分别称为 TCB 和 TCG。由于在无穷远处引力场可视为零,因此,在无穷远处参考系的坐标时等于相对于该参考系静止的观测者所计量的原时。

2.1.2.4　地球时与原时的关系

根据国际天文学联合会第 24 届大会决议(IAU recommendation B1.9,2000),地球时(TT,原地球力学时(TDT))重新定义为一个与 TCG 相差一比例常数的时标,即

$$\frac{\mathrm{dTT}}{\mathrm{dTCG}} \equiv 1 - L_G \quad (2.2)$$

式中:L_G 是一个定义常数,它源于大地水准面上的重力位 W_0,L_G 与 W_0 的关系可以表示为

$$L_G = \frac{W_0}{c^2} = 6.969290134 \times 10^{-10} \tag{2.3}$$

由 TT 的定义可以看出,TT 是一种新的坐标时。根据 TT 与 TCG 之间的关系,在后牛顿精度下,原时和地球时 TT 之间的关系可以表示为

$$\mathrm{TT} = (\tau - \tau_0) + \frac{1}{c^2} \int_{\tau_0}^{\tau} \left(\omega + \frac{1}{2} V^2 - W_0 \right) \mathrm{d}\tau \tag{2.4}$$

式中:τ_0 为 TT = 0 时的原时钟读数(钟差);V 为原子钟在(非旋转)地心参考系中的速度。积分项为时钟的相对论效应改正,其中速度项为狭义相对论效应,引力位项为广义相对论效应。

2.1.2.5 守时与比对问题

如上所述,原时虽然具有清晰的物理意义,但它随观测者的时空位置和速度而变化,只能在观测者的局域空间内使用,因此不能在全局时空中使用同一个"原时"时间;坐标时虽然没有明确的物理意义,但在参考系的整个时空范围内有定义。由于时空度规可以给出"局域"原时与"全局"坐标时的明确关系,因此参考系内任意"空间点"的坐标时都可以通过调整本地钟所实现的原时得到。

根据以上讨论,在相对论框架中,有关"时间"的概念与经典意义相比有很大的不同,时间的定义和实现与所采用的参考坐标系有关,在处理这类问题时必须注意:

(1) 时间同时性的定义与所采用的坐标系有关,坐标原点相对运动的坐标系,其同时性定义一般是不同的。也就是说,在 A 坐标系中观测到同时发生的事件,在 B 坐标系看来不一定是同时发生的。

(2) 由于引力场的存在,大尺度时空范围内的时间和空间在一般情况下是不能绝对分离的,因此,在相对论框架下时间和空间坐标不一定具有明确的物理意义。通常所说的时间(坐标时)只是一种类时变量,其定义具有一定的任意性。

(3) 由理想原子钟所给出的时间是原时,是局域观测量。它与坐标时之间的关系可以由所采用坐标系的时空度规给出。这一关系既与时空引力场有关,也与时钟的运动状态(位置和速度)有关。

(4) 生产实践中所谓的时间一般是指某种坐标时(如国际原子时(TAI)是理想时标地球时(TT)的实现)。坐标时只能通过具体原子钟所给出的原时实现。为了使原子钟的读数与坐标时相同,需要对时钟进行钟速调整(如卫星钟),而异地时钟之间的同步或比对也必须严格在规定的坐标系下进行才具有自洽性。

2.1.3 常用相对论时标理论关系

2.1.3.1 相对论时空理论特性

广义相对论认为时间和空间是不可绝对分离的对立统一体。时空的结构和性质取决于质量和能量在时空中的分布,而物质在引力场中的运动又受时空的几何特性所约束。因此,在广义相对论框架中,时间、空间和引力场不再能用简单的欧氏几何

和万有引力定律加以描述,各种参考系之间的坐标关系也不再满足经典的伽利略变换(平移与旋转)。为此,在科学研究和应用中需要了解现代空间大地测量学中常用时空坐标之间的理论关系。

在经典力学中,为了描述不同物体的运动,人们往往采用不同的参考系。而不同参考系之间的坐标关系满足伽利略变换(平移和旋转)。在广义相对论框架中,为了使用上的方便,同样需要建立多种参考系,然而不同参考系之间的关系却不再满足简单的伽利略变换。

在讨论不同参考系之间的坐标关系时,需要特别注意时空的如下两种特性:

(1) 时空的统一性。在广义相对论框架中,时空是一个统一的有机整体,时空的分离依赖于观者和参考系。对于时空中发生的同一对事件,不同观者(在不同参考系中计量)所测得的时间间隔和空间距离是不同的。然而事件之间的四维距离(两事件之间的短程线弧长)却是唯一的。这一特性导致了时空坐标的交叉性,使时空坐标相互依赖。因此在空间坐标的变换中往往包含时间,而时间坐标的变换中也包括空间(坐标)。

(2) 时空的弯曲性。在广义相对论框架中,引力不是一种纯粹的"力",而是时空自身的一种属性。由于引力场的存在,时空不是平直而是弯曲的。在弯曲时空中拉不出直线,因而所有的坐标线都是曲线。由于这一特点,不同参考系之间的坐标变换一般不满足线性关系。

在天文学和空间大地测量学中,最常用到的参考系是地球(地固)参考系(TRS)、地心(非旋转)参考系(GRS)和太阳系质心参考系(BRS)。其中地球参考系用来描述观测台站的位置,地心参考系用来描述绕地天体(如人造地球卫星)的运动,而质心参考系则用来描述行星的运动和星光的传播。

对于太阳系质心参考系而言,由于恒星距离非常遥远,对太阳系附近的引力场影响甚微,因此太阳系可视为孤立系统来处理,所选择的参考系应满足准惯性条件。困难的问题是如何根据太阳系的真实引力场高精度确定时空的度规。对于地球参考系而言,由于它不是一个动力学参考系,其选择比较简单,理论上可以定义它与地心参考系之间只相差一个空间旋转——地球自转。这样,地球参考系与地心参考系之间的转换关系可以沿用经典的转换公式。

地心参考系的选择则较为复杂,作为动力学参考系,它应该尽量满足惯性条件。但是,在地球附近,由于地球和其他太阳系天体(如太阳和月亮)的引力场都很显著,地球既不能作为检验体看待,也不能视为孤立系统来处理,因而这就给其选择带来了一定的难度。原则上讲,它应该满足如下两个条件:

(1) 对地球本身而言,地心参考系应是准惯性的,即在不考虑其他天体引力场的情况下,度规应满足准惯性条件。

(2) 对其他天体而言,地心参考系应是局部惯性的,即在不考虑地球引力场的情况下,地心参考系是一个局部惯性系。

实际上由 IAU 决议所推荐的地心参考系并不严格满足条件(2),因为它要求坐标轴相对于遥远的天体没有旋转。地心局部惯性系相对于遥远天体是有缓慢旋转的,这一空间旋转的主项称为测地岁差,其大小约为 1.9″/世纪。由于测地岁差的量级很小,因此在不十分严格的情况下,IAU 推荐的地心参考系可以被视为局部惯性系。

2.1.3.2 相对论理论时标

根据爱因斯坦狭义相对论,对于宇宙中发生的任何两个事件,其空间距离和时间间隔都与观察者有关,或者说,不同的观察者会给出不同的"距离"和"时间"结果。狭义相对论理论的基石是"光速不变原理",也就是说,对于任何观察者而言,光速都是常数。这导致时间不再是恒定的,而是依赖于观察者相对于观察对象的运动。因此,在相对论框架中,时间和空间不是绝对分离的,而是相互联系的统一体,统称为"时空","时间"和"空间"只是"时空"相对于观察者的不同"投影"。根据爱因斯坦广义相对论,时钟的快慢与所处的引力场有关。引力场越强,时钟越慢,用一句通俗的话说,"头发比脚趾老得快"。相对论理论已被大量观测和物理实验所证实,已经成为科学技术中处理大尺度时间和空间问题的理论基础。经过许多科学家的研究探索,当前已经基本建立相对论框架下地月空间、太阳系空间的时间尺度理论,并确定它们之间的理论关系[18-22]。

在相对论理论框架中,"时间"被区分为"原时"和"坐标时"两大类。"原时"亦称为"固有时",是指由观察对象自身携带的"理想时钟"所计量的"时间"。原时是一个与观察者无关的物理量,仅取决于观察对象自身的时空状态。显然,要描述大尺度时空的物体运动,仅有原时是不够的,人们必须选择一个公共的"时间",并建立一个能覆盖所有研究对象的"空间坐标系"。这个公共的"时间"被称为"坐标时"。"坐标时"与"空间坐标"一起构成了可以对研究对象进行定量描述的"时空坐标(参考)系"。在相对论框架中,时空坐标是可以任意选定的,不一定具有严格的物理意义,因此"坐标时"只是时空中的一个"类时"参量。不同的参考系往往采用不同的坐标时,例如,太阳系质心参考系的坐标时为质心坐标时(TCB),地心参考系的坐标时为地心坐标时(TCG)等。

20 世纪 70 年代之后,时间观测的精度使得牛顿力学不再符合观测,要在广义相对论框架下考虑,太阳质心系和地心系的参考框架也使得对应时间尺度互不相同。在 1976 年国际天文学联合会(IAU)定义了这两个坐标系的时间:质心力学时(TDB)和地球力学时(TDT)。当时称为"力学",这两个时间尺度可以看作行星绕日运动方程和卫星绕地运动方程的自变量(亦即时间)。这里的 D 即 dynamical,有力学的意思。TDT 和 TDB 可以看作历书时(ET)分别在两个坐标系中的继承。大约在 20 世纪 90 年代,IAU 的工作小组认为按广义相对论的概念,把力学时称为"坐标时"更为恰当,并由于某种原因,另定义了质心坐标时(TCB)和地心坐标时(TCG)来代替 TDB 和 TDT,但是决议里仍保留了 TDB 和 TDT,可是将 TDT 改名为 TT,有点不想用"力学时"的意思。现在在两个坐标系中,很多实际的天文工作者常用的还是 TDB 和 TT。

目前最先进的行星和月球历表以 TDB 为时间引数,卫星和测地的资料处理也常用 TT。常用相对理论时标关系如图 2.6 所示。

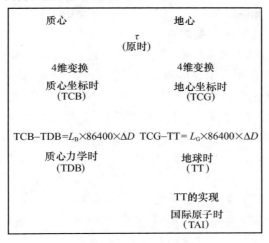

L_B、L_G—转换系数;ΔD—时间引数。

图 2.6　常用理论时标关系

各理论时标的基本含义如下:

1) 地心坐标时

地心坐标时是国际天文学联合会推荐的非旋转地心参考系所采用的坐标时(参见相对论时标)。可简单理解为一个位于地心的假想观察者所携带的理想时钟,在不考虑地球引力场情况下所计量的时间。地心坐标时一般在理论建模过程中使用,与地球时相差一个固定的比例因子(参见地球时)。

2) 地球时

地球时是视地心历表的时间引数,也是实用的地心参考系和地球参考系的坐标时。地球时与地心坐标时相差一个固定的比例因子。可简单理解为一个位于地心的假想观察者所携带的理想时钟,在受到与大地水准面(平均海平面)相同地球重力场影响的情况下所计量的时间。由于引力场中的时钟变慢,因此地球时的时间单位大于地心坐标时。地球时的具体实现是国际原子时,它们之间的关系为

$$TT = TAI + 32.184s \tag{2.5}$$

3) 质心坐标时

质心坐标时是国际天文学联合会推荐的非旋转太阳系质心参考系所采用的坐标时(参见相对论时标)。可简单理解为一个位于太阳系质心的假想观察者所携带的理想时钟,在不考虑太阳系引力场情况下所计量的时间。一般用于太阳系物质运动的理论研究。

4) 质心力学时

质心力学时是太阳与行星历表所使用的时间引数,也是实用太阳系质心参考系

的坐标时。国际天文学联合会定义质心力学时与质心坐标时之间相差一个固定的比例因子,以使质心力学时与地球时之间只存在周期性差异。现在使用的太阳与行星历表,其自变量就是质心力学时。

2.1.3.3 相对论时标转换关系

相对论时标之间可以相互转换,在实际应用过程中,质心坐标时和地心坐标时之间的坐标变换关系可以用近似表示为

$$TCB - TCG = L_C \times (JD - 2443144.5) \times 86400 + P + v_E^i(x^i - x_E^i) \quad (2.6)$$

式中:JD 为儒略日;P 为周期项,主项呈周年特性,振幅约为 0.001658s;x_E^i、v_E^i 分别为地心在 t_E 时刻的位置和速度;x^i 为质心参考系中的坐标;L_C 为比例常数,它反映了 TCB 与 TCG(在地心处)的长期漂移,其估值为

$$L_C = 1.480813 \times 10^{-8} (\pm 1 \times 10^{-14}) \quad (2.7)$$

式(2.6)中的最后一项反映了时空的交叉,其大小与空间位置有关,在地心处为零,离地球越远其影响也越大。对于地面上的观者,它表现为周日项,振幅约为 2.1μs。

从 TCG 与 TCB 之间的关系可以看出,不同参考系所采用的坐标时是不同的,它们之间的关系不但与空间位置有关,而且还会有长期漂移。这一点与牛顿时标有着本质上的区别。在牛顿力学中,所有参考系都采用同一种时间。这种时间在历史上先后是世界时(UT)、历书时(ET)和国际原子时。1976 年国际天文学联合会决议从 1984 年起天文计算和历表采用力学时以取代历书时。力学时有两种:质心力学时是相对于太阳系质心的运动方程和历表的引数;地球力学时是视地心历表的引数。它们都是相对论时标,为了与过去所采用的时间尽量一致,IAU 定义 TDB 与 TDT 之间不存在长期变化,只有微小的周期性变化。

为了使 TDT 与历书时连续,规定 1977 年 1 月 1 日 00 时 00 分 00 秒 TAI 的瞬间,对应的 TDT 为 1977 年 1 月 1 日 00 时 00 分 32.184 秒,该差数为该瞬间历书时与国际原子时的差值。TDT 与 TAI 之间的关系可以表示为

$$TDT = TAI + 32.184s \quad (2.8)$$

1991 年 IAU 将地球力学时改称为地球时,用 TT 表示,并给出了更详细的定义。从 TT 的定义可以得到

$$TCG - TT = L_G \times (JD - 2443144.5) \times 86400 \quad (2.9)$$

式中:L_G 为比例常数;JD 为儒略日。由于 TT 的单位在大地水准面上与 SI s 相一致,因此根据原时与坐标时之间的关系可以给出在大地水准面上 L_G 的大小:

$$L_G \stackrel{\text{def}}{=} \frac{w_0}{c} = 6.969291 \times 10^{-10} (\pm 3 \times 10^{-16}) \quad (2.10)$$

TDB 的定义和实现与 TT/TDT 有关,由于规定 TDB 与 TT/TDT 之间不存在长期变化,因此 TDB 与 TCB 之间也应只相差一比例因子,其关系可以表示为

$$TCB - TDB = L_B \times (JD - 2443144.5) \times 86400 \quad (2.11)$$

根据 TCB、TCG 及 TT 之间的相互关系，常数 L_B 与 L_C、L_G 之间应满足如下关系：

$$L_B \stackrel{\text{def}}{=} L_C + L_G \tag{2.12}$$

由此可以给出 L_B 估值为

$$L_B = 1.550505 \times 10^{-8}(\pm 1 \times 10^{-14}) \tag{2.13}$$

依据上述时标关系和公式，如有需要，可进一步换算得到 TDB 和 TT 之间的转换关系。

综上所述，在现在的高精度观测条件下，时空的相对论效应是不可忽略的，不同参考系之间的坐标转换必须考虑相对论的影响。对于天文学和空间大地测量而言，常用的参考系为地球（或地固）参考系、地心参考系和（太阳系）质心参考系。地球参考系与地心参考系之间的坐标转换可以沿用经典的伽利略变换公式，而对于地心参考系与质心参考系之间的坐标转换则必须考虑相对论的影响。

2.2　国际时间频率参考系统

2.2.1　国际时间频率标准

在天文时标、原子时标发展和融合的过程中，协调世界时（UTC）逐渐形成了国际通用的时间频率标准。自 1972 年以后，UTC 被定义为国际通用的民用标准时间，UTC 保持由国际计量局（BIPM）负责组织实施，许多国家和地区为方便使用 UTC 实时信号，都建立了本地协调世界时（UTC(k)），并通过精密时间传递链路实现向 UTC 的溯源[23-27]。

2.2.1.1　世界时的定义与实现

1）太阳日

太阳日是定义世界时的基础。太阳日（solar day）依据太阳运动所定义的时间，可以分为视太阳日和平太阳日。视太阳日是依据真太阳定义的，也就是真实的太阳连续两次经过某地相同之中天，即是上至上中天或下至下中天的时间间隔，可以使用日晷来测量（上中天）。因为地球绕太阳的公转轨道是一个椭圆而不是正圆、地球自转轴在黄道面上存在倾斜角度等原因，视太阳日在一年当中的长度会随时间不断地改变。

为改进视太阳日的精度，研究提出了平太阳日。在天文学中，假想有一天体在天球赤道上以匀速由西向东运行，此速度等于真太阳在黄道上运行的平均速度，这个假想的天体，称为"平太阳"。平太阳相继两次下中天所经历的时间（即一年内真太阳日的平均值）叫平太阳日。

平太阳日的长度定义为固定的 24h，在一年之中不会因为昼夜长短的变化而改变。视太阳日的长度与平太阳日不同，相邻的每一天最多可以短 22s 或长 29s。由于这种延长或缩短会持续进行一段时间并在时刻上进行累积，因此最多会比平太阳日提早 17min 或延迟 14min，如图 2.7 所示。

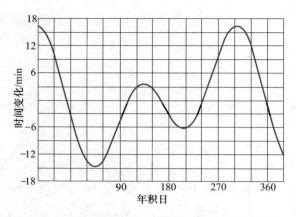

图 2.7 日晷观测到的视太阳时间与平太阳时间的偏差

在历史上有许多方法被用来模拟(显示)平太阳时,最早使用漏壶或水钟,差不多从公元前 4000 年到公元前 2000 年中期。在公元前 1000 年中叶之前,水钟只能依据视太阳日来调整,因此除了能在夜晚继续使用外,它的准确度并不会比依靠太阳投影的日晷好。

不过,太阳相对于恒星始终在黄道上自西向东移动,因此从公元前 1000 年中期,通过恒星的周日运动可以测量平太阳日的变化,以确定平太阳时钟的误差。巴比伦的天文学家已经知道平均时差和如何利用相对于恒星的自转速率来改正以获得比水钟更为准确的时间。

太阳时易于观测,且太阳的位置与人们日常生活密切相关,因此,基于太阳的时间系统一直是日常生活的最重要的参考时间。在原子钟发明以后,尽管其稳定度已远远超过太阳时,但当前作为时间标准的协调世界时在大的走势方向上仍然以太阳时为参考。

2)世界时

世界时(UT)是一种以格林尼治子夜起算的平太阳时。世界时是以地球自转为基准得到的时间尺度,其精度受到地球自转不均匀变化和极移的影响,为了解决这种影响,1955 年国际天文联合会定义了 UT0、UT1 和 UT2 这 3 个系统:

UT0 系统是由一个天文台的天文观测直接测定的世界时,没有考虑极移造成的天文台地理坐标变化。该系统曾长期被认为是稳定均匀的时间计量系统,得到过广泛应用。

UT1 系统是在 UT0 的基础上加入了极移改正 $\Delta\lambda$,修正地轴摆动的影响。UT1 是目前使用的世界时标准。被作为目前世界民用时间标准 UTC 在增减闰秒时的参照标准。

UT2 系统是 UT1 的平滑处理版本,在 UT1 基础上加入了地球自转速率的季节性改正 ΔT。

它们之间的关系可以表示为

$$UT1 = UT0 + \Delta\lambda$$
$$UT2 = UT1 + \Delta T$$

2.2.1.2 原子时的定义与实现

1)原子时概念与定义

原子时(TA)指以原子频标为基础建立的时间标准。1967 年第十三届国际计量大会确定了以铯原子辐射为基础的秒长定义,即[133]铯原子基态的两个超精细能级间在海平面、零磁场下跃迁辐射 9 192 631 770 周所持续的时间为原子时秒,并把它规定为国际单位制(SI)时间单位。原子时的时间起点定义在 1958 年 1 月 1 日 0 时(UT),即规定在这一瞬间,原子时和世界时重合。

为保持全世界时间尺度的统一,国际计量局(BIPM)联合数十个国家和地区的时频实验室来共同建立统一的国际原子时,即 TAI。由于国际原子时(TAI)与理想时标地球时(TT)有相同的钟速,因此,TAI 可视为理想时标 TT 的具体实现[4]。

2)国际原子时实现方法

国际原子时的实现由 BIPM 负责,目前,全世界约有 30 多个国家和地区的 70 个时频实验室、350 台原子钟参与 BIPM 的 TAI 比对和综合原子时计算[5-6]。

分布在世界各地时频实验室的原子钟通过内部时间比对和远程时间比对,将数据汇集到 BIPM,BIPM 通过原子钟比对数据的综合处理,得到自由原子时(EAL),EAL 具有最优的频率稳定性,但相对于秒基准的频率准确度上缺少约束,因此,需要再根据频率基准装置(PFS)对 EAL 进行频率驾驭,最终得到 TAI。目前,大约有 10 多台频率基准装置对 EAL 进行频率驾驭,其中有 9 台为铯频率基准装置,分别由法国、德国、意大利、日本、美国维持。TAI 的综合原子时处理方法为 ALGOS 算法,TAI 的基本处理流程如图 2.8 所示。

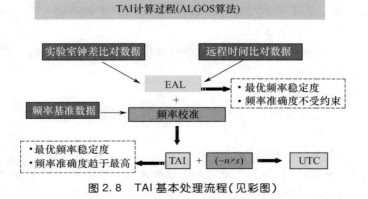

图 2.8 TAI 基本处理流程(见彩图)

随着原子钟质量的不断提高和远程时间比对技术的不断更新,BIPM 多次更新 TAI 计算方法和取权规则,缩短了计算周期和数据点的时间间隔,1998 年以后 TAI 每月计算一次[25,28-29]。

各实验室之间主要通过卫星双向时间频率传递(TWSTFT)、GPS 时间传递等方法进行精密时间比对,比对链路关系如图 2.9 所示。

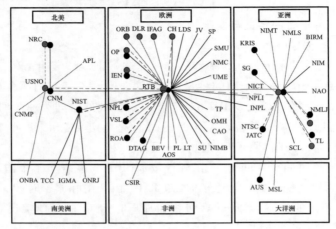

图 2.9　TAI 比对链路(见彩图)

由图 2.9 可知,欧洲地区时频实验室和比对链路分布最为密集,主要以 PTB 为中心节点进行时间比对。北美地区时间比对以 USNO 和 NIST 为主要节点,亚洲地区时间比对以日本 NICT 为主要节点。

在各种比对手段中:卫星双向时间频率传递方法精度最高,但设备较为昂贵,约占 15% 比例;GPS SC(单频单通道 C/A 码)时间传递方法所占比例约为 36%,GPS MC(单频多通道 C/A 码)时间传递方法所占比例约为 33%,GPS P3(多频多通道 P3 码)时间传递方法所占比例约为 9%;其他时间传递方法所占比例约为 7%。由此可见,由于 GPS 的广泛应用及 GPS 时间传递设备的高性价比,使得 GPS 时间传递成为 BIPM 时间比对的主要手段,各类 GPS 时间传递方法的总比例达 78%。

3) 国际原子时性能要求

TAI 可适应最高要求的应用,TAI 的综合性能主要体现在以下 5 个方面:

(1) 连续性(continuity)。
(2) 可靠性(reliability)。
(3) 可用性(accessibility)。
(4) 频率稳定度(frequency stability)。
(5) 频率准确度(frequency accuracy)。

时间作为一个连续量,一旦中断便难以找回,TAI 是国际时间的最高基准,对连续性的要求更高,因此连续性是 TAI 尺度要求的首要指标。

可靠性主要体现在时间系统的实现上,时间系统必须保障长期的正常运行,才能提供有效的时间参考基准。TAI 是通过全世界的数十个钟组共同保持,不会因为个别钟组故障而影响系统整体功能,可靠性能够得到充分的保障。

可用性主要体现在用户对时间的使用方面。由于 TAI 代表的是纸面时,不能直接为用户使用,因此,一般要通过主钟系统输出实时信号和钟差改正数,并连接到各类授时系统,通过授时信号为用户提供时间服务,如卫星授时、长波授时、网络授时等方式。

频率稳定度主要反映了频率的均匀性。单个原子钟通常频率抖动较大,通过原子钟组的平均可以获得更高的频率稳定度,TAI 的 ALGOS 算法就是基于加权平均的方法而设计的,当前,TAI 的频率稳定度约为 $0.4 \times 10^{-15}(20 \sim 40$ 天$)$。

频率准确度主要反映了频率与秒定义的一致性。秒定义通过频率基准装置实现,TAI 通过与频率基准装置的比对和驾驭修正,来保证与原子时秒 SI 的高度一致性,当前,TAI 的频率准确度约为 2×10^{-15}。

4) 地方原子时基本概念与实现

根据原子时的基本定义,由世界各国家或地区的时频间实验室利用自身的高性能氢、铯等原子钟建立和保持的原子时,称为地方原子时,地方原子时一般记为 TA(k)。

为满足生产、生活、国防建设多方面的需要,世界上大多数国家都建有自己的时频实验室,用于建立和产生地方原子时,许多国家和地方的时频实验室还直接参与国际比对,用于 TAI 的保持。

中国的时频实验室主要有中国科学院国家授时中心、中国计量研究院、北京无线电计量研究所等单位,分别建立了各自的守时系统,保持的地方原子时分别记为 TA(NTSC)、TA(NIM)、TA(BIRM),并参与国际原子时的时间比对和计算。此外,还有国防部门建立和维持的时频系统为国防建设服务,如军用标准时间。

2.2.1.3 协调世界时的定义与实现

协调世界时是在世界时和原子时之间通过"协调"产生的一种时间尺度,具体来说,就是时间尺度单位为原子时秒长,但在时刻上又采用闰秒调整方式使之与世界时尽量接近。

在 1972 年以后,UTC 的"协调"方案明确:UTC 与 TAI 保持相同的基本速率,UTC 与 TAI 之间只相差整数秒,UTC-UT1 的差值范围最大为 0.9s。闰秒通常安排在 6 月 30 日或 12 月 31 日的最后 1min,必要时也可安排在 3 月 31 日或 9 月 30 日的最后 1min。1975 年以后,按照新修订方案,作为候补日期,如果有必要,每个月末最后 1s 都可实施闰秒。

闰秒有两种方式,增加 1s(相对正常计时推迟 1s)称为正闰秒,减少 1s(相对正常计时提前 1s)称为负闰秒,如图 2.10 所示。

闰秒信息可从 BIPM 发布的时间公报中获得,也可从卫星导航系统导航电文信息中提取。各卫星导航系统都提供了 GNSS 时(GNSST)与 UTC/UTC(k)的时差信息,GNSST 包括 GPS 时(GPST)、GLONASS 时(GLONASST)、Galileo 系统时(GST)、北斗时(BDT)等。当前的闰秒信息与 GNSST 的时间关系如图 2.11 所示。

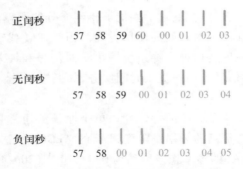

图 2.10 正闰秒与负闰秒时序关系

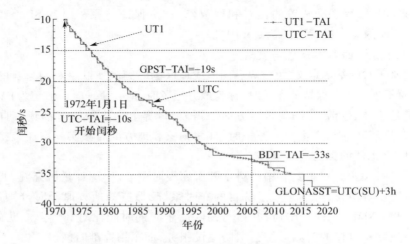

图 2.11 UTC 闰秒信息与 GNSST 的时间关系

协调世界时和国际原子时的实现过程基本相同,只需要在 TAI 的基础上增加必要的闰秒调整。UTC 的实现和发布也是由 BIPM 负责,UTC 与各个时频实验室的时差信息大约每月发布一次,为了提高 UTC 信息的实时性,BIPM 当前开展了快速 UTC(UTCr)的计算和发布试验工作,UTCr 约每周更新一次,稳定度等主要性能接近 UTC 水平。

此外,各个国家和地区时频实验室在给 BIPM 上报原子钟数据计算 TAI 和 UTC 的同时,也可建立实验室自身的地方原子时 TA(k)和协调世界时的物理实现 UTC(k),以方便所在国家和地区的使用。美国、俄罗斯、法国、英国、中国、日本等国家都建立了先进的时频实验室,建设高性能的守时系统和授时系统,研究新型原子频标和光频标技术。

2.2.1.4 时间频率与国际单位制

当前国际通用的标准时间为协调世界时,它是原子时系统和世界时(平太阳时)系统的综合结果,它在秒长上以原子时秒为基准,但在长期运行时刻上向世界时靠近(偏差不超过 0.9s),一旦偏差接近阈值边界时就采用闰秒机制来修正协调世界时使其尽量靠近世界时。

现行国际单位制(SI)包含7个基本单位:kg(千克)、m(米)、s(秒)、A(安培)、K(开尔文)、mol(摩尔)、cd(坎德拉),如图2.12所示,时间是其中计量精度最高的基本单位,当前时间频率计量准确度最高可达$10^{-17} \sim 10^{-16}$水平。

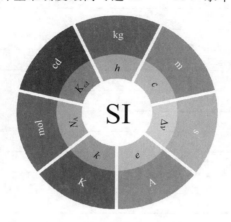

图2.12 国际单位制系统

SI单位中有基本单位和导出单位。时间单位基本单位为"秒",中文符号为秒,SI符号为s。现采用的秒长为1967年10月第13届国际度量衡会议通过的新的时间计量单位——原子时。原子时秒长的定义为:位于海平面的^{133}Cs原子基态两个超精细能级在零磁场中跃迁辐射9192631770周所持续的时间。导出单位为"赫[兹]",中文符号为"赫",SI符号为Hz,是1s时间内周期现象重复出现的次数。表2.1、表2.2给出了常见的时间频率单位换算关系。

表2.1 时间、周期等单位换算关系

法定计量单位		非法定计量单位		换算关系
名称	符号	名称	符号	
秒	s			
分	min			1min = 60s
时	h			1h = 3.6×10^3s
日(天)	d			1d = 8.64×10^4s
		百分之一微秒		1百分之一微秒 = 10^{-8}s
		周(星期)		1周 = 6.048×10^5s(7d)
		[(平均)历]月		1[(平均)历]月 = 2.628×10^6s = (365/12)d
		[历]年	a	1a = 3.1536×10^7s(365d)
		闰年		1闰年 = 3.16224×10^7s(366d)
		回归年		1回归年 = 3.1557×10^7s
		恒星年		1恒星年 = 3.1558×10^7s

表2.2　常用时间频率单位换算关系

单位	符号	换算关系
吉赫(兹)	GHz	$1\text{GHz}=10^9\text{Hz}$
兆赫(兹)	MHz	$1\text{MHz}=10^6\text{Hz}$
千赫(兹)	kHz	$1\text{kHz}=10^3\text{Hz}$
千秒	ks	$1\text{ks}=10^3\text{s}$
百秒	hs	$1\text{hs}=10^2\text{s}$
十秒	das	$1\text{das}=10\text{s}$
毫秒	ms	$1\text{ms}=10^{-3}\text{s}$
微秒	μs	$1\text{μs}=10^{-6}\text{s}$
纳秒	ns	$1\text{ns}=10^{-9}\text{s}$
皮秒	ps	$1\text{ps}=10^{-12}\text{s}$
飞秒	fs	$1\text{fs}=10^{-15}\text{s}$

2.2.2　标准时间频率发播

为用户提供标准时间的过程称为"授时"。为用户提供标准频率的过程称为"频率传递"。不同时间(频率)信号之间的比对称为"时间(频率)比对"。经过时间比对和修正,不同时钟之间就可以完成"时间同步"。"授时服务"就是把标准的时间频率信号提供给用户使用。

现代授时技术主要有卫星授时、长波授时、短波授时、网络授时、电话授时等手段[24-26]。此外,还有卫星共视、卫星双向时间频率传递、光纤时间频率传递等手段,用于实现点对点的高精度时间频率远程传递[30-33]。各种授时与时频传递方法精度比较见表2.3。

表2.3　各种授时与时频传递方法得到的不确定度

传递方法	时间不确定度	频率不确定度
电话	1s~1ms	—
网络	<100ms	—
短波发播	1ms	1×10^{-8}
长波发播	<10μs	1×10^{-11}
北斗单向授时	50ns	5×10^{-13}
北斗双向授时	10ns	1×10^{-13}
GNSS卫星共视	5ns	5×10^{-14}
卫星双向时频传递	1ns	1×10^{-14}

1) 卫星授时

卫星授时主要指通过卫星发生的无线电信号来广播时间信息,当前卫星授时的主要方式是通过卫星导航系统实现大范围、高精度的授时服务,如美国的 GPS、俄罗斯的全球卫星导航系统(GLONASS)、欧盟的 Galileo 系统、中国的北斗卫星导航系统(BDS)等。卫星授时精度通常可达 10~100ns,通过增强或特殊处理甚至可以达到优于 1ns 的不确定度。卫星授时已经成为当今授时精度最高、覆盖范围最广的授时系统。

当前,全球卫星导航系统都建立了自己的系统时间,通过自己的系统时间与 UTC(k)/UTC 的溯源比对链路,最终实现提供 UTC(k)/UTC 标准时间服务。

我国自 2000 年开始建成北斗一号系统并提供授时与定位服务,2012 年北斗二号正式提供授时与定位服务,目前北斗三号系统已经建成,并于 2020 年 7 月正式提供全球覆盖的授时与定位服务。北斗卫星导航系统星座示意图如图 2.13 所示。

图 2.13 北斗卫星导航系统星座示意图(见彩图)

2)长波授时

长波通常指频率在 30~300kHz、波长为 1~10km 范围内的电磁波,这个波段适合于较远距离的时间频率传输。长波授时的优点在于信号传播路径较为稳定,授时精度较高,地波信号的覆盖范围一般在 1000km 左右,天波信号的覆盖范围可达 3000km,精度可达微秒量级。由于长波授时的信号特性,长波授时可作为卫星授时系统的重要补充手段。

在 20 世纪 60 年代各国普遍采用长波波段来授时。目前,世界上重要的长波授时系统有美国的罗兰-C 授时台、英国的 MSF 授时台、中国的 BPL 授时台等。在 20 世纪 70 年代初,我国开始建设用于时频传递的长波授时台,中国科学院国家授时中心的长波授时台采用的发射频率为 100kHz,电台呼号为 BPL。长波授时基本原理及发播天线如图 2.14、图 2.15 所示。

3)短波授时

短波指波长在 100~10m,即频率在 3~30MHz 的无线电波段为短波波段。短波授时信号的传播方式有两种:地波传播和天波传播。在距离授时台 100km 的范围内,使用地波传输时间信号;依靠电离层对短波的多次反射实现天波传播,可将信号传播到很远的距离,短波授时信号覆盖半径可达 3000km 以上,授时精度为毫秒量级,短波授时信号传递方式及天线如图 2.16、图 2.17 所示。尽管短波授时精度较低,但由于它收发设备简单、成本低,应用还是比较广泛的。目前,世界上比较著名的

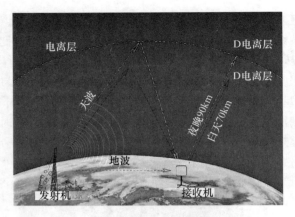

图2.14 长波授时原理示意图(见彩图)

图2.15 陕西省蒲城长波授时天线

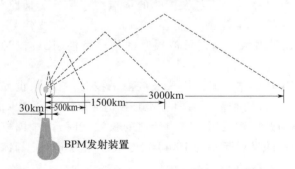

图2.16 短波授时信号传递方式与覆盖范围(见彩图)

有美国的 WWVH 短波时号、日本的 JJY 短波时号,以及我国的 BPM 短波时号。

我国的 BPM 短波授时台于20世纪70年代建成,由中国科学院国家授时中心维持,采用 2.5MHz、5MHz、10MHz、15MHz 频率全天连续发播我国短波无线电时号,呼号为 BPM。

4) 网络授时

网络授时是指通过局域网或因特网等网络设施为用户提供时间服务的一种授时

图 2.17　陕西省蒲城短波授时天线

方式。常用的协议有网络时间协议(NTP)、精密时间协议(PTP)。NTP 的目的是在国际互联网上传递统一、标准的时间。具体的实现方案是通过 GPS 或外部时钟源获取标准时间,建立 NTP 网络授时服务器,通过网络协议为各类联网用户提供授时服务,如图 2.18 所示。

NTP 最早是由美国 Delaware 大学的 Mills 教授设计实现的,从 1982 年最初提出到现在已发展了将近 20 年。NTP 授时服务的精度与具体的网络环境、授时服务器自身的时间准确度等因素相关,通常可达到 1~100ms。

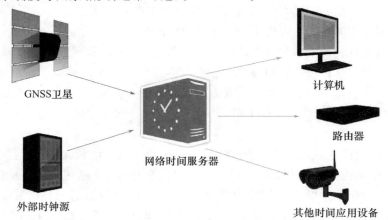

图 2.18　NTP 网络授时应用示意图

5）电话授时

电话授时就是利用电话网络传送标准时间,常用的电话授时有以下几种服务方式。

通过专用电话时码接收机方式。用户通过专用电话时码接收机连入电话线端子,通过拨打授时服务专线,即可自动获得标准时间显示和输出,授时精度约为 10ms。

计算机加调制解调器的方式。用户计算机通过调制解调器与电话线路连接后，安装专用拨号校时软件后，拨打授时服务专线，即可同步校准用户本地计算机时钟，授时精度约为 10ms。

电话语音报时服务方式。采用音频脉冲——"嘟"声作为秒信号提示音，使用户极为方便地进行校时，同步精度约为 0.5s。

2.2.3 协调世界时改革计划

协调世界时（UTC）是国际通用标准时间，在国防、生产、生活等各个方面广泛应用，随着现代社会科学技术快速发展和社会节奏加快，人们对时间的准确性和稳定性要求也逐渐提高。2000 年左右，UTC 闰秒问题被提出，并在国际上引起广泛的关注和研究，在国际电信联盟组织下，UTC 改革的基本思路和多种提案经过各国多轮讨论和协商，并在 2015 年在国际电信联盟无线电大会（ITU WAC15）上进行初步表决，该次会议考虑各国意见后最终决定对 UTC 改革问题还需要进一步深入研究。在此期间，BIPM、各国时频领域、卫星导航系统领域等相关专家进行了许多深入的调研分析，并各自提出了对 UTC 未来改革的观点和建议[34-39]。

2.2.3.1 协调世界时改革历程及闰秒起因

协调世界时 UTC 是国际通用的标准时间。1970 年国际电信联盟下属的国际无线电咨询委员会第 7 研究组（SG7）提出了 UTC 的定义，是以国际单位秒长为基准的一种时间计量系统，通过闰秒方式使其与世界时 UT1 时刻差的绝对值保持在 0.9s 以内，并从 1972 年 1 月开始启用作为全世界的标准时间。

由于地球自转的不均匀性及观测条件的限制，实际上 SI 秒长的定义与 1972 年 1 月 1 日的平太阳时秒长并不相等（大约与 1820 年的平太阳时秒长一致）。考虑到地球自转速度的变化，日长变化平均值为每天 1~2ms 量级，即使两者在当时是一致的，随着时间的推移，UTC 与 UT1 的时刻偏差在每 1~2 年内会达到 1s，这就是闰秒的起因。

然而，现代科技对数字系统和时间同步的依赖在迅速增强，由于实行闰秒所产生的问题、事件和各类隐患也引起人们广泛的关注和思考。一些机构认为频繁引入闰秒带来的风险在不断增大，因此，1999 年美国向 ITU 提出取消闰秒的建议，在 2001 年国际电信联盟无线电通信局 236/7 问题（ITU-R 236/7 问题）"UTC 时标的未来"被提出。经过十几年的探讨和研究，在 2012 年世界无线电通信大会（WRC-12）上，第 653[COM6/20]号决议"协调世界时时标的未来"被列为研究课题之一，具体内容包括：根据第 653[COM6/20]号决议，考虑通过修改协调世界时 UTC 或一些其他方式，研究实现连续基准时标的可行性并采取适当行动；就实现一个可供无线电通信系统普遍使用的持续性参考时标的可行性开展必要的研究；研究与实施持续性时标相关的问题（包括技术和操作因素）。由 WRC-12 的 653 决议形成一个新的 WRC-15 1.14 议题并将提交 WRC-15 大会讨论。

事实上，并不是所有国家和机构都赞成取消闰秒。在过去引入闰秒的 40 多年里，大量设备在使用 UTC 时标，其中有很多是与国防和救援相关的系统。因此，也有国家和机构认为取消闰秒必须对现有设备的软硬件进行升级改造，这是一项花费大、费时费力的工程。也有第三方机构和代表表示需要更多的时间和信息来形成一个决定。

2.2.3.2 协调世界时改革影响分析

1）对北斗卫星导航系统影响分析

为便于系统连续稳定运行，卫星导航系统通常采用连续的、无闰秒的时间尺度作为系统内部时间参考。北斗时采用原子时秒为基本单位，以周、周内秒方式连续计数，不闰秒，北斗系统以北斗时为中介发播协调世界时。

从 BDT 定义和实现上看，BDT 自身运行不受 UTC 闰秒影响，但要完成系统授时功能，系统必须及时准确地播报闰秒信息。从 2012 年 7 月 1 日的闰秒操作看，涉及时统系统、卫星无线电测定业务（RDSS）处理和卫星无线电导航业务（RNSS）处理，处理和分析过程繁琐，存在影响系统正常运行的风险。对用户而言，如取消闰秒，BDT 与 UTC 之间就可以保持一个固定的秒数差，会使各类系统时间之间的关系更为简单，用户实现各类时间转换和兼容互操作也更为容易。因此，取消 UTC 闰秒，对于北斗系统稳定运行和使用是非常有利的。

2）对标准时间系统影响分析

对标准时间保持而言，在系统运行维护过程中需要根据国际时频公报发布的闰秒信息对系统产生的 UTC 时间信号进行闰秒调整操作。这不仅需要提前做好操作预案，而且不能产生任何差错。如果取消闰秒，就可以减少系统运行过程中的这一操作环节，降低误操作的可能性，这对标准时间系统的稳定运行是非常有利的。

从用户使用来说，由于各种系统或环境条件限制，用户可能不能连续接收授时信号，需要具有自主时间保持能力。如果在 UTC 闰秒时刻，用户因没有收到闰秒信息而不作闰秒调整，将会直接导致用户保持的时间与标准时间之间产生秒信号错位，导致用户时间错误。取消闰秒则可以避免这一问题。

3）对网络服务器影响分析

网络和电话授时已经在世界各类信息服务系统、电子设备中得到广泛应用。许多计算机系统、应用程序通常是按照每分钟 60s 的规则来进行工作，通常无法显示、识别和类似于"60s"这种现象，这就容易造成计算机系统的紊乱，存在系统崩溃的风险，给网络维护以及网络授时服务带来不必要的麻烦。

据国外媒体报道，2009 年新年前夜，全球有数千部微软 Zune 播放器时间显示出现混乱，情况与 2000 年"千年虫"问题类似。Zune 问题出现后不久，甲骨文的 Cluster Ready Services（CRS）软件也被披露因闰秒出现软件重启现象。据报道，在 UTC 时间 2012 年 6 月 30 日 23:59:59 全球同步进行闰秒之际，该闰秒调整造成了芬兰航空管理系统瘫痪。

4）对电视演播影响分析

我国采用北京时间（即 UTC+8h）作为各类电视播出系统运行和控制的参考时间。电视播出系统对时钟系统要求精确到毫秒（帧）。闰秒调整意味着连续时间系统的打断和破坏,这将给电视播出工作埋下安全隐患和突发因素。当全球进行闰秒调整时,电视台是否调整、何时调整、以什么方式调整都需要详细考虑,一旦处置不当就会给播出带来安全隐患。

2.2.3.3 协调世界时改革技术选项分析

国际电联组织召开了多次 ITU 第 7 研究组会议,研究了 1.14 议题的多种解决方案,目前大体上形成方案 A、B、C 三大类,下面分别进行分析。

1）方案 A 及分析

（1）方案 A 内容:

子方案 A1:连续参考时标是可行的,而且可以通过终止 UTC 闰秒调整实现。为了给目前依赖闰秒的传统世界协调时的系统预留足够的过渡时间以适应新的协调世界时,终止协调世界时闰秒调整的实施时间应在 2015 年世界无线电通信大会决议正式生效之日起算 5 年之后。

对于需要使用 UT1 的应用领域,国际地球自转参考系服务（IERS）组织将提供比目前协调世界时更为精准的测量结果,计算世界时与协调世界时之间的差别。协调世界时的名称可以保留下来。

子方案 A2:这个方案与方案 A1 类似,但进一步要求更换协调世界时的名称。

（2）优势分析:

不再闰秒的协调世界时将是一个连续参考时标,并且鼓励各类用户使用独一无二的连续参考时标,实现时标系统更深层次的统一。取消闰秒后,软件、协议或必要的协调中都不再需要考虑闰秒调整问题。

对于子方案 A1,继续使用协调世界时的名称可以避免不必要的混淆,并且保持连续性,因为协调世界时仍将是"世界"广泛应用的,而且是"协调的"。

对于子方案 A2,重新命名并改进的时标可以避免方案 A1 可能带来的词义分歧,还可以确保我们所指的时标总是清晰可辨的。一些机构认为给新时标新的名字可以避免在术语使用上的问题。

（3）缺点分析:

不再闰秒之后,协调世界时与世界时之间的时间差将超出当前的限值 0.9s。一些依靠闰秒的传统系统将无法自动适应新的协调世界时,必须定期进行人工干预或改造。例如,默认协调世界时与世界时之间时差不大于 1s 的计算机数据格式需要进行调整,以适应将来进一步扩大的时差。

对于子方案 A1,让改进的时标沿用协调世界时名称会造成一定的语义模糊,在某些场合下可能难以辨识协调世界时到底指的是之前闰秒的老定义还是不闰秒的新概念。

对于子方案 A2,一些官方文件中提到协调世界时时标的地方需要做相应的修订。

2) 方案 B 及分析

(1) 方案 B 内容:

保持协调世界时现行定义,在国际原子时的基础上引入一个新的连续参考原子时标,同时播发这两个参考时标。

(2) 优点分析:

如果保持协调世界时不做变更,则可保证后向兼容性原则,当前的仪器不需要升级换代,包括天文导航等非无线电设备。此外,使用协调世界时设备的技术文件也不需要做任何更改。用户可以根据操作管理方面的需要自由选择使用协调世界时或者新连续参考时标。

(3) 缺点分析:

通过闰秒的方式调节协调世界时的需求没有改变,一同延续下来的还有相关的一切风险与后果。为了平等的推广这两种参考时标,必须调整标准频率和时间信号系统,且系统必须找到可行的办法与那些选择了另外一种时标的系统进行互通,这将会带来一笔开销。两种不同的"标准"时标并存,容易产生分歧,有必要以自动防故障的方式来区分这两种时标。如果不同国家使用这两种不同的参考时标来做民用标准时间,在召开需要国际协调的活动时会出现一系列问题。

3) 方案 C 及分析

(1) 方案 C 内容:

方案 C1:为避免混淆,将 ITU-R TF.460-6 建议书中定义的 UTC 作为唯一时标进行发播。同时在 ITU-R TF.460-6 建议书中明确,对需要连续时标的用户,TAI 可以作为一种替换,通过发播两者的时差数据获取。

方案 C2:此方案与方案 C1 类似,但在 ITU-R TF.460-6 中,给出进一步的规定、修改或者材料来说明无线电通信等系统使用连续系统时标的可行性。

(2) 优点分析:

ITU-R TF.460-6 建议修订草案详细说明了那些使用当前协调世界时的无线电通信系统将不会受到任何影响。后向兼容原则得到保证,目前的仪器不需要升级换代,包括天文导航等非无线电设备。考虑到了那些需要使用连续时标的系统,它们可利用国际原子时和协调世界时之间的时间差从广泛使用的 UTC 获取连续时标 TAI。

(3) 缺点分析:

仍然需要闰秒,闰秒可能带来的危险和后果仍然存在。方案 C2 使用多重系统时标的办法会引起混乱。

在 2015 年召开的 WRC15 大会上,尽管许多人支持取消闰秒,代之以更简单的时间尺度,但还是有一部分重要的反对意见,因此,该次会上决定暂不实施 UTC 改革,待下一轮继续深入研究后再确定。

2.3 时间频率基本信号与测量

2.3.1 时间信号类型

在各类时间设备或系统中,常用标准型时间信号主要有秒脉冲信号、美国靶场仪器组(IRIG)提出的 IRIG-B 码信号。此外,还有在秒脉冲基础上根据需要设计的各种变体,如 100PPS(秒脉冲)、2046PPS 等,基于网络的 NTP 授时、PTP 授时等。

1)秒脉冲信号

时间信号中所说的秒脉冲信号指的是一秒一次的方波电脉冲信号,也称为 1PPS 信号。脉冲信号是一种离散信号,形状多种多样,与普通模拟信号(如正弦波)相比,波形之间在时间轴上不连续(波形与波形之间有明显的间隔)但具有一定的周期性,常见的脉冲波有方波、三角波等。脉冲信号可以用来表示信息,也可以用来作为载波,比如脉冲调制中的脉冲编码调制、脉冲宽度调制等,还可以作为各种数字电路、高性能芯片的时钟信号。描述秒脉冲信号的常用指标参数有脉冲幅度、脉冲宽度、脉冲上升沿宽度、脉冲下降沿宽度(t_f)等指标,如图 2.19 所示。

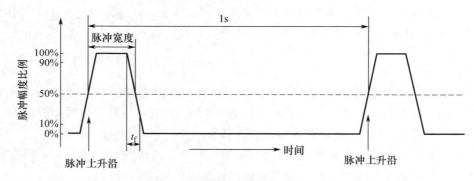

图 2.19 秒脉冲信号波形

2)IRIG-B 码信号

IRIG(Inter Range Instrumentation Group)是美国靶场仪器组的标识,它是美国靶场司令委员会的下属机构。IRIG 执行委员会由美国各靶场代表、三军代表、国防部、国家航空航天局和国家标准局等代表组成,主要职责是负责靶场间的信息交换,制定标准、协调设备的研制和协调靶场间的相互配合。它所制定的 IRIG 标准,许多已成为国际通用标准,在欧洲、亚洲、澳大利亚等许多国家和地区得到了广泛应用。

IRIG 时码按传输方式来区分主要有两大类:一类是并行时码,采用并行信号方式传输,传输数据为二进制,传输距离较近;另一类是串行时码,采用串行信号方式传输,传输距离相对较远。串行时码又可细分为 6 种格式,即 A、B、D、E、G、H,它们的主要差别是时码的帧速率、码元速率、信息格式等不同,详细区别如表 2.4 所列。

表 2.4　IRIG 串行时码的 6 种格式

格式	时帧周期	码元速率	信息位数	时间信息
IRIG-D	1h	1 个/min	16	天(d)、h
IRIG-H	1min	1 个/s	23	天(d)、h、min
IRIG-E	10s	10 个/s	26	天(d)、h、min、10s
IRIG-B	1s	100 个/s	30	天(d)、h、min、s
IRIG-A	0.1s	1000 个/s	34	天(d)、h、min、s、0.1s
IRIG-G	0.01s	10000 个/s	38	天(d)、h、min、s、0.1s、0.01s

IRIG-B 即为其中的 B 型码,B 型码的时帧速率为 1 帧/s,可传递 100 位信息,且具有以下优点:携带信息量大、分辨力高、传输距离远,B 码是当前 IRIG 时码中应用最广泛的一种。

IRIG-B 码又分为直流、交流两种。未经调制的 B 码为直流 B 码,通常记为 IRIG-B(DC)。为了便于传递,可用标准正弦波载频对直流 B 码进行幅度调制,标准正弦波载频的频率与码元速率严格相关,B 码的标准正弦波载频频率为 1kHz,同时,其正交过零点与所调制格式码元的前沿相符合,标准的调制比为 10:3,调制后的 B 码通常称为交流 B 码,记为 IRIG-B(AC),B 码信号调制结构如图 2.20 所示。

IRIG-B(DC)码的接口通常采用 TTL 电平协议和 RS422(V.11)接口标准,同步精度可达 1μs 量级。IRIG-B(AC)码通常采用平衡接口,同步精度一般为 10μs 量级。IRIG-B 码格式结构如图 2.20 所示,详细说明见附件。

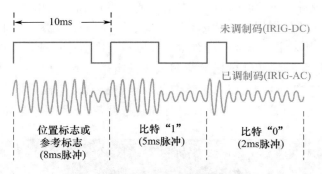

图 2.20　IRIG-B 时码信号调制结构

时间码 IRIG-B 作为一种重要的时间同步传输方式,因其良好的同步性能和易用性,成为时统应用设备的标准码型,广泛应用于电信、电力、金融、国防等重要行业或部门。

2.3.2　频率信号类型

在各类频率源中,存在各种不同的频率信号输出,最常用的标准型频率信号为

5MHz、10MHz、100MHz 的正弦波或余弦波,波形如图 2.21 所示,各类原子钟、各类时统服务器输出的频率信号一般都是这类信号。在不同的领域,也存在自己的专用信号,如卫星导航领域,常以 10.23MHz 为基础频率产生载波和测距码。

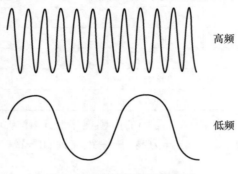

图 2.21　频率信号正弦波形

不同频率信号之间可以相互转换,通过分频或倍频技术可以实现频率的减低或升高。

2.3.3　时频信号测量

时间频率信号的测量大致可分为两大类:一类是信号电学意义上的通用指标测量,如信号幅度、周期等;另一类是时频专用性能指标测量,如准确度、稳定度等。

对于秒脉冲时间信号而言,主要的电学类测试参数有:信号极性、信号幅度、前沿宽度、前沿抖动及脉宽等,简单的电学类指标通常可以直接采用示波器、计数器等设备来完成测量;主要的专用性能指标有时间准确度、时间稳定度、时间偏差等,该类指标通常需要测量并采集一定数量的数据后按照相应模型进行计算处理来得到。

对于频率信号而言,主要的电学类测试参数有信号幅度、信号周期、相位噪声等通用指标,如图 2.22 所示;主要的时频专用性能指标有频率准确度、频率稳定度、频率漂移率、频率分辨力等;对于原子钟等特殊精密设备,还需要考虑环境因素的影响,

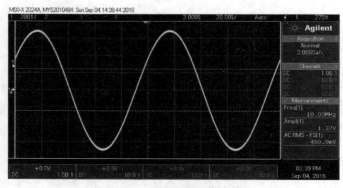

图 2.22　示波器测量频率信号

测量温度灵敏度系数、相位灵敏度系数、磁场灵敏度系数、震动灵敏度系数、电源灵敏度系数等,以反映环境变化对时间频率信号指标的影响。

2.4 时间频率性能指标与评估

时间频率性能指标直接影响用时设备功能能否正常实现,有许多时间频率的指标测试已经纳入标准的计量测试范畴,并具有相应的测试标准和规范来说明如何对其进行检测、评估和校准[40]。还有一些没有纳入标准体系的指标,可以根据各项指标的定义,在遵循相关的检测评估基本原则的基础上,研究采取合适的方式来测试和评估。

2.4.1 时间准确度

时间准确度是用来定量表征被测时间与标准时间偏离程度的指标量。例如,某台时频终端通过北斗系统授时获得的时间为 t_i,对应的标准时间为北京卫星导航中心保持的 UTC(BSNC),则由此对应的时间偏差的计算公式为

$$\Delta t = t_i - \text{UTC(BSNC)} \tag{2.14}$$

为获得时间准确度指标,通常需要对连续测量的时差数据进行统计处理,采用合适的统计量来估计该指标,常用的统计量有峰峰值、统计方差、平均值等类型,该统计量应根据实际情况来选用并在指标数据中进行说明。对于 GNSS 等授时系统而言,授时准确度指标通常采用 95% 置信度下的统计方差来表示,通常情况下 GNSS 授时可优于 100ns。时间准确度测试的基本设备连接关系如图 2.23 所示。

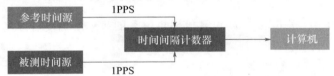

图 2.23 时间准确度指标测试框图(见彩图)

2.4.2 频率准确度

频率准确度是用来定量表征被测频率与标准频率偏离程度的指标量。它是频率源、频率标准、频率基准输出频率基本性能的表征,反映了输出频率实际值与其标称值的偏差。频率准确度是一个无量纲值,且通常需要对计算结果取绝对值,计算公式如下:

$$A = \frac{f_x - f_0}{f_0} \tag{2.15}$$

式中:A 为频率准确度;f_x 为被测频率信号的实际频率值;f_0 为标称频率值。

从上述定义公式可以看出,被测频率f_x偏离f_0越大,A值就越大,所以频率准确度的确切称谓应为频率不准确度,不过由于习惯上的原因,就一直这样称呼下来了。如果频率准确度计算结果A值越小,则对应的频率准确度越高。

频率准确度从其定义看,是描述频率标准设备输出的实际频率值与其标称输出频率值的相对偏差。但在实际测量时,无法直接获得理想的标称频率信号,往往以更高性能的参考频率标准信号来代替标称频率,并且要求参考频率标准的准确度应比被测频率高一个量级以上。

由于受频率标准内在因素和外部环境的影响,实际上f_x并不是一个固定不变的值,而是在一定范围内有起伏的值。为了准确测量f_x的准确度,通常需要一个尽可能稳定的测量环境,并采用合适的采样间隔和采样长度,最后对多组测量结果进行统计处理。常用频率源对应的频率准确度如图2.24所示。

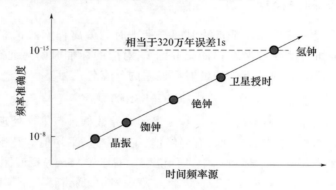

图2.24 常用频率源频率准确度分布(见彩图)

在实际应用中,原子钟、时统设备等输出信号的频率准确度可以基于频率信号或时间信号测量来计算。

1)基于频率信号的频率准确度测量

频率信号的频率准确度测量一般通过频标比对器来完成。测量需选择一个参考频率信号,按照计量测试要求,参考频率信号至少比待测频率信号的准确度高一个量级,测试方法如图2.25所示。

图2.25 频率信号频率准确度测试框图(见彩图)

采样时间与待测信号的频率稳定度和频率准确度相关,按照一般性的测试经验,应使得在该采样长度上对应的频率稳定度比频率准确度高一个量级。例如,待测信

号的频率准确度为 5×10^{-13},若其 10s 稳定度优于 5×10^{-14},则采样时间选择 10s 即可。

2）基于时间信号的频率准确度测量

当时间信号与频率信号同源时,也可以采用频率源输出的时间信号测量来评估其频率准确度。时间信号的测量主要依靠时间间隔计数器完成,测量需要选择一个参考时间信号,按照计量测试要求,参考时间信号应比待测信号的频率准确度高一个量级,具体测量方法如图 2.26 所示。

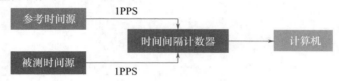

图 2.26　基于时间信号频率准确度测试框图

为准确获取频率准确度结果,应根据时差测量不确定度、待测信号频率准确度大小来选取合适的采样时间,以减少测量噪声对指标评估的影响。例如,当时差测量不确定度为 0.2ns 时,1 天的时差测量采样时间可引入 2×10^{-15} 频率测量不确定度,则可以有效地测试评估频率准确度为 2×10^{-14} 的频率源设备。

2.4.3　频率稳定度

频率稳定度是用来描述频率源输出频率信号受各类噪声影响而产生的随机起伏的程度。频率源或频率标准作为一种电子设备,在连续运行时其输出的频率信号会受到内部各种物理器件、电子器件噪声及外部环境的影响,导致输出频率不是一个固定、稳定的值,而是在一定范围内随机起伏。

频率准确度与频率稳定度是两个相互独立的概念,频率准确度可以简单地理解为一段时间内频率中心值偏离标称值的大小,频率稳定度可以简单地理解为一段时间内频率值自身的收敛或发散程度,两者的关系如图 2.27 所示,常见频率源的稳定度区间如图 2.28 所示。

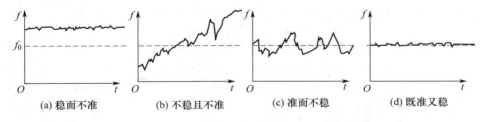

图 2.27　频率准确度与频率稳定度的关系

根据稳定度时间间隔的长短,一般可分为频率短期稳定度,如 1ms~100s 稳定度等,中长期稳定度,如 1000s~30 天稳定度等,它们反映了频率信号在不同时间间隔

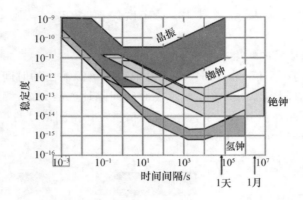

图 2.28　常见频率源的稳定度区间范围(见彩图)

上的波动水平。频率稳定度可从时域和频域两个方面来测量和计算,频率稳定度最常用的表达式是阿伦方差。阿伦方差的计算公式如下:

$$\sigma_y(\tau) = \sqrt{\frac{\sum_{i=1}^{n-1}[y_{i-1}(\tau) - y_i(\tau)]^2}{2(n-1)}} \tag{2.16}$$

式中:y_i、y_{i-1}为频率观测值;τ为观测间隔;n为观测数据个数。

短期频率稳定度的测量,可以利用短稳测试仪、相噪仪等设备来完成,测量方法如图 2.29 所示。长期稳定度通常可采用时间间隔计数器、比相仪等设备测量。

图 2.29　频率稳定度测量方法示意图

测量时,需要根据被测件的要求选定采样时间 τ,再根据取样时间的不同确定取样组数 n,连续测量 $n+1$ 次。按照一般性测量经验,取样组数可根据表 2.5 确定。

表 2.5　取样时间与取样组数表

取样时间 τ	1s	10s	100s	1天
取样组数 m	100	50	30	15

2.4.4　频率漂移率

频率漂移率是指频率源在长期运行过程中输出频率在单位时间内的平均线性变化量。频率漂移产生的主要原因是受到内部元器件的老化以及环境变化的影响。由于许多时频设备中频率漂移是由其关键器件石英晶振随运行时间的老化所造成的,因此也常把频率漂移称为频率老化率。

在进行频率漂移率测量时,被测件在经过足够的预热时间以后,在一定的时间内,这种漂移通常可近似为线性。漂移率计算的单位时间间隔根据实际情况可取一日、一周、一月甚至一年,分别称为日漂移率、周漂移率、月漂移率、年漂移率。一般来说,石英晶体振荡器、铷原子频标、氢原子频标需要给出日漂移率(或老化率)。而对于铯原子频标,在很长时间内(如数月或数年),看不出其存在显著的频率漂移现象,一般不使用频率漂移率指标来说明其性能。常见频率源的频率漂移率如表2.6所列。

表 2.6 常见频率源的频率漂移

类别		频率漂移
高稳定晶体振荡器	Symmetricom 1050A	1.0×10^{-10}/天
铷原子频标	星华时频 XHTF-1003	5×10^{-12}/天
	Perkin Elmer RFS-10	$<3 \times 10^{-11}$/月
	KVARZ CHI-82	2×10^{-13}/天
氢原子频标	上海天文台 SOHM-4	$<1 \times 10^{-14}$/天
	NIST HI	$<1.5 \times 10^{-16}$/天
	KVARZ VCH-1003A	$<1 \times 10^{-16}$/天

频率漂移率的测量与频率准确度的测量方法类似,在选定合适的频率参考基准后,可以使用频标比对器、时间间隔计数器等设备来测量和计算。在实际工作中,可以将频率漂移率和频率准确度放到一起同步测量和计算:若采集的为频差数据,进行线性拟合,常数项可作为频率准确度,一次项系数可作为频率漂移率;若采集的为时差数据,进行二次多项式拟合,一次项系数可作为频率准确度,二次项系数的2倍可作为频率漂移率,如下式所示:

$$\Delta T = a_0 + a_1 t + a_2 t^2 = a_0 + At + \frac{1}{2}Dt^2 \tag{2.17}$$

式中:A 为频率准确度;D 为频率漂移率。

2.4.5 频率复现性

频率复现性通常指频率源连续两次开机后,输出频率的准确度符合程度。许多频率源不是长期连续运行,一般用时通电开机,不用时关机,因此在多次开关机过程中其输出频率的一致性需要采用频率复现性指标来定量描述。

假定频率源连续工作 T_1 时段期间测量得到的频率值为 f_1,关机 T_2 时段后开机,在连续工作 T_3 时段期间频率测量值为 f_2,则频率复现性计算公式为

$$R = \frac{f_2 - f_1}{f_0} \tag{2.18}$$

一般情况下,对于原子频标,$T_1 = T_3 > 24\text{h}$,$T_1 = 24\text{h}$。

此外,还有采用开机特性、日频率波动、频率重调度、环境特性等相关指标来表征频率复现特性。

2.4.6 相位噪声

由于存在噪声叠加,频率源输出信号的谱分布不是一条理想的单一谱线,而是以含有边带的形式扩展到中心载频的两边。在频率分析中,把频率源输出信号的随机相位(或频率)起伏统称为相位噪声。相位噪声通常用各种谱密度来表征,比较常用的相位噪声表征量有相位起伏谱密度 $S_\phi(f)$、频率起伏谱密度 $S_{\Delta f}(f)$、相对频率起伏谱密度 $S_y(f)$、单边带相位噪声 $\mathcal{L}(f)$ 等。

在很多情况下,单边带相位噪声应用最广泛,因为用户实际关心的是代表噪声的边带功率与代表信号的载波功率之间的比值。单边带相位噪声是指偏离载频 f 处,信号的一个相位调制边带的功率谱密度与载波功率之比,其表达式为

$$\mathcal{L}(f) = \frac{P_\text{m}}{B_\text{n} P_\text{c}} \tag{2.19}$$

式中:P_m 为偏离载频的相位调制边带的平均功率(W);P_c 为载波功率(W);B_n 测量系统的等效噪声分析带宽(Hz)。相位噪声的单位为 dBc/Hz,其含义如图 2.30 所示。

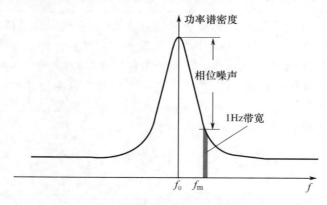

图 2.30 频率信号相位噪声含义说明

相位噪声可通过频谱仪、鉴相器、锁相环等设备来进行测量,最简单的方法是直接采用专用相噪仪来直接获取频率源的相位噪声指标。时钟源的相位噪声指标与卫星导航系统中的导航信号生成质量直接相关。

2.4.7 其他指标

在实际应用中,常用的时间频率指标还有以下类型:

（1）时间类：包括脉冲信号输出幅度、脉冲信号宽度、脉冲信号上升沿宽度、脉冲信号前沿抖动等，通常可以采用示波器、计数器等常用仪器设备来测量。

（2）频率类：包括频率信号输出幅度、谐波失真、非谐波失真、阻抗、周期等，通常采用示波器、频谱仪等常用设备来测量。

2.4.8 检测与评估

对于原子钟、频率源、时统终端等高精度时频设备，在正式投入工程使用前需要进行检定校准。检定校准需要遵守相应的标准规范要求，通常到具有相应检定校准资质的机构或企业去完成。

在很多情况下，往往也需要开展时频设备和系统的性能指标自评估分析，此时可以参照相应的测试检定规程，在满足必要的测试检定条件下根据实际情况开展此类工作。例如，对卫星导航系统的系统时间性能、在轨卫星钟性能的分析评估，难以按照一般性的测试检定方法开展，此时就需要根据实际情况来设计一套独立的测试评估方法和系统。在各类测试评估中，应遵循的一般的原则性要求主要包括以下几个方面。

（1）测量基准指标要求：按照计量检定的基本要求，作为测试或计量的参考基准，其指标应远远优于被测对象，一般而言，频率稳定度要优于3倍以上，频率准确度要优于一个量级以上。

（2）测量数据采集要求：测量数据采集时，需要考虑测量设备的分辨力、采样间隔、采样数量等关键因素，并且与被评估指标大小相匹配。例如，评估原子钟的天稳定度至少需要采集15天的观测数据。

（3）测量数据处理要求：测量数据处理包括数据分析、预处理、计算模型等方面，通过观测分析确保数据有效可靠无异常，按照正确的数学模型来处理，采用合适的统计方法来获得综合评估。

（4）测量环境条件要求：检定用的标准装置和被检设备应处于合理的实验室环境条件内，包括温度、湿度、电磁等。通常在相应的检定规范或设备使用说明中会对此提出相应的要求。

（5）不确定度分析要求：在完成数据测量和处理后，可得到关于指标大小的基本结果，通常还需要进行不确定度的分析评估，以说明该指标的不确定性范围或可信区间。

参考文献

[1] 欧几里得. 几何原本[M]. 燕晓东，译. 南京：江苏人民出版社，2011.
[2] 牛顿. 自然哲学之数学原理[M]. 王克迪，译. 北京：北京大学出版社，2006.

[3] 爱因斯坦．爱因斯坦文集[G]．范岱年,赵中立,徐良英,编译．北京:商务印书馆,1979．

[4] 霍金．时间简史[M]．许明贤,吴忠超,译．长沙:湖南科学技术出版社,2010．

[5] 张元仲．狭义相对论实验基础[M]．北京:科学出版社,1979．

[6] 徐济仲．广义相对论导论[M]．武汉:武汉大学出版社,1989．

[7] 俞允强．广义相对引论[M]．北京:北京大学出版社,1997．

[8] 刘辽,赵峥．广义相对论[M]．北京:高等教育出版社,2003．

[9] 须重明,吴雪君．广义相对论与现代宇宙学[M]．南京:南京师范大学出版社,1999．

[10] 温伯格．引力论和宇宙论[M]．邹振隆,张历宁,等译．北京:科学出版社,1984．

[11] 陆埮．宇宙—物理学的最大研究对象[M]．长沙:湖南教育出版社,1992．

[12] 韩春好．时空测量原理[M]．北京:科学出版社,2017．

[13] 费保俊．相对论在现代导航中的应用[M]．北京:国防工业出版社,2007．

[14] 迈克尔·索菲,洛夫·郎汉．时空参考系[M]．王若璞,赵东明,译．北京:科学出版社,2015．

[15] 迈克尔·索菲,韩文标．相对论天体力学和天体测量学[M]．北京:科学出版社,2015．

[16] 韩春好,黄天衣,许邦信．地心准Fermi坐标系与地心谐和坐标系[J]．中国科学(A),1990,20(12):1306-1313．

[17] 韩文标,陶金河,马维．相对论天文参考系的回顾与展望[J]．天文学进展,2014,32(1):95-117．

[18] 黄天衣,许邦信,张挥,等．相对论框架里的时间尺度[J]．天文学进展,1989(1):43-51．

[19] 黄天衣,陶金河．广义相对论框架中的IAU时间尺度和参考系[J]．天文学进展,2001,19(2):282．

[20] 韩春好．相对论参考系的基本概念及常用时空坐标间的变换[J]．测绘学院学报,1994,11(3):153-160．

[21] 韩春好．相对论框架中的时间计量[J]．天文学进展,2002,20(2):107-113．

[22] 张捍卫,马国强,杜兰．广义相对论框架中有关时间的定义与应用[J]．测绘学院学报,2004,21(3):160-162．

[23] 王义遒．原子钟与时间频率系统[M]．北京:国防工业出版社,2012．

[24] 童宝润．时间统一系统[M]．北京:国防工业出版社,2003．

[25] 漆贯荣．时间科学基础[M]．北京:高等教育出版社,2006．

[26] 李孝辉,窦忠．时间的故事[M]．北京:人民邮电出版社,2013．

[27] 周渭,偶晓娟,周晖,等．时频测控技术[M]．西安:西安电子科技大学出版社,2006．

[28] ARIAS E F, PANFILO G, PETIT G. Timescales at the BIPM[J]. Metrologia 2011,48(4):S145-S153.

[29] AUDOIN C, GUINOT B. The measurement of time[M]. Cambridge:Cambridge University Press,2001.

[30] JIANG Z, ZHANG V, PARKER T E,et al. Accurate TWSTFT time transfer with indirect links[C]//Proc. PTTI 2017, California, USA, Jan.30-Feb.2, 2017:243-255.

[31] LIANG K, ZHANG A, YANG Z,et al. Experimental research on BeiDou time transfer using the NIM made GNSS time and frequency receivers at the BIPM in Euro–Asia link[C]//Proc. ETFT-IFCS2017,Besancon, France,Jul.10-13, 2017:788-797.

[32] LIN S Y, JIANG Z. GPS all in view time comparison using multireceiverensemble[C]. Proc. ETFT-IFCS2017, Besancon, France, Jul. 10-13, 2017:362-365.

[33] GERARD P, JULIA L, SYLVAIN L, et al. Sub 10-16 frequency transfer with IPPP: recent results[C]//Proc. ETFT-IFCS2017, Besancon, France, Jul. 10-Jul. 13, 2017:784-787.

[34] ARIAS E F. Realization and maintenance of UTC[R]. Geneva:ITU-BIPM Workshop, 2013.

[35] NELSON R A, MCCARTHY D D, MALYS S, et al. The leap second: Its history and possible future[J]. Metrologia, 2001, 38(6):S509:S529.

[36] DOWD D. UTC Leap Seconds:The GPS directorate perspective[R]. Geneva:ITU-BIPM Workshop, 2013.

[37] ARONOV D A, ZHELTONOGOV I V, SOROKIN S N. Coordinated universal time and GLONASS[R]. Geneva:ITU-BIPM Workshop, 2013.

[38] HAN C H. Conception, definition and realization of time scale in GNSS[R]. Geneva:ITU-BIPM Workshop, 2013.

[39] HAHN I J. UTC leap seconds and Galileo[R]. Geneva:ITU-BIPM Workshop, 2013.

[40] 国防科工委科技与质量司. 时间频率计量[M]. 北京:原子能出版社, 2002.

第3章 天文时系统

▲ 3.1 真太阳时与平太阳时

一个国家或一个系统统一使用的时间参考称为时间标准(Time Standard)。时间标准的选择不仅要求所选择的物质运动具有连续性、周期性、均匀性和可复制性,而且要求时间单位的定义符合人类的生活习惯(习惯性)[1]。

人们日出而作,日落而息。太阳的周日视运动(东升西落)和周年视运动(季节变化)自古就是人类时间计量的基准。可以说,在人类历史上,天文计时一直是最主要的测时手段之一。《尚书·尧典》称[2]:"钦若昊天,历象日月星辰,敬授人时。"这说明了历法的本意。丁緜孙先生所著《中国古代天文历法基础知识》中对这段话进行了解读[3]:"历法是计量日、月、年的时间长度和它们之间的相互关系,制定时间序列的法则;主要是依据日月星辰的运行规律,制定年、月、日、时的法则,以预测天象的回复,节候的来临,使人类活动,如狩猎、渔牧、耕种、航行等民生的作息,都可纳入一定周期之内,凡事都可按计划进行,有所准备,世界历法的本意,莫不如此。"天文计时既反映了天体运行的客观规律,同时又契合人类作息的生活习惯,因此直到今天仍然在我们的工作生活和各类活动中产生着深刻的影响。

天文计时的基础主要包括对3类天体运动的观测:

(1) 地球自转;

(2) 地球绕太阳的轨道运动;

(3) 月球绕地球的轨道运动。

1日是人们对时间的认识最重要和最原始的概念。其他一切概念,均以日为基础。最初人们对时间的认知相当粗略,如30日为1月,360日为1年等,而这一认知是以天文观测计时为基础的,其中对太阳的观测应为最原始的方法。以太阳的周日视运动为基础确立的天文时称为太阳时。

18世纪以后,由于天文学和物理学的发展,人们逐渐发现太阳时不仅与地理位置有关,而且是不均匀的。于是在19世纪末出现了平太阳时(Mean Solar Time),并形成了世界时和区时的概念。石英钟出现以后,人们发现平太阳时也不是足够均匀的,因此在20世纪60年代前后天文学家又引进了以地球公转为参考的历书时(ET)。与平太阳时相比,历书时在理论上更为均匀,其测量不确定度由平太阳时的10^{-8}量级提高到了10^{-9}量级。

3.1.1 基本定义

太阳时是指以太阳日为标准来计算的时间,可以分为真太阳时和平太阳时,如图3.1所示。

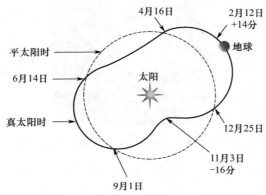

图3.1 真太阳时与平太阳时

以真太阳视圆面中心作为参考点,由它的周日视运动所确定的时间称为真太阳时。真太阳视圆面中心连续两次上中天的时间间隔称为真太阳日,一个真太阳日的1/86400为一个真太阳时秒。真太阳的视运动是地球自转及公转运动的共同反映。由于地球的公转轨道是近似椭圆,又受到月球及行星的摄动作用,它的公转速度是不均匀的,同时黄道和赤道存在交角,这两个原因导致真太阳的长度不是一个固定的量。由观测发现最长和最短真太阳日相差达51s之多。

为解决这一问题,1820年法国科学院特设科学家委员会将秒长定义为:全年中所有真太阳日平均长度的1/86400为1s。全年真太阳日加起来后再除以365,得到平均日长,也就是"平太阳日",但这种操作需要一年的时间取平均值进行观测,无法得到实时秒长,不利于人们在生活中使用。

于是,19世纪末,美国天文学家纽康(S. Newcomb)(图3.2)引入了假想的参考点——平太阳,提出用一个假想的太阳代替真太阳,作为测定日长的参考点,具体定义为[4-7]:

(1) 在黄道上引进第1辅助点。它在黄道上均匀运动,其速度等于真太阳的平均速度,并与真太阳同时过近地点和远地点。

(2) 在赤道上引进第2辅助点。它在赤道上均匀运动,其速度等于第1辅助点的速度,并与第一辅助点同时过春分点。这第2个辅助点就称为"假想平太阳",简称"平太阳";

(3) 定义平太阳连续两次下中天的时间间隔为1平太阳日。1平太阳日的1/86400为1平太阳时秒。

纽康提出的方法巧妙地将平太阳日的长度与地球自转联系在一起。1886年,在

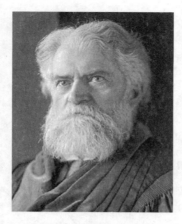

图 3.2　美国天文学家纽康(S. Newcomb)

法国巴黎召开的国际讨论会同意用纽康的方法定义平太阳日,从而产生了真正科学意义上的平太阳时秒长。

3.1.2　太阳时的实现

平太阳时简称为平时,1960 年前国际单位制(SI)的时间单位秒定义为平太阳秒,即 1 平太阳日的 1/86400。

太阳日的实现依据太阳两次经过观测地子午线的时间间隔测定,我国古代的日晷和圭表就是最早用于测定太阳日的仪器,古埃及、古罗马和中国古代都有使用日晷(图 3.3)和圭表的历史。日晷的测定依赖于太阳的投影,容易受到昼夜更替、云雨天气的影响,因此后来又发明了漏壶、水钟等进行计时,依据视太阳日对计时器进行调整。

图 3.3　北京故宫日晷

近代以来,航海事业的迅速发展使得海上经度测定需求日益突出,英国在 1675 年建立了格林尼治天文台,由天文学家埃里带领的团队利用"子午环"测定太阳时。各个国家也通过天文观测开展了太阳时的测定工作。

3.2 世界时系统

3.2.1 基本定义

以平子夜作为 0 时开始的格林尼治(本初子午面)平太阳时称为世界时(UT)。对应于地球上每一个地方子午圈存在一种地方时 m_S,它和世界时的关系为

$$m_S = UT + \lambda \tag{3.1}$$

式中:λ 为该地的经度。

世界时是以平太阳秒为单位累积建立的时标,是以地球自转运动为标准的时间计量系统。平太阳从观测者所在子午面的下方穿过的时刻为一天的起点,称为观测者所在地的地方平太阳时。

尽管早在 200 多年前就有人提出地极运动和地球自转的不均匀性,并且后来通过观测得到证实,但是长期以来,UT0 一直作为均匀的时间计量系统应用着。从 1956 年起才在 UT0 中引进极移改正 $\Delta\lambda$ 和自转速度季节性变化经验改正 ΔT_s,相应得到的世界时为 UT1 和 UT2。因而世界时有 3 种形式:

(1) UT0——由天文观测直接测定的世界时。

(2) UT1——在 UT0 中引入由极移造成的经度变化改正(图 3.4),UT1 能准确反映地球在空间的角位置,是天文界使用的时标。UT1 日长的不确定度为毫秒量级。

(3) UT2——在 UT1 中加入地球自转速度季节性变化改正。UT2 仍然受某些不规则变化的影响,所以它也是不均匀的。

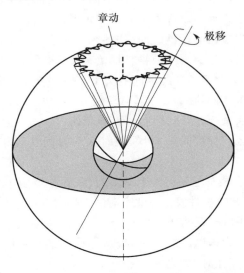

图 3.4 地球自转过程中的极移、章动效应示意图

它们之间的关系是[4]:

$$UT1 = UT0 + \Delta\lambda \tag{3.2}$$

$$UT2 = UT1 + \Delta T_s = UT0 + \Delta\lambda + \Delta T_s \tag{3.3}$$

式中:$\Delta\lambda$与观测地点的地理经纬度和地极坐标有关。地球自转速度的不均匀性具有复杂的表现形式,包含周期变化、长期变化、短期变化和不规则性变化各种因素。人们根据大量天文观测资料,求得了周期变化(又称季节性变化)的经验改正ΔT_s。它是一个周期函数,虽然每年地球自转并不完全相同,但其振幅和相位变化不大,基本上稳定在一定范围。

极移造成的精度变化改正和地球自转速度季节性变化改正的数值由国际计量局(BIPM)计算并通告各国。

3.2.2 世界时的实现

世界时是通过恒星观测,由恒星时推算的。常用的测定方法和相应仪器有:①中天法——中星仪、光电中星仪、照相天顶筒;②等高法——超人差棱镜等高仪、光电等高仪。用这些仪器观测,一个夜晚观测的均方误差为±5ms左右。目前,依据全世界一年的天文观测结果,经过综合处理所得到的世界时精度约为±1ms。由于各种因素(主要是环境因素)的影响,长期以来,世界时的测定精度没有显著的提高。目前,测量的方法和技术正面临一场革新,采用射电干涉测量、人造卫星激光测距和月球激光测距以及人造卫星多普勒观测等,测定的精度有数量级的提高[8-9]。

我们知道各地都有自己的地方时间,如果国际上发生重大事件都用各自地方时来记录,会感到复杂不便,长期下去容易弄错时间。因此,天文学家提出一个大家都能接受而且方便的统一记录方法,以格林尼治的地方时间为标准时间,利用各地与本初子午线的地理经度差推算出事件发生时的本地时间。自1884年以后,大多数国家共同商定采用以时区为单位的标准时间,如图3.5所示。

世界时区的划分以经过英国伦敦格林尼治天文台(图3.6)原址的本初子午线为标准线,从西经7.5°至东经7.5°(经度间隔为15°)为零时区(又称中时区)。从零时区的两条边界分别向东和向西,每个经度15°划分一个时区,东西各划出12个时区,东12时区和西12时区重合,全球共划分为24个时区。各时区均以自己的中央子午线地方平时作为本时区的标准时间,相邻两时区的时间一般相差1h,位于东面的时区比位于西面的时区早1h。

例如:某事件发生在格林尼治时间上午8时,我国在英国东面,北京时间比格林尼治时间要早8h,我们就知道事件发生在北京时间16时,也就是北京时间下午4时。

也有的国家不采用以时区为单位的标准时间,而是采用了该国的适中地点或者首都所在经线的地方时为该国的统一时间,这样该国的统一时间与格林尼治时间相差不是整数小时,而是存在时、分之差。

1960年以前,世界时曾作为基本时间计量系统被广泛应用。由于地球自转速度

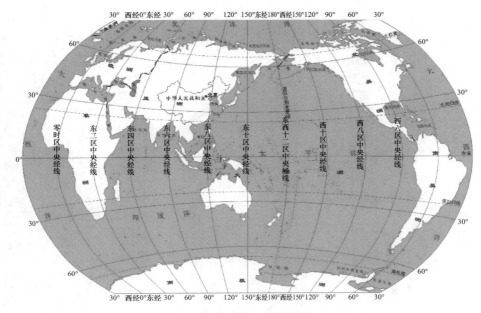

图 3.5 世界时时区分布示意图(见彩图)

图 3.6 英国格林尼治天文台

变化的影响,它不是一种均匀的时间系统。但是,因为它与地球自转的角度有关,所以即使在 1960 年作为时间计量标准的职能被历书时取代以后,世界时对于日常生活、天文导航、大地测量和宇宙飞行器跟踪等仍是必需的。同时,精确的世界时是地球自转的基本数据之一,可以为地球自转理论、地球内部结构、板块运动、地震预报以及地球、地月系、太阳系起源和演化等有关学科的研究提供必要的基本资料。

3.2.3 北京时间

中国幅员辽阔,从西向东跨越 5 个时区(图 3.7),1901 年曾采用过东 8 时区的时

时间基准与授时服务

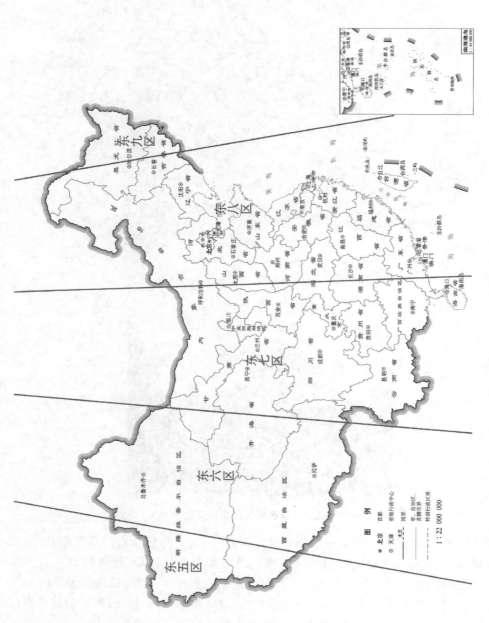

图3.7 我国横跨的5个时区示意图(见彩图)

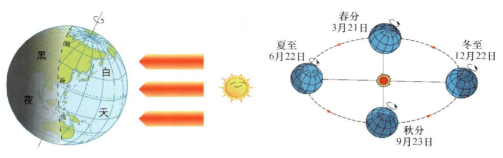

图 1.5　地球自转与昼夜交替　　　　图 1.6　地球公转与四季轮回

图 1.9　爱因斯坦的四维时空

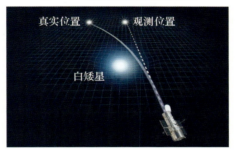

图 1.10　哈勃望远镜观测验证光线的空间弯曲

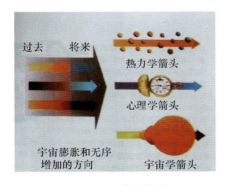
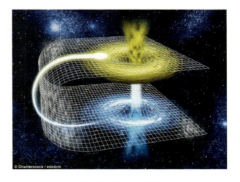

图 1.12　时间箭头　　　　　　　　图 1.13　虫洞

彩页 1

图 2.3　时钟运行快慢与引力场强弱的相关性

(a) 通过日全食时恒星观测验证

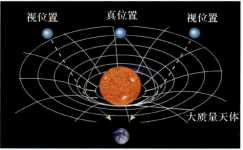
(b) 引力场内光线弯曲导致的恒星视位置偏移

图 2.4　广义相对论的观测验证

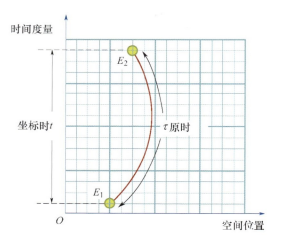

图 2.5　原时与坐标时对事件间隔的不同描述

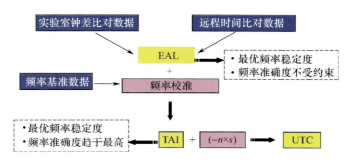

图 2.8　TAI 基本处理流程

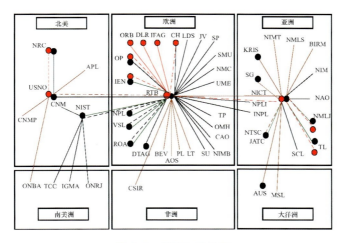

图 2.9　TAI 比对链路

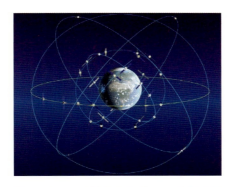

图 2.13　北斗卫星导航系统星座示意图

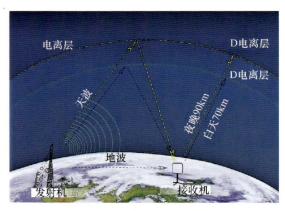

图2.14 长波授时原理示意图

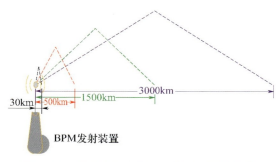

图2.16 短波授时信号传递方式与覆盖范围

图2.23 时间准确度指标测试框图

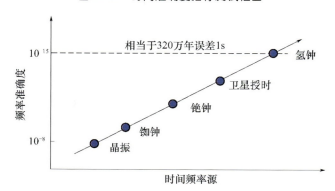

图2.24 常用频率源频率准确度分布

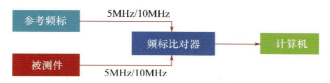

图 2.25　频率信号频率准确度测试框图

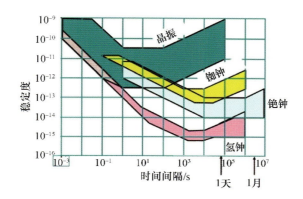

图 2.28　常见频率源的稳定度区间范围

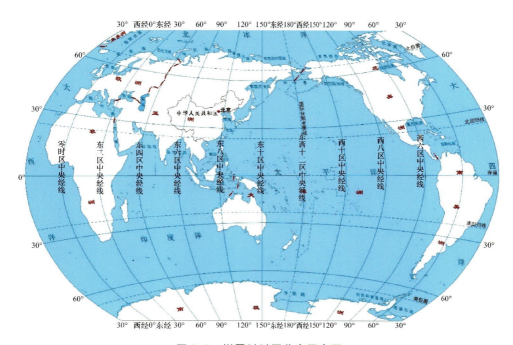

图 3.5　世界时时区分布示意图

时间基准与授时服务

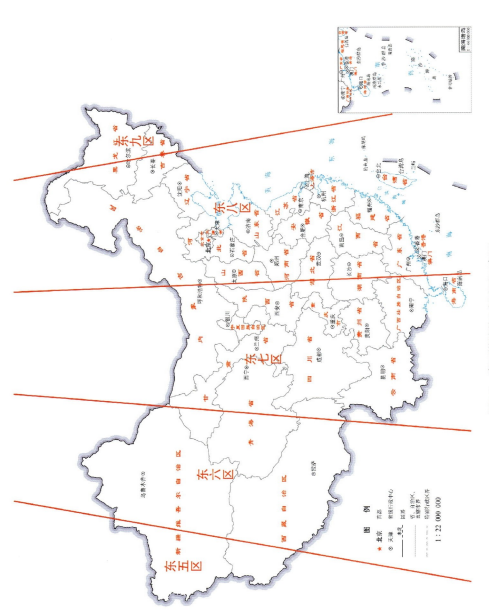

图3.7 我国横跨的5个时区示意图

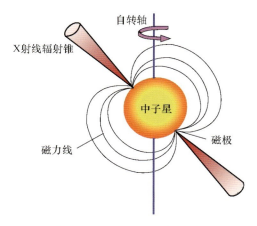

图 3.8　中子星自转示意图

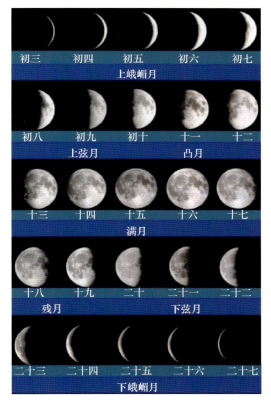

图 3.13　朔望月周期

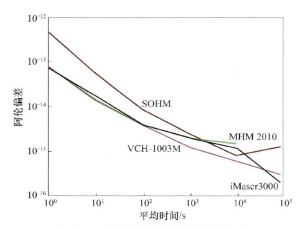

图 4.8　氢钟频率稳定度比较示意图

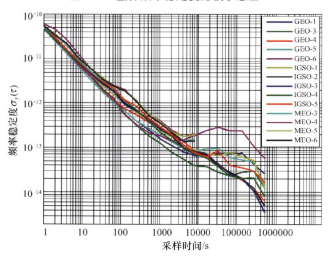

图 4.10　北斗卫星钟在轨频率稳定度评估结果

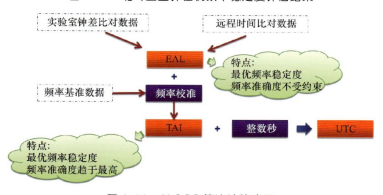

图 4.14　ALGOS 算法计算流程

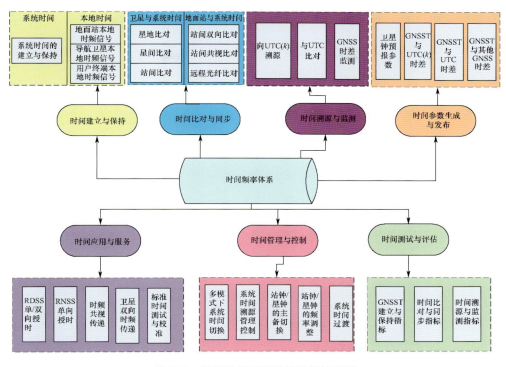

图 5.6 卫星导航时间系统功能体系图

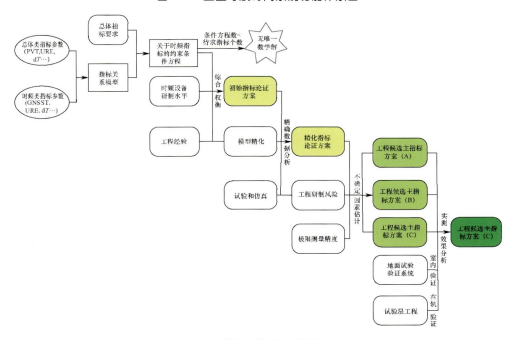

图 5.8 时频体系指标设计基本思路

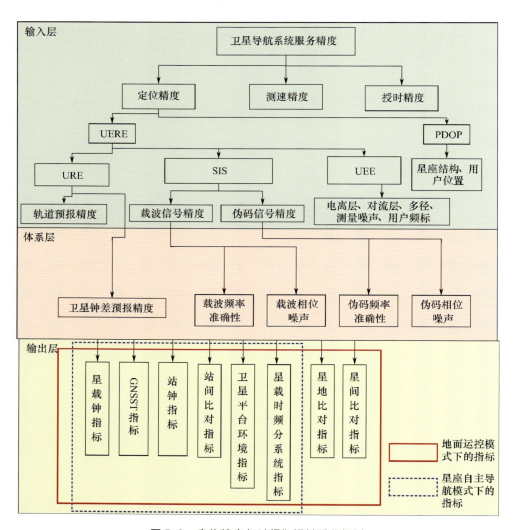

图 5.9 定位精度与时频指标关系分解树

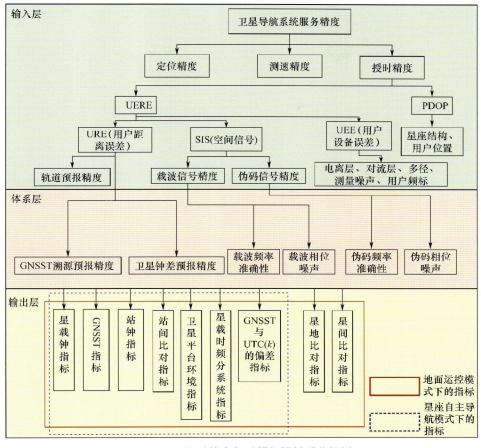

图 5.12 授时精度与时频指标关系分解树

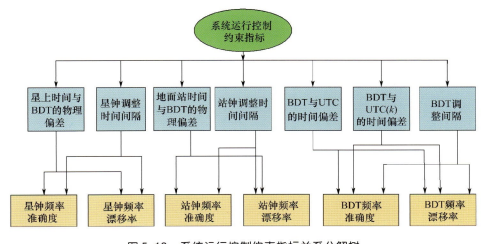

图 5.13 系统运行控制约束指标关系分解树

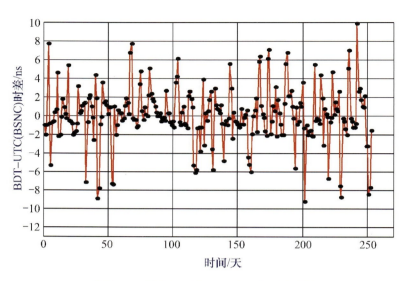

图 5.17　BDT 与 UTC(k)之间的时间偏差
（2018 年 1 月 1 日—2018 年 9 月 10 日）

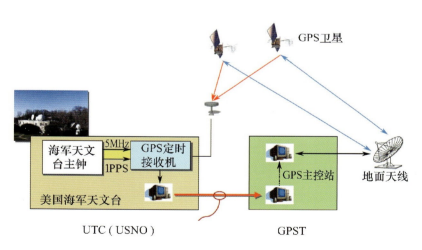

图 6.2　GPS 时间溯源与时间传递链路

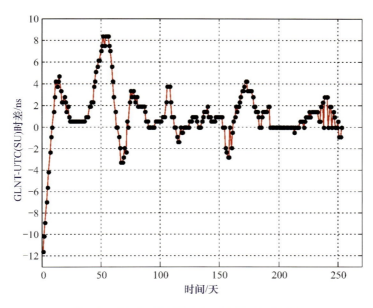

图 6.5 GLNT 与 UTC(SU)之间的时间偏差
(2018 年 1 月 1 日—2018 年 9 月 10 日)

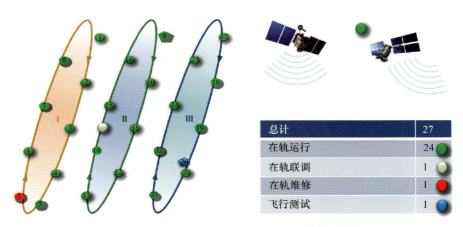

图 6.8 2018 年 10 月 GLONASS 卫星在轨情况

时间基准与授时服务

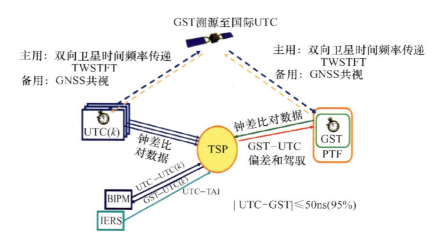

图 6.12 Galileo 时间系统与 UTC 的溯源示意图

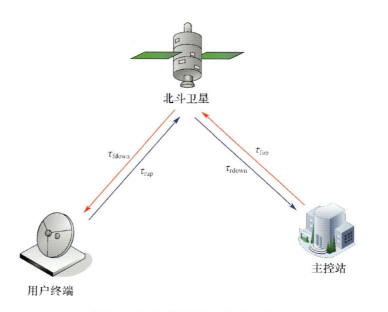

图 7.3 北斗 RDSS 双向授时示意图

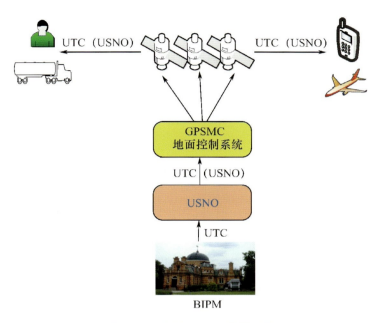

图 7.19　GPS 时间关系示意图

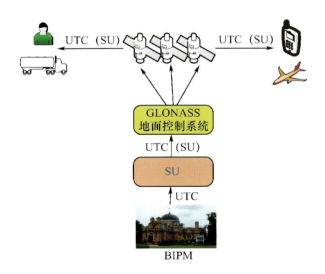

图 7.23　GLONASS 时间关系示意图

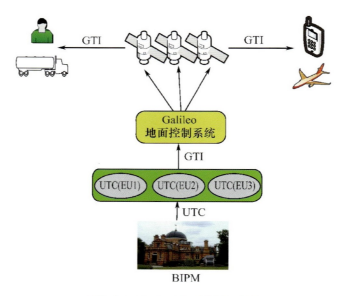

图 7.26　Galileo 时间溯源示意图

图 7.28　北斗二号系统服务覆盖示意图

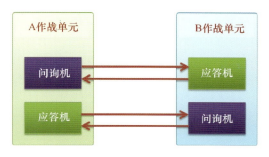

图 8.12　敌我识别系统原理

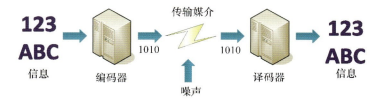

图 8.14　数字通信传输的一般流程

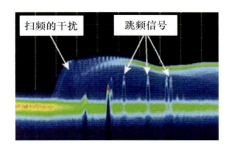

图 8.16　跳频信号

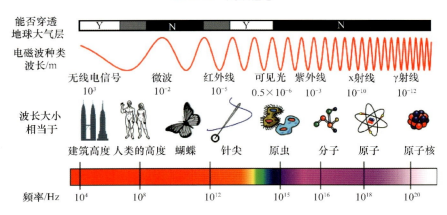

图 8.21　电磁波谱示意图

图 8.23 由哥白尼卫星为海洋上各类作战单元传输的战场信息

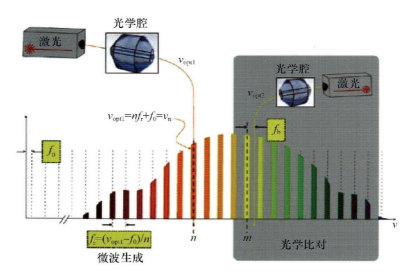

图 9.9 激光超稳微波信号产生原理

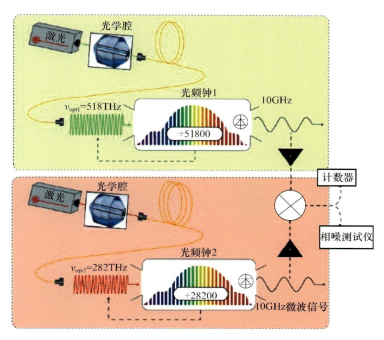

图9.10 激光超稳微波信号测量试验

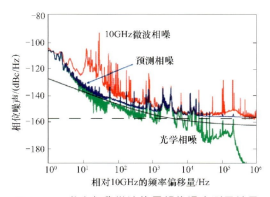

图9.11 激光超稳微波信号相位噪声测量结果

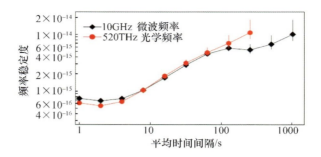

图 9.12 激光超稳微波信号频率稳定度测量结果

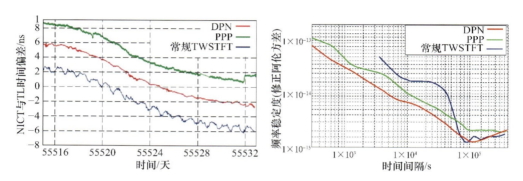

图 9.13 3 种方法的时间比对结果　　　　图 9.14 3 种方法的频率传递结果

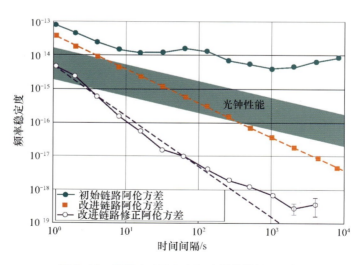

图 9.19 PTB 与 MPQ 之间光频传输性能指标

间作为沿海通用时间,当时称为"海岸时"。后于 1919 年在全国分别采用 3 个标准时区和两个半小时时区的时间。

3 个标准时区如下:

中原时区:以东经 120°的经线为中央子午线。

陇蜀时区:以东经 105°的经线为中央子午线。

新藏时区:以东经 90°的经线为中央子午线。

两个半小时时区如下:

长白时区:以东经 127.5°的经线为中央子午线。

昆仑时区:以东经 82.5°的经线为中央子午线。

中华人民共和国成立后,全国采用首都北京所在的东 8 时区的时间作为全国统一的标准时间,称为"北京时间"。北京时间实际并非北京的地方平时,而是东经 120°经线上的地方平时,北京的地理经度为 116°,因此北京时间与北京地方平时相差约 14.5min。北京时间比格林尼治时间(世界时)早 8h,即

$$北京时间 = 世界时 + 8h \tag{3.4}$$

相应的,在引入 UTC 后北京时间与 UTC 时间具有以下的关系:

$$北京时间 = UTC + 8h \tag{3.5}$$

从上述定义可知,我们日常采用的北京时间已经成为一个基于 UTC 时间系统框架的时间尺度,而且北京时间的具体实现方式并不唯一。

3.3 天文历表与历书时

天文历表主要给出日、月、行星历表、恒星视位置表和天象预告等内容。具体包括:

(1)太阳、月球、各大行星和千百颗基本恒星在一年内不同时刻的各种精确位置。

(2)日食、月食、月掩星、行星动态、日月出没和晨昏蒙影等天象预报。

(3)天体坐标之间换算的必要数据,如岁差、章动、光行差等。

为了统一各国天文历表的基本内容,各国编历机构经常开展广泛的联系合作。早在 1896 年,在巴黎召开的国际基本恒星会议,通过决议各国天文历法采用统一的天文常数系统,即纽康所确定的章动、光行差、太阳视差和岁差值。有了天文历表测定的基础,同时由于对地球自转周期为基础的时间测量系统不均匀性的认知,1960 年起,各国天文年历引入一种以太阳系内天体公转为基准的时间系统,称为历书时(ET),以代替世界时作为基本的时间计量系统。

历书时是以地球公转周期为基础而建立的一种时间系统,1952 年国际天文协会第八次会议决定:从 1960 年起,各国在编算天文年历中计算太阳、月亮和行星等的视

位置时,一律不用世界时而采用以地球公转周期为基准的历书时,SI 的定义也由平太阳秒改为历书时秒。1958 年国际天文学联合会(IAU)第十届会议通过历书时的确切定义是:"历书时(ET)是从公历 1900 年初附近太阳几何平黄经为 279°41′48.04″的瞬间起算,这一瞬间定为历书时 1900 年 1 月 1 日 00 时整。历书时秒长为历书时 1900 年 1 月 1 日 00 时瞬间的回归年长度的 1/31556925.9747。"1960—1968 年历书时秒曾被采用为时间的基本单位[7,10,11]。

历书时的定义是建立在 19 世纪末地球绕日运动的纽康理论上的。纽康根据地球绕太阳公转运动,编制了太阳历表,实际上,历书时是纽康太阳历表中作为均匀变化的时间自变量。所以某一瞬间的历书时,可以根据这瞬间测定太阳位置的观测结果同太阳历表给出这瞬间的数值比较而得到。例如,在世界时 T_0 瞬间测得太阳的赤经为 α_0,再从以历书时(ET)为时间引数的纽康太阳历表中,按 α_0 反查出它所对应的时间引数,即得世界时 T_0,从而求得该瞬间世界时与历书时之差 ΔT,于是:

$$ET = T_0 + \Delta T_S \tag{3.6}$$

式中:ΔT_S 为世界时化算为历书时的改正数。

太阳的周年视运动比较缓慢,如果观测太阳位置的误差为 ±0.1″,则换算出的历书时就会有 ±0.25s 的误差,因此实际上历书时的观测都是采用观测月球的办法来确定的。

历书时在理论上虽然是一种均匀时,但实现难度大,需要长时间的天文观测。连续几年的天文观测,能把历书时的精度确定到 1×10^{-9},相当于 1s 产生 1ns 的误差。

随着科技的进步,历书时的测量精度已不能满足今天要求更高的天文动力学、地球物理、大地测量、计量和空间技术等方面迅速发展的需要。因此,自 1967 年起,历书时被原子时代替作为基本时间计量系统。

3.4 脉冲星时间计量

脉冲星的发现,被称为 20 世纪 60 年代的四大天文学重要发现之一。脉冲星是一种快速旋转且有强磁场的中子星,其质量大约是太阳质量的 1.4 倍,直径却只有 20km 左右,属于致密星体。自从 1967 年发现第一颗脉冲星以来,人类发现了将近 2000 颗脉冲星。脉冲星犹如宇宙中的"灯塔",在整个无线电磁波频谱都有辐射,因此在精密计时、深空导航等领域有着重要的应用前景。

3.4.1 脉冲星的基本特征

脉冲星具备非常显著的特性——短而稳定的脉冲周期。所谓脉冲就是像人的脉搏一样,一下一下出现短促的无线电信号,如贝尔发现的第一颗脉冲星,每两脉冲间隔时间是 1.337s,其他脉冲还有短到 0.0014s(编号为 PSR-J1748-2446)的,最长的也不过 11.765735s(编号为 PSR-J1841-0456)。脉冲的周期其实就是脉冲星的自转周期,脉冲星具有非常稳定的自转频率(图 3.8)。地面观测设备通过相应的计时观测技术能够接收到周期性的脉冲信号[12-14]。

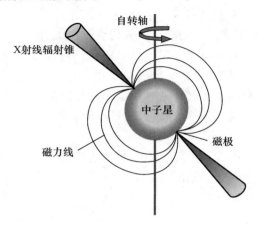

图 3.8 中子星自转示意图(见彩图)

宇宙中存在很多自转或公转很稳定的天体,其周期可以作为计量学中的频率标准而被精确测量。在熟悉的太阳系中,行星绕太阳的公转运动可以精确到秒,而地球的自转也可达几秒的精度,都可用作时间计量中时钟的频率源,人类将地球自转一周的 1/86400 定义为 1s。由于历史形成生活习俗等原因,现在人类依然使用地球自转作为协调世界时的参考。最初的观测研究表明脉冲星周期的稳定性优于 10^{-10} s,其稳定性远远好于地球自转。目前,脉冲星特别是毫秒脉冲星的自转频率稳定度是所有发现的天体中最好的,被誉为自然界最稳定的时钟。毫秒脉冲星的自转频率稳定度可达 $10^{-21} \sim 10^{-19}$,对毫秒脉冲星进行长期计时观测,可建立基于脉冲星自转频率的时间尺度标准(脉冲星时),用于监测原子时的长期稳定性。

通过计时观测可以拟合出脉冲星自转相关的参数。脉冲星辐射信号的到达时间(TOA)是使用原子钟来计量。TOA 不仅可以提供有关脉冲射电源的性质,还能提供脉冲星的天体位置以及脉冲在星际介质中传播的信息。

同时,脉冲星连续辐射的信号提供了与脉冲星位置有关的信息,极其稳定的自转频率提供了系统所需的标准时间频率源,也可以应用于高精度深空导航等领域。由于脉冲星射线脉冲星是自然天体,抗干扰性强,因此可作为现有导航系统的备份。

3.4.2 脉冲星计时实现

脉冲到达接收机的时刻,一般定义为脉冲轮廓上峰值点的到达时间。由于脉冲星的信号很弱,往往不能测量出单个脉冲的到达时间,通常把观测几分钟或十几分钟得到的许多脉冲按照周期累加,得到积分轮廓。这样提高了信噪比,减弱了计时误差。把积分轮廓和标准轮廓进行互相关计算,得到脉冲的到达时间。长期计时观测,就能获得 TOA 序列。

脉冲星计时模型是对计时观测数据进行处理的理论,由脉冲 TOA 的分析模型和脉冲相位模型构成。TOA 的分析模型主要是建立测量的 TOA 与脉冲星辐射时刻的关系,脉冲相位模型主要反映脉冲星自转的内在变化规律。计时模型参数是对观测量残差通过一定的数学方法拟合处理得到。如果计时模型完全正确,且忽略计时中各种噪声的影响,则计算得到的脉冲星周期变化是脉冲星本征运动的真实反映。但实际的计时观测不可避免地受到理论模型误差和计时噪声的影响,计时观测噪声影响会随着观测设备的升级、信号处理技术的发展而减弱,故理论模型的更新也是很有必要的。

脉冲到达时间的分析模型主要完成脉冲到达观测者本征坐标系中的时刻与脉冲在脉冲星本征坐标系中辐射时刻的转换关系,如图 3.9 所示。TOA 分析模型可以根据脉冲信号传播过程分成三步。

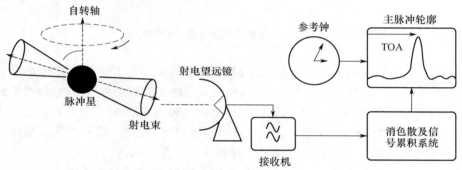

图 3.9 脉冲星计时观测原理框图

首先,将测站记录的脉冲到达时刻转换到太阳系质心坐标系原点处的到达时刻。脉冲星计时观测一般在地球上测站坐标系内完成,脉冲到达时刻是使用原子钟记录。地球上计时观测结果受到地球运动及地球环境等因素的影响,为了消除这些因素的影响,更加准确地反映脉冲星物理相关属性,一般将脉冲星计时观测结果转换到相对于脉冲星静止的惯性坐标系,通常选择太阳系质心坐标系。在太阳系质心坐标系中,时间单位采用质心坐标时,需考虑质心坐标时与地球原子时的转换。故将接收到的脉冲到达时刻转换到质心瞬间的到达时刻,需考虑地球运动(公转、自转、岁差、章动、极移)引起的各种时延效应以及日地间的各种传播时延(含大气层的传播时延)等。

其次,将脉冲质心瞬时到达时刻转换到脉冲星系统质心的到达时间。脉冲星辐射信号的发射时刻一般在脉冲星本征坐标系内描述。建立脉冲系质心的到达时间,需考虑脉冲星信号从脉冲星系统质心到太阳系质心的真空传播延迟与星际介质引起的各种传播延迟。脉冲星距离非常遥远,脉冲星信号的传播时延无法估计,故可假定其在短期内通过恒星际空间的时间不发生改变。如果脉冲星系统是单脉冲星,经过以上两步的转换就可建立脉冲到达时刻与脉冲星辐射时刻的关系。

最后,将脉冲星系统质心的到达时间转换成脉冲星的辐射时刻。大部分毫秒脉冲星都属于脉冲双星系统,时间转换过程需考虑脉冲星伴星对信号的引力时延效应,建立真正脉冲星的辐射时刻模型。

经过以上三步转换,将测站接收的脉冲到达时刻转换到脉冲星固有框架中的辐射时间,再经过脉冲相位模型分析,可得脉冲星本征运动的特征。自从脉冲星发现50年来,随着脉冲星计时模型精度提高和观测技术升级,脉冲星计时已经在天文领域内有诸多重要发现。

3.5　年月日与历法

在古代,人们通过观测并记录天文现象的运转规律来制定历法。历法大体可分为 3 类:阳历、阴历和阴阳历。阳历是指通过地球围绕太阳周期运动安排的历法,它的 1 年有 365 天左右,其历年分为平年和闰年,平年为 365 天,闰年为 366 天,如公历。阴历是指通过月亮围绕地球周期运动安排的历法,它以月球绕行地球 1 周(以太阳为参照物,实际月球运行超过 1 周)为 1 月,即以朔望月作为确定历月的基础,1 年为 12 个历月,如伊斯兰历。阴阳历则兼顾月亮绕地球的运动周期和地球绕太阳的运动周期,它的历月平均长度接近朔望月,历年的平均长度接近回归年,是一种"阴月阳年"式的历法。阴阳历既能使每个年份基本符合季节变化,又使每一月份的日期与月相对应,但是阴阳历的历年长度相差过大,制历复杂,不便记忆。我国的农历是一种典型的阴阳历。

3.5.1　公历

公历的前身是儒略历,是由古罗马皇帝儒略·凯撒大帝于公元前 46 年修订并颁布实施。公元 6 世纪时,基督教徒把 500 多年前基督教传说的创始人耶稣诞生的那一年,定为公元元年,即把罗马纪元的 754 年作为公元元年,也称为公元 1 年,没有公元零年,此前的年份称为公元前,用 B.C. 表示。

儒略历将 1 年分为 12 个月,平均长 365.25 日,也就是通常说的 1 年 365 天,但 365 天不能被 12 整除,这样一年当中有大月(31 天)和小月(30 天)之分。大月和小月的定义是由于儒略·凯撒大帝出生在一月(一月的英文名称源于他的名字),为了便于记忆,凯撒明确单月为大月,双月为小月,但是这样会导致 1 年合计为 366 天,多了 1 天,考虑到二月为罗马帝国的刑月,也就是对罪犯行刑的月份,不够吉利,所以将该月减少 1 天,变为 29 天。公元前 8 年,儒略·凯撒的侄子奥古斯都大帝登基,由于他的生日是在八月(八月的英文名称源于他的名字),他认为该月自然应该是大月,这样他就把八月之后的双月改成了大月,为此,1 年又会多出 1 天,干脆就在二月再砍掉1天,变为28天,从而形成了1、3、5、7、8、10、12月份为大月,31天;4、6、9、11月份为小月,30天。1年合计为365天。为了进一步与回归年保持一致,儒略历规定4年设置1个闰年,闰年的二月为29天,则一年天数为366天,其余3年为平年,各有365天。这样儒略历的年平均长度为365.25天。

由于儒略历的年平均长度比地球公转周期365.2422天长11分14秒,即每400年要多出3天,到了公元16世纪,累积的日期已相差10天之多。为了解决日期与季节的脱节,意大利医生兼哲学家里利乌斯(Aloysius Lilius)改革儒略历制定的历法,先是一步到位把儒略历1582年10月4日的下一天定为格列历10月15日,中间跳过10天,同时修改了儒略历置闰法则:能被4除尽的年份仍然为闰年,但对世纪年(如1600,1700,……),只有能被400除尽的才为闰年。这样,400年中只有97个闰年,比原来减少3个,使儒略历年平均长度为365.2425日,更接近于回归年的长度。经过这样修改的儒略历由教皇格里高利13世(图3.10)在

图3.10 教皇格里高利十三世

1582年修订并颁行,所以也称为格里高利历,亦称格里历。格里历先在天主教国家使用,20世纪初为全世界普遍采用,所以又称为公历。中国于1912年开始采用公历,但当时仍用中华民国纪年。1949年中华人民共和国成立后,采用公历纪年。

公历闰年遵循的一般规律为:四年一闰,百年不闰,四百年再闰。公历闰年的精确计算方法为(按一回归年365天5小时48分45.5秒):

(1)普通年能被4整除而不能被100整除的为闰年(如2004年就是闰年,1900年不是闰年)。

(2)世纪年能被400整除而不能被3200整除的为闰年(如2000年是闰年,3200年不是闰年)。

(3)对于数值很大的年份能整除3200,但同时又能整除172800则又是闰年(如172800年是闰年,86400年不是闰年)。

3.5.2 伊斯兰历

伊斯兰历又称希吉来历,在我国也称为回历,通常用A.H.(拉丁文Anno Hegirae的缩写)表示。伊斯兰历为世界穆斯林所通用,在中国也被广泛使用,主要在新疆、甘肃、宁夏、青海以及穆斯林集聚的地方。

公元622年7月16日,星期五,伊斯兰教创始人穆罕默德从麦加迁往麦地那,公元639年,伊斯兰教第二任哈里发欧麦尔,为纪念这一重要历史事件,决定将该年定为伊斯兰历元年,将该日定为伊斯兰历元年元旦,并将伊斯兰历命名为"希吉来"(阿

拉伯语"迁徙"之意)。

伊斯兰教崇尚月亮,历月依据朔望月,日期与月相及海水潮汐周期吻合,以初见蛾眉月为每月的 1 日(在农历初三左右),最大的特点是不置闰月。伊斯兰历以月亮圆缺一周为一个月,历时 29 日 12 小时 44 分 2.8 秒,月亮圆缺十二个周期为一年,历时 354 日 8 小时 48 分 33.6 秒。与公历相似,伊斯兰历同样将一年的 12 个月份分为大月和小月,大月称为"大建",小月称为"小建"。单数月份即 1、3、5、7、9、11 月为"大建",30 天;双数月份即 2、4、6、8、10 月为"小建",29 天。12 月平年为"小建"即 29 天,一年 354 天,闰年为"大建"即 30 天,一年 355 天。

伊斯兰历以 30 年为一周期,每一周期的第 2、5、7、10、13、16、18、21、24、26、29 年为闰年,共 11 年,其他 19 年为平年。一个周期平均每年为 354 日 8 小时 48 分,公历年平均天数约为 365 日 5 小时 49 分,其比公历少 10 日 21 小时 1 分,每 2.7 个公历年,伊斯兰历就少 1 个月,每 32.6 个公历年,伊斯兰历就少 1 年。穆斯林的封斋和朝觐日期,在伊斯兰历中是固定的,每隔 32.6 公历年,伊斯兰历中每个月就可轮换一次,在人的一生中,春夏秋冬四个季节甚至每一个月,都有可能体会到封斋和朝觐的不同感受,这就是伊斯兰历的奇特之处。

伊斯兰历对于天的计算,与公历和农历都不相同(图 3.11),它以日落为一天的开始,直至次日日落为一天。伊斯兰历的星期,使用七曜(日、月、火、水、木、金、土)法(与日本相同),逢金曜即公历的星期五为"主麻日",穆斯林在这一天举行"聚礼"。

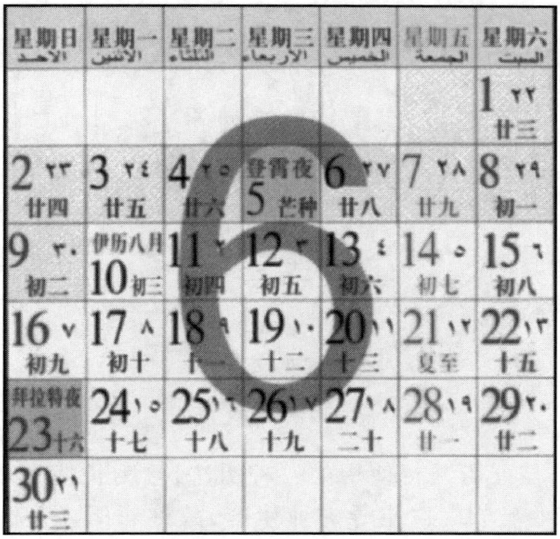

图 3.11　2013 年 6 月份的公历、农历、伊斯兰历对照

伊斯兰历各月名称如下:

一月,穆哈兰姆月 Muharram,意思为"圣月",在一月内除了自卫外禁止打斗。

二月,色法尔月 Saphar,意思为"旅月",去往也门或以色列的阿拉伯商队一般于二月出发。

三月,赖比尔·敖外鲁月 Rabia Al Awwel,意思为"第一个春月"。

四月,赖比尔·阿色尼月 Rabia Al Thani,意思为"第二个春月"。

五月,主马达·敖外鲁月 Jomada Al Awwel,意思为"第一个干月"。

六月,主马达·阿色尼月 Jomada Al Thani,意思为"第二个干月"。

七月,赖哲卜月 Rajab,意思为"问候月"。

八月,舍尔邦月 Sha'ban,意思为"分配月",为第二个圣月,禁止打斗。

九月,赖买丹月 Ramadan,意思为"热月"(斋月)。

十月,闪瓦鲁月 Shawwal,意思为"猎月"。

十一月,都尔喀尔德月 Dul Qa'dah,意思为"休息月",为第三个圣月,禁止打斗。

十二月,都尔黑哲月 Dul Hijjah,意思为"朝圣月",第四个圣月,是向麦加朝圣的月份。

3.5.3 农历

中国的农历是一种典型的阴阳历,日本、朝鲜及以色列的传统历法也是阴阳历。

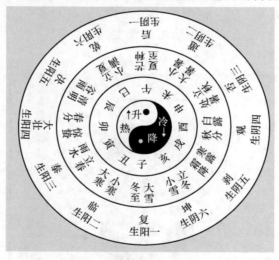

图 3.12 阴阳历

农历是中国目前与公历并行使用的一种历法,且为长期采用的一种传统历法。因这种历法安排了 24 个节气以指导农业生产,故称农历。人们习惯称农历为"阴历",但农历并非真正的阴历,而是阴阳历的一种,所以称为阴历并不准确。

农历的平均历月等于一个朔望月(朔望月周期为新月、峨眉月、上弦月、渐盈凸月、满月、渐亏凸月、下弦月、残月、晦日)通过设置闰月使平均历年为一个回归年,设置根据太阳的位置,把一个太阳年分成 24 个节气,至今全世界几乎所有华人及一些东南亚国家,仍使用农历来推算传统节日,如春节、中秋节、端午节等(图3.13)。

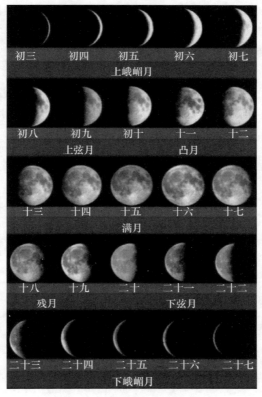

图3.13 朔望月周期(见彩图)

农历的一个回归年为12.368个朔望月,125个回归年当中会多出46个朔望月,所以在125年中应设置46个闰年,但因为这样设闰过于复杂,经推算,7/19最接近0.368,故一般在19年中设置7个闰月,有闰月的年份全年383天或384天。与公历相似,分为平年和闰年,平年共12个月,闰年则普通月份加一个闰月,共13个月。月份分为大月和小月,大月30天,小月29天。但与公历不同的是,一年中的大月和小月年年不同,需要计算而定。

农历根据太阳位置,在一个太阳年中设置24个节气,以反映季节的变化特征。24节气是从立春开始的,一个太阳年为两个立春之间的时间,约365.2422天,以帮助农业种植生产,这种历法创始于夏代,完善于汉代,加之主要是汉族人使用,所以中国其他民族包括清朝刚建立时都把此历称为汉历。

农历既符合了月(朔望月),又符合了年(回归年),可以说是人类历史上最科学的历法之一。作为中国的传统历法,最早起源的时间无从考究,根据出土的甲骨文和古代中国典籍都有记载,而现在使用的阴阳合一的历法规则一般认为起源于殷商时期。从黄帝纪年直至启用格里高利历,中国历史上共产生过102部历法,比如夏历、商历、周历、西汉太初历、隋皇极历、唐大衍历等,有些历法虽然没有正式启用过,但对养生、医学、思想学术、天文、数学等有所作用,如西汉末期的三统历和隋朝的皇极历法等。

农历中的24节气(表3.1)是根据太阳在黄道的位置而决定的,属于太阳历的部分。太阳从黄经零度起,沿黄经每运行15°所经历的时日称为"一个节气"。每年运行360°,共经历24个节气,每月2个节气,其中第一个节气为"节气",包括立春、惊蛰、清明、立夏、芒种、小暑、立秋、白露、寒露、立冬、大雪和小寒;第二个节气为"中气",包括雨水、春分、谷雨、小满、夏至、大暑、处暑、秋分、霜降、小雪、冬至和大寒。

表3.1 24节气表

节气	日期(公历)	意义	节气	日期(公历)	意义
立春	2月3日—5日	春季的开始	雨水	2月18日—20日	降雨开始,雨量渐增
惊蛰	3月5日—7日	冬眠的动物开始苏醒	春分	3月20日—22日	昼夜平分
清明	4月4日—6日	天气晴朗,草木繁茂	谷雨	4月19日—21日	雨量充足及时,谷类作物能茁壮成长
立夏	6月5日—7日	夏季的开始	小满	5月20日—22日	麦类等夏熟作物籽粒开始饱满
芒种	6月5日—7日	麦类等有芒作物成熟	夏至	6月21日—22日	炎热的夏天来临
小暑	7月6日—8日	气候开始炎热	大暑	7月22日—24日	一年中最热的时候
立秋	8月7日—9日	秋季的开始	处暑	8月22日—24日	炎热的夏天结束
白露	9月7日—8日	天气转凉,露凝而白	秋分	9月22日—24日	昼夜平分
寒露	10月8日—9日	露水已寒,将要结冰	霜降	10月23日—24日	天气渐冷,开始有霜
立冬	11月7日—8日	冬季的开始	小雪	11月22日—23日	开始下雪
大雪	12月6日—8日	降雪量增多	冬至	12月21日—23日	冬天来临
小寒	1月5日—7日	气候开始寒冷	大寒	1月20日—21日	一年中最冷的时候

参考文献

[1] 韩春好.时空测量原理[M].北京:科学出版社,2017:186.

[2] 王世舜.中华经典名著全注全译丛书:尚书[M].北京:中华书局,2012.

[3] 丁緜孙.中国古代天文历法基础知识[M].天津:天津古籍出版社,1987:1.

[4] 夏一飞,黄天衣.球面天文学[M].南京:南京大学出版社,1995:15-20.

[5] 黄秉英,等.计量测试技术手册(时间频率卷)[M].北京:中国计量出版社,1996.

[6] 童宝润.时间统一技术[M].北京:国防工业出版社,2004.

[7] 漆贯荣.时间科学基础[M].北京:高等教育出版社,2006.

[8] 王义遒.原子钟与时间频率系统[M].北京:国防工业出版社,2012.

[9] 翟造成,等.原子钟基本原理与时频测量技术[M].上海:科学技术文献出版社,2008.

[10] 李孝辉,等.时间频率信号的精密测量[M].北京:科学出版社,2010.
[11] 李孝辉,等.时间的故事[M].北京:人民邮电出版社,2012.
[12] 杨廷高,等.毫秒脉冲星计时观测进展[J].天文学进展,2005,23(1):1-9.
[13] 金文敬.脉冲星计时技术及其应用[J].天文学进展,2016,34(2):196-211.
[14] 倪广仁,翟造成.中国的毫秒脉冲星计时观与建议[J].量子电子学报,2002,19(4):289-294.

第4章 原子时系统

4.1 量子跃迁与原子钟

人们日常生活需要准确的时间,国民经济、国防建设和科学研究上更是如此。人们平时所用的钟表,精度高的大约每年会有 1min 的误差,这对日常生活是没有影响的,但在要求很高的生产和科研中就需要更准确的计时工具。多年以来,时间频率计量技术发生了巨大的变化,带来了时频计量精度指标的显著提高。最初人类测量时间的标准是天体运动,随着科技的进步,对时间的稳定度和频率准确度要求越来越高,世界时、历书时难以满足要求,原子钟的诞生恰逢其时。

目前世界上最准确的计时工具就是原子钟,它是 20 世纪 50 年代出现的。原子钟利用原子吸收或释放能量时发出的电磁波来计时。由于这种电磁波非常稳定,再加上利用一系列精密的仪器进行控制,原子钟的计时就可以非常准确了。用在原子钟里的元素有氢、铯、铷等。原子钟的精度可以达到每几百甚至上千万年才产生 1s 误差,这为天文、航海、宇宙航行提供了强有力的保障。1955 年,世界上第一台有效运转的原子钟在英国皇家物理实验室由 L. Essen 和 J. V. L. Parry 研制成功,此后世界主要强国都对时频领域研究投入了巨大的人力和物力。而此后时间频率技术的发展日新月异,原子钟的精度指标保持了每 5~10 年一个数量级的指数增长势头。

4.1.1 原子钟基本原理

通常习惯性地把原子频率标准称为原子频标或原子钟,原子钟是以原子跃迁振荡为基准制造的具有高准确度和高稳定度的计时仪器。根据实现跃迁原理的不同,原子钟可分为主动型和被动型两种:主动型原子钟直接产生跃迁信号,主要包括铯原子钟、铊原子钟和氧化钡分子钟;被动型原子钟是在外界信号的激励下产生跃迁信号,主要包括氨分子钟、氢原子钟和铷气泡原子钟等。

原子钟主要由原子或分子谐振器和电路部分组成。原子或分子谐振器是一个真空密封装置,其主要作用是完成原子或分子的选态、跃迁和检测,确定原子或分子的实际跃迁频率值;电路部分的作用是通过建立锁相环路,调整和控制晶振频率,使晶振的频率与原子或分子的实际跃迁频率具有同样的准确度,以供外界使用。

原子钟的基本工作机理描述如下:各类分子在射频电场作用下电离为原子,于高真空室形成原子束,原子束进入选态磁铁后进行选态,并在谐振腔内利用原子(或离子)的超精细能级跃迁产生氢脉泽信号,原子钟的锁相系统接收氢脉泽,并把10MHz晶体振荡器输出信号的相位锁定到氢脉泽信号输出相位上,从而得到所需输出电平与频率。同时原子钟内还包含了腔体自动调谐系统、恒温控制系统、流量控制系统等部分,通过各个环节的精密控制,保证输出信号达到很高的频率准确度和频率稳定度。电子技术的发展促进了原子钟性能的提高。从传统的模拟电路到现在的数字电路,计算机的应用和信号处理技术的发展对提高原子钟的性能也起到一定的推动作用。

目前铯、铷、氢三种原子钟较为成熟,用途也比较广泛。铯原子钟的主要特点是准确度高、长期稳定性好。如商业铯钟5071A的频率准确度达到5×10^{-13},5天频率稳定度可达1×10^{-14}。铷原子钟的优点是体积小、重量轻、便宜,缺点是稳定度不高,秒稳定度一般在1×10^{-12}以内。氢原子钟的优点是短期稳定度比较高,天稳定度可达1×10^{-14}以上,缺点是体积和重量比较大。目前技术比较成熟、应用较为广泛的原子钟详见表4.1[1-7]。

表4.1 各类原子钟及其特性

特性 \ 类型	商品铯钟		商品氢钟		商品铷钟
	标准型	优质型	主动型	被动型	
日频率稳定度	7×10^{-14}	3×10^{-14}	5×10^{-15}	1×10^{-14}	3×10^{-12}
频率准确度	1×10^{-12}	5×10^{-13}	3×10^{-13}	5×10^{-13}	10^{-11}
日频率漂移率	1×10^{-15}	1×10^{-15}	1×10^{-15}	1×10^{-15}	10^{-11}①
寿命/年	3~5	3~5	5~10	5~10	3~5
质量/kg	26~34	40	44~200	23~100	10~18

① 铷钟的月频率漂移率。

典型的氢钟稳定度曲线如图4.1所示,在短期稳定度上,氢原子钟与好的晶振基本相当,中长期稳定度则优于晶振,这是因为氢原子钟都采用了高性能晶振作为时频信号产生的频率源,且基于氢原子跃迁测量直接得到的短期尺度频率白噪声较大、中长期频率白噪声快速减小,因此通常是将晶振频率源输出频率信号的中长期稳定度

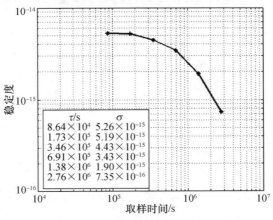

图4.1 氢钟稳定度曲线图

锁定到原子跃迁测量频率上,从而提高原子钟的中长期稳定度,并充分利用高性能晶振短期稳定度好的优点。

由于原子钟具有极高的准确度和稳定度,在人造卫星和导弹的制导、空间跟踪、数字通信、甚长基线射电干涉技术、相对论效应验证、地球自转不均匀研究、基本物理量定义和测量、无线电波传递速度测量以及电离层研究等领域均得到了广泛的应用。

目前,原子钟正向高准确度、小型化、多用化方向发展,并已出现一些新型钟,如离子阱原子钟、铯原子喷泉钟、铷原子喷泉钟和芯片钟等。

4.1.2 铯原子钟及性能

铯原子钟是国际上规定的复现秒定义的标准装置,它的激励源是石英晶体振荡器,晶体振荡器的频率信号经过倍频、综合,达到铯原子特定能级的跃迁频率,在这个频率的电磁波激励下,铯原子便产生相应的能级跃迁,经过跃迁信号探测、调节使晶体振荡器最终输出一个稳定的标准频率。

1955年,英国皇家物理实验室埃森(Essen)等人,成功研制了世界上第一台铯原子钟,综合了石英晶体振荡器短期稳定度好和原子频率标准长期稳定度好的优点,1956年美国研制出了商品铯钟。

传统型铯原子频率标准可分为磁选态型和激光抽运选态型两种。磁选态型铯原子频率标准研制成功更早,更成熟,并已商品化生产。被广泛应用的商品小铯钟就是磁选态型铯原子频率标准,约一个标准机箱大小,结构紧凑、坚固,搬运方便,其典型产品为美国的5071A型铯钟,如图4.2所示。商品铯钟的典型技术指标如表4.2所列。

图 4.2 美国 5071A 型铯钟

表 4.2 商品铯钟典型技术指标

频率稳定度	1s	$1\times10^{-11} \sim 1\times10^{-12}$
	1h	$1\times10^{-12} \sim 1\times10^{-13}$
	1d	$2\times10^{-13} \sim 3\times10^{-14}$
	10d	$2\times10^{-14} \sim 1\times10^{-14}$
日频率漂移率		$\leqslant 1\times10^{-15}$
频率重现性		$3\times10^{-12} \sim 5\times10^{-13}$
频率准确度		$5\times10^{-12} \sim 5\times10^{-13}$

实验室型铯原子喷泉钟是激光抽运选态型铯原子频标(技术指标见表4.3),用于在实验室作基准,准确度相对于商品小铯钟高,其结构比较松散,固定于实验室使用,如图4.3所示。虽然激光抽运选态的铯钟采用了先进的激光技术,但在原理上仍与磁选态铯钟相近。美国国家标准技术研究院(NIST)研制的光抽运铯束频标在实用中呈现的准确度已达到了很高的水平。另外,加拿大国家研究委员会(NRC),英国国家物理实验室(NPL)和中国北京大学都在积极开展这方面的研究。

图4.3 实验室型铯原子喷泉钟

表4.3 实验室型铯原子喷泉钟的主要技术指标

频率稳定度	1s	1×10^{-13}
	1d	$1 \times 10^{-14} \sim 1 \times 10^{-15}$
年频率漂移率		10^{-14}
频率准确度		$10^{-15} \sim 10^{-16}$

4.1.3 氢原子钟及性能

氢原子钟依据其工作机理可分为两种,即主动型(也可称为有源型或原子振荡器型)和被动型(也可称为无源型或原子鉴别器型)。主动型氢原子钟是自激振荡器型原子频标,它从氢原子中选出高能级的原子送入谐振腔,当原子从高能级跃迁到低能级时,辐射出频率准确的电磁波,将其作为频率标准,如图4.4所示。典型技术指标如表4.4所列。

表4.4 主动型氢原子钟典型技术指标

频率稳定度	1s	$5 \times 10^{-13} \sim 1 \times 10^{-13}$
	10s	$2 \times 10^{-13} \sim 3 \times 10^{-14}$
	100s	$5 \times 10^{-14} \sim 1 \times 10^{-14}$
	1000s	$2 \times 10^{-14} \sim 3 \times 10^{-15}$
	1d	$5 \times 10^{-15} \sim 6 \times 10^{-16}$

(续)

日频率漂移率	≤1×10^{-15}
频率重现性	≤1×10^{-14}
频率准确度	5×10^{-13}

(a) 俄罗斯VCH-1003M主动型氢钟　　(b) 美国MHM2010主动型氢钟

图4.4　主动型氢原子钟

被动型氢原子钟是无源型原子频标,如图4.5所示,由于其振荡器无须振荡,谐振腔的谱线 Q 值可以降低,通过自动调谐,又可将腔的失谐量控制在最小值,因此改善了长期性能,但短期稳定度比主动型差些。被动型氢原子钟的性能指标如表4.5所列。

图4.5　俄罗斯VCH-1008被动型氢钟

表4.5　被动型氢原子钟典型技术指标

频率稳定度	1s	$5 \times 10^{-12} \sim 2 \times 10^{-12}$
	1h	$5 \times 10^{-14} \sim 3 \times 10^{-14}$
	1d	$2 \times 10^{-14} \sim 1 \times 10^{-14}$
日频率漂移率		1×10^{-15}
频率重现性		1×10^{-13}
频率准确度		$1 \times 10^{-12} \sim 2 \times 10^{-13}$

4.1.4　铷原子钟及性能

铷原子钟由铷量子部分和压控晶体振荡器组成。压控晶体振荡器的频率经过倍频和频率合成,送到量子系统与铷原子跃迁频率进行比较。误差信号送回到压控晶体振荡器,对其频率进行调节,使其锁定在铷原子特有的能级跃迁所对应的频率上。铷原子钟在分类上包括普通型、军用型、航天型等,如图4.6所示。

图 4.6　两种铷原子钟

铷原子钟典型技术指标不如铯原子钟(表4.6),但铷原子钟具有体积小、价格低、预热快和功耗小等特点,加上近年来对其在恶劣环境下的适应性、可靠性以及运行寿命等指标的改进,使得铷原子钟的适用领域更加广泛,例如可用于机载、星载及军事用途。

表 4.6　铷原子钟典型技术指标

频率稳定度	1s	$5 \times 10^{-9} \sim 1 \times 10^{-11}$
	1h	$2 \times 10^{-11} \sim 3 \times 10^{-13}$
	1d	$5 \times 10^{-12} \sim 1 \times 10^{-13}$
月频率漂移率		$4 \times 10^{-11} \sim 3 \times 10^{-12}$
频率重现性		$5 \times 10^{-11} \sim 1 \times 10^{-12}$
频率准确度		$5 \times 10^{-10} \sim 1 \times 10^{-11}$

电磁囚禁技术的出现以及激光冷却、囚禁技术、激光抽运-荧光探测等技术的应用,对原子钟技术的发展产生了重要影响,最近几年出现了其准确度可与当代最准确的铯基准相竞争的新装置,主要包括铷原子喷泉钟、离子阱微波原子钟、被动型相干布居囚禁原子钟、主动型相干布居囚禁原子钟和光钟等[4-6]。

4.1.5　国产原子钟工作进展

我国原子钟研制工作起步于20世纪50年代末期。1958年计量研究院与清华大学联合开展了磁选态铯原子钟研制工作,但受到历史原因的限制很快下马。一直到1965年年底,北京大学和电子工业部17所联合研制的光抽运铯原子钟样机问世(图4.7),标志着我国第一台原子钟诞生[4],在20世纪60年代中期我国的原子钟研究工作开始兴起。1973 年,上海光机所研制出了我国第一台桌上仪器型光抽运铷原子钟,这是我国首次实现国产原子钟付诸实用。在 1976 年召开的全国原子钟会议上,对全国的原子钟研制生产工作做出了部署,特别是对密闭铯束频标的研制工作提出了明确要求,要求准确度为 1×10^{-11},争取 5×10^{-12},稳定度为 $1\times10^{-11}/\text{s}$,$1\times10^{-13}/$天,中国电子科技集团第十二、十七研究所,中国科学院上海天文台和北京大学等多家单位均参与了研制工作,制成了铯束管样管,得到了 Ramsey 线形,计量研究院的铯束基准评定准确度达到了 4.5×10^{-13}[4-5]。

图 4.7　1966 年全国仪器仪表新产品展览会展出的铯气泡光抽运原子频标样机

改革开放后,随着进口原子钟的大量引入,对国内的原子钟研制工作造成了比较大的冲击,相关单位的技术力量也出现了流失现象,许多工作下马或中断。直到 20 世纪末,正在建设中的北斗双星定位系统基于国防授时应用需求设计了卫星授时功能,对时间频率系统的投入也逐步加大。而许多研究单位也在原子钟研制方面取得了新的进展。中国科学院上海天文台和中国航天科工集团二院 203 所(简称中国航天二院 203 所)的氢钟在 1987 和 1988 年先后取得了鉴定验收;北京大学的激光光抽运实验室铯束频标在国际上首次取得了长期运转(一个月以上)和长稳数据(天);中国科学院武汉物理与数学研究所和北京大学与中国航天二院 203 所合作分别为星载钟做准备的铷频标小型化取得了成绩;成都星华时频技术有限责任公司引进俄罗斯铷泡生产线持续生产铷频标;1994 年国家自然科学基金委设立了"原子光学与时间基准"重大项目,为开展冷原子和原子喷泉频率基准研究准备了条件。

21 世纪以来,我国综合国力和科技实力不断增强,尤其是卫星导航技术的飞速发展带动了原子钟研制的新高潮。中国科学院上海天文台研制的 SOHM 系列氢钟和中国航天二院 203 所研制的蓝宝石系列氢钟工程化应用获得成功,部分产品的

1000s 的稳定度可达 6×10^{-15},在部分指标上已经接近了国际先进水平[6](表 4.7,图 4.8)。

表 4.7 部分氢钟的性能参数比较

型号	温度系数/(10^{-15}/℃)	磁灵敏度/(10^{-18}/T)	复现性/10^{-14}
SOHM	20	1.4	±30.0
VCH-1003M	2	1.0	±1.0
iMaser3000	5	1.0	±1.0
MHM2010	10	3.0	±2.0

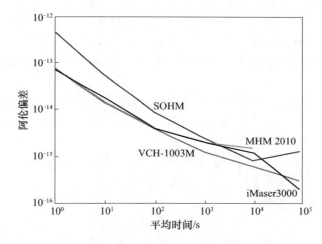

图 4.8 氢钟频率稳定度比较示意图(见彩图)

在铯钟的研制方面,国内北京大学、中国科学院国家授时中心、成都天奥电子股份有限公司和中国航天二院 203 所均开展了光抽运铯钟的研制,部分单位已经形成了原理样机(图 4.9),且在 5 天频率稳定度等指标上达到了 5071A 铯钟的水平。兰州空间技术物理研究所等单位也完成了磁选态铯钟原理样机的研制,其中铯束管样机寿命达到了 8 年,性能指标也达到了 5071A 铯钟的水平。

图 4.9 国产铯钟样机

在星载钟的研制方面,原子钟是现代导航卫星的基础,在卫星导航系统中,星载原子钟要求重量小,具有较高的环境适应性和可靠性,同时具备良好的短期和中、长期稳定度。星载原子钟准确度和漂移率可以通过系统校准,但其稳定度是不可校准的,故星载原子钟最重要的指标是其中短期频率稳定度。随着卫星导航定位系统性能的不断提升,要求星载原子钟的性能不断提高。最新一代 GPS Block IIF 星载铷钟频率稳定度优于 Block IIR 的 3 倍。GPS Block I 为 GPS 的试验阶段,共发射了 10 颗卫星,卫星设计寿命 4 年。前 3 颗卫星每颗携带 3 台铷钟。早期铷钟可靠性较低,性能又不及铯钟,使得其余的 Block I 卫星每颗卫星原子钟配置改为 3 台铷钟和 1 台铯钟。GPS Block II/GPS Block IIA 卫星共 28 颗,设计寿命 7.5 年,每颗卫星配置 2 台铷钟和 2 台铯钟。GPS Block IIR 卫星共 24 颗,设计寿命 10 年,1997 年开始发射,每颗卫星配置 3 台铷钟,全部由美国 Perkin Elmer 公司制造。该铷钟性能优良、寿命长。GPS Block IIF 每颗星配置 2 台铷钟和 1 台铯钟。铯钟由美国 Symmetricom 公司制造[7]。

国产星载原子钟的研发取得了长足进展,铷钟技术水平已与欧洲同类产品相当,天稳已达到 10^{-14} 量级,且已大量应用于我国的导航卫星,在轨性能稳定[8](表 4.8、图 4.10)。

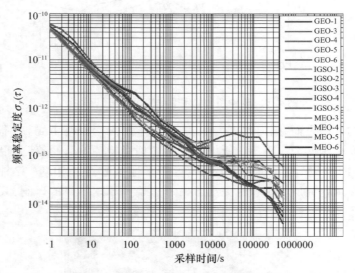

图 4.10　北斗卫星钟在轨频率稳定度评估结果(见彩图)

表 4.8　北斗卫星钟频率稳定度结果

指标	GEO-1	GEO-3	IGSO-1	IGSO-2	IGSO-3
稳定度/(10^4s)	6.67×10^{-14}	3.84×10^{-14}	7.95×10^{-14}	7.28×10^{-14}	7.80×10^{-14}
稳定度/天	7.43×10^{-14}	2.53×10^{-14}	6.98×10^{-14}	2.40×10^{-14}	2.27×10^{-14}

在已有基础上,我国新一代铷钟和星载氢钟经过研发,也已进入工程化应用阶段,有的星载钟天稳已进入 10^{-15} 量级,同时还在进行新一轮的改进,继续提高准确度、稳定度性能指标。相信经过国内各单位的集智努力,铷钟指标达到美国增强型铷钟的指标是完全可能的。

4.2 原子钟性能分析

原子钟是时频系统的核心,时频系统设备在工作过程中无论保持全系统的时间统一还是提供标准频率信号都离不开原子钟。同时,在现代科学技术中,许多基本物理量与时间频率量发生直接关系。

对于原子钟噪声模型的讨论,自 1966 年起已持续多年。尽管噪声的物理过程还不十分清楚,但可以用 5 种独立的随机过程加以描述,把总噪声看成 5 种不同噪声的线性叠加,这一模型已经为国际所普遍接受。在讨论噪声问题时可假定频率偏差是由内部噪声引起的,即有下式成立[9-14]:

$$y(t) = z_{-2}(t) + z_{-1}(t) + z_0(t) + z_1(t) + z_2(t) \tag{4.1}$$

式中:$z_\alpha(t)(\alpha = -2,-1,0,1,2)$代表 5 种独立的噪声过程,即调频随机游走噪声(RWFM)、调频闪变噪声(FFM)、调频白噪声(WFM)、调相闪变噪声(FPM)、调相白噪声(WPM)。式(4.1)给出的是噪声的线性叠加特性,而线性叠加的统计特性一般用功率谱密度函数表示:

$$S_y(f) = h_{-2}f^{-2} + h_{-1}f^{-1} + h_0 f^0 + h_1 f^1 + h_2 f^2 \tag{4.2}$$

式中:f 为傅里叶频率,$0 < f < f_h$,f_h 为截止频率,对于该频率范围之外的噪声均可忽略。式(4.2)为原子钟噪声描述的经典模型——噪声幂率谱模型。

原子钟性能分析主要在时域和频域下进行。Allan 方差(AVAR)系列仍然是原子钟时域稳定度分析的主要工具。Allan 方差是一种很特殊的分析方法,与统计学及信号处理中的通用方法相去甚远,这影响了 Allan 方差在其他领域的应用,也限制了常用的数据处理方法在时频领域的应用。但 Allan 方差在时频领域显示了良好的适用性,目前尚没有找到可以替代 Allan 方差的分析方法。重叠 Allan 方差、总方差、TH-1 方差在内的算法都是为了获取更好的置信度。

频域稳定度分析常用来描述噪声能量随频率的变化情况,反映原子频标受噪声影响的本质。原子钟信号的频域特征描述一般采用功率谱密度(PSD)和单边带相位噪声与载波的功率比。常用的描述频率稳定度的功率谱密度有 3 类:频率偏差的功率谱密度、相位偏差的功率谱密度、时间偏差的功率谱密度。功率谱密度 $S_y(f)$ 定义为瞬时分数频率偏差的谱密度,其单位为 Hz^{-1}。$S_y(f)$ 的值无法精确测定,但其估计值是可以得到的。一般来说,随机过程的频域性质与时域性质可以互相唯一确定。

也就是说,一个随机过程的频域性质唯一地决定了它的时域性质。对于平稳过程,频域性质与时域性质的相互关系恰好是一对傅里叶变换。

4.2.1 原子钟时域分析方法

4.2.1.1 经典双采样 Allan 方差

1) Allan 方差的数学表达式

Allan 方差的基本统计量为频率偏差 $(y_{i+1} - y_i)$,该统计量对于 5 种独立噪声过程均为平稳遍历,这是 Allan 方差结果存在的理论基础。Allan 方差可以作为频率稳定度的表征量。其基本公式为

$$\sigma^2(2,\tau,\tau) = \frac{1}{2}\langle (y_{i+1} - y_i)^2 \rangle \tag{4.3}$$

式中:τ 为采样时间间隔。对于有限采样,式(4.3)可写作:

$$\sigma_y^2(\tau) = \frac{1}{M-1}\sum_{i=1}^{M-1}\frac{(y_{i+1} - y_i)^2}{2} \tag{4.4}$$

式中:M 为频差数据采样数,式(4.4)即为 Allan 方差的计算公式。

以钟差数据 x 计算的 Allan 方差如下式:

$$\sigma_y^2(\tau) = \frac{1}{(N-2)\tau^2}\sum_{i=1}^{N-2}\frac{(x_{i+2} - 2x_{i+1} + x_i)^2}{2} \tag{4.5}$$

式中:N 为钟差数据采样数。

方差计算结果通常以平方根 $\sigma_y(\tau)$ 的形式给出,Allan 方差常简写为 AVAR,其平方根形式简写为 ADEV。对于调相白噪声、调相闪变噪声和调频白噪声,Allan 方差的计算结果与标准差结果是一致的。但对于调频闪变噪声和调频随机游走噪声,Allan 方差不受采样数的影响而收敛于固定值。

Allan 方差也可以用 $S_y(f)$ 的谱密度表示,有

$$\sigma_y^2(\tau) = \int_0^\infty |H_A(f)|^2 S_y(f)\,\mathrm{d}f \tag{4.6}$$

式中:$H_A(f)$ 为转换函数,代表频域中与 Allan 方差计算相联系的数字滤波,转换函数模的平方为[12-13]

$$|H_A(f)|^2 = \frac{2\sin^4(\pi f\tau)}{(\pi f\tau)^2} \tag{4.7}$$

式中:π 为常数;τ 为采样时间间隔;当 $f\to 0$ 时,$|H_A(f)|^2$ 随 f^2 而变化,可以保证在下限时对所有 α 的值进行积分。在测量过程中,进入低通滤波器的频率超过滤波器截止频率 f_h 时被抑制,从而使通过低通滤波器的频率趋于平稳。这时,按照滤波限制,转换函数的模型为

$$|H_F(f)|^2 = \begin{cases} 1 & 当 f < f_h \\ 0 & 当 f \geqslant f_h \end{cases} \tag{4.8}$$

滤波只对 $\alpha = 1$ 或 $\alpha = 2$ 的 Allan 方差有影响,因此 $f_h \gg 1/(2\pi\tau)$。在式(4.6)中,$|H_A(f)|^2$ 用 $|H_A(f)|^2 \cdot |H_F(f)|^2$ 代替,对方程右端第二项积分便可得到 $\sigma_y(\tau)$,表 4.9 列出了振荡器噪声中的每一种独立噪声对应的 Allan 方差[14-16]:

表 4.9 各种噪声对应的 Allan 方差

$S_y(f)$	$\sigma_y^2(\tau)$
$h_2 f^2$	$\dfrac{3 h_2 f_h}{4\pi^2 \tau^2}$
$h_1 f$	$\dfrac{h_1 [1.04 + 3\ln(2\pi f_h \tau)]}{4\pi^2 \tau^2}$
h_0	$\dfrac{h_0}{2\tau}$
$h_{-1} f^{-1}$	$2 h_{-1} \ln 2$
$h_{-2} f^{-2}$	$\dfrac{2\pi^2 h_{-2} \tau}{3}$

2) Allan 方差估值的置信度

对于 Allan 方差估值,Allan 方差置信区间的估计与原子中噪声类型相关,但在实际计算中,通常采用近似估计: $\pm \dfrac{\sigma_y(\tau)}{\sqrt{N}}$。

Allan 方差对能量谱噪声指数为 $-2 \leqslant \alpha \leqslant 2$ 的 5 类独立噪声均为收敛,且 $\sigma_y(\tau)$ 的值随着 τ^μ 的变化而变化,$\mu = -\alpha - 1$,根据这一关系可以判定钟差数据的主导噪声类型。但当 $\alpha \geqslant +1$ 时,这一变化趋势变得模糊,因此对于调相白噪声和调相闪变噪声,利用 Allan 方差无法区分。

4.2.1.2 引入平滑因子的改进 Allan 方差

为了对调相白噪声和调相闪变噪声加以区分,提出了改进 Allan 方差(AVAR)的概念。

改进 Allan 方差(MVAR)通过改变计算时间间隔相应地改变了观测系统带宽,具体方法是对相邻 m 个钟差数据进行平均计算,计算公式如下:

$$\text{Mod}\sigma_y^2(\tau) = \dfrac{1}{2\pi^2} \left\langle \left[\dfrac{1}{n} \sum_{i=1}^{m} (x_{i+2n} - 2x_{i+n} + x_i) \right]^2 \right\rangle \tag{4.9}$$

若 Allan 方差计算的最小时间间隔为 τ_0,此处 $\tau = m\tau_0$,m 为平滑因子。对于有限次采样下的改进 Allan 方差估计值可写作下式:

$$\text{Mod}\sigma_y^2(\tau) = \dfrac{1}{2\tau^2 m^2 (N - 3m + 1)} \sum_{j=1}^{N-3m+1} \left[\sum_{i=j}^{m+j-1} (x_{i+2m} - 2x_{i+m} + x_i) \right]^2 \tag{4.10}$$

满足 $1 \leqslant m \leqslant \text{int}(M/3)$。MVAR 平方根为 MDEV。表 4.10 给出了振荡器中各类噪声

的改进 Allan 方差[14-16]。

表 4.10 各种噪声对应的改进 Allan 方差

$S_y(f)$	$\text{Mod}\sigma_y^2(\tau)$
$h_2 f^2$	$\dfrac{3h_2 f_h}{4\pi^2 \tau^2}$
$h_1 f$	$\dfrac{h_1[1.04 + 3\ln(2\pi f_h \tau)]}{4\pi^2 \tau^2}$
h_0	$\dfrac{h_0}{2\tau}$
$h_{-1} f^{-1}$	$0.936 h_{-1}$
$h_{-2} f^{-2}$	$5.42 h_{-2} \tau$

改进 Allan 方差相对 Allan 方差,进行了相位平滑运算,一般用于对调相白噪声和调相闪变噪声进行区分。当平滑因子等于 1 时,Allan 方差与改进 Allan 方差相同。改进 Allan 方差估计值的置信区间也与噪声类型有关,通常采用 $\pm \dfrac{\sigma_y(\tau)}{\sqrt{N}}$ 计算。

4.2.1.3 经典三采样 Hadamard 方差

与双取样的 Allan 方差类似,Hadamard 方差(HVAR)采用三取样方法分析频率稳定度,尤其是对于带有高离散性的噪声($\alpha < -2$)和线性频漂的数据最为有效。Hadamard 方差基于 Hadamard 变换[17-18]提出,作为谱估计量,Hadamard 方差的分辨力比 Allan 方差更高,其谱窗口的等价噪声带宽更小。Hadamard 方差最大的优势即在于其不受线性频漂的影响,对调频随机奔跑噪声(RRFM)是收敛的,对于铷钟的分析最为适用。Hadamard 方差也作为时域多方差分析的一个分量,与相位噪声的三次构造函数相关联[19]。

对于频率偏差序列 y_i,采样间隔为 τ,采样数为 M,基于频率偏差数据的 Hadamard 方差计算公式为

$$H\sigma_y^2(\tau) = \frac{1}{6(M-2)} \sum_{i=1}^{M-2} (y_{i+2} - 2y_{i+1} + y_i)^2 \quad (4.11)$$

基于钟差数据序列 x_i 的计算公式为

$$H\sigma_y^2(\tau) = \frac{1}{6(N-3)} \sum_{i=1}^{M-3} (x_{i+3} - 3x_{i+2} + 3x_{i+1} - x_i)^2 \quad (4.12)$$

式中:N 为钟差数据采样个数,且 $N = M + 1$。与 Allan 方差一样,Hadamard 方差通常以平方根的形式表示:HDEV 或 $H\sigma_y^2(\tau)$。Hadamard 通过时差数据三次微分计算去除了线性频漂项的影响,但也降低了估计值的等效自由度,为得到精度相当的估值结果,需要更多的数据。

4.2.1.4 引入平滑因子的改进 Hadamard 方差

改进 Hadamard 方差通过对相邻 m 个采样数据进行平均计算获得估计值,$\tau = m \cdot \tau_0$,

以钟差数据计算的三次采样改进 Hadamard 方差公式如下[20]：

$$\mathrm{Mod}\sigma_{\mathrm{H}}^2(\tau) = \frac{\sum_{j=1}^{N-4m+1}\left\{\sum_{i=j}^{j+m-1}[x_i - 3x_{i+m} + 3x_{i+2m} - x_{i+3m}]\right\}^2}{6m^2\tau^2[N-4m+1]} \quad (4.13)$$

式中：N 为钟差数据采样个数；平滑因子 m 满足 $1 \leqslant m \leqslant \mathrm{int}(N/4)$。式(4.13)为改进 Hadamard 方差，记为 MHVAR。估值的置信区间计算方法与重叠 Allan 方差类似。

当数据点足够多时，改进 Hadamard 方差相对于改进 Allan 方差在某些领域体现出一定的优越性。对于高离散性的噪声($\alpha = -3$；调频闪变游走噪声；$\alpha = -4$；调频随机奔跑噪声)条件下区分调相白噪声和调相闪变噪声，改进 Hadamard 方差也可以很好地完成。利用高阶差分，MHVAR 可以作为 AVAR、HVAR、MAVR 的一般表达式：

$$\mathrm{Mod}\sigma_{\mathrm{H},d}^2(\tau) = \frac{\sum_{j=1}^{N-(d+1)m+1}\left\{\sum_{i=j}^{j+m-1}\sum_{k=0}^{d}\binom{d}{k}(-1)^k x_{i+km}\right\}^2}{d!m^2\tau^2[N-(d+1)m+1]} \quad (4.14)$$

式中：d 为钟差数据差分次数，$d=2$ 对应于改进 Allan 方差，$d=3$ 对应于改进 Hadamard 方差。更高阶的差分在频率稳定度分析中一般不采用。非改正、无重叠 Allan 方差和 Hadamard 方差对应于 $m=1$。谱噪声特征数 α 与差分次数存在如下关系：$\alpha > 1 - 2d$，因此二次差分的 Allan 方差可用于 $\alpha > -3$ 情况下，而三次差分的 Hadamard 方差可用于 $\alpha > -5$ 情况下。

4.2.2 原子钟频域分析方法

4.2.2.1 原子钟功率谱密度函数

1) 频率偏差功率谱密度

瞬时相对频率偏差 $y(t)$ 有如下定义：

$$y(t) = \frac{\dot{\varphi}(t)}{2\pi v_0} \quad (4.15)$$

式中：π 为常数；$\varphi(t)$ 和 v_0 分别为原子钟的瞬时相位偏差和标称频率。对于瞬时相对频率偏差的频率稳定度的另外一个定义是谱密度 $S_y(f)$，谱密度的量纲为 Hz^{-1}。原子钟的随机相位偏差和随机频率偏差可以用谱密度的形式建立模型：

$$S_y(f) = \sum_{\alpha=-4}^{2} h_\alpha f^\alpha \quad (4.16)$$

式中：α 为功率谱噪声过程的几类类分量，$\alpha = -4, -3, \cdots, 1, 2$；$h_\alpha$ 为强度系数；f 为傅里叶频率或边带频率；$S_y(f)$ 即为相对频率偏差的单边功率谱密度，描述了频率偏差的功率在不同频率上的分布状况。

实际中，$S_y(f)$ 很难直接测量，而易于测量的是另外一个量：相位偏差的谱密度 $S_\varphi(f)$。

2）相位偏差功率谱密度

相位波动是由噪声调制引起的,具有随机性。尽管相位并非电信号,不具有功率,但是从数学上来说,相位偏差平方的总体平均可以用傅里叶变换分解成无数个频率分量之和,相位偏差也可以用功率谱密度函数表示：

$$\langle \varphi^2(t) \rangle = \frac{1}{\pi}\int_0^\infty S_\varphi(\omega)\mathrm{d}\omega = 2\int_0^\infty S_\varphi(d)\mathrm{d}f \tag{4.17}$$

式中：ω 为角频率;f 为傅里叶频率。对于相位偏差的谱密度函数 $S_\varphi(f)$,根据频率偏差与相位偏差的函数关系式,可以得出二者谱密度的关系式：

$$S_y(f) = \left(\frac{1}{2\pi v_0}\right)^2 S_\varphi(f) = \left(\frac{1}{v_0}\right)^2 f^2 S_\varphi(f) \tag{4.18}$$

而根据时间与频率的关系式 $y(t) = \frac{\mathrm{d}x(t)}{\mathrm{d}t}$,时间偏差的功率谱密度函数可表示为

$$S_x(f) = \sum_{\beta=-6}^{0} h_\beta f^\beta = \frac{S_y(f)}{(2\pi v_0)^2} \tag{4.19}$$

$\beta = \alpha - 2$。因此可以得到频率偏差谱密度、相位偏差谱密度和时间偏差谱密度的相互转换公式：

$$S_\varphi(f) = (2\pi v_0)^2 S_x(f) = \left(\frac{v_0}{f}\right)^2 S_y(f) \tag{4.20}$$

4.2.2.2 相位噪声

在各类原子钟内都存在有多种噪声,这些噪声会对正常的振荡信号产生消极影响,导致原子钟的相位和振幅受到调制。振幅调制一般比较小,不会影响到信号质量和频率分析。相位调制导致的频率偏差则影响到了频率值的标定和使用。对于相位调制导致的这一偏差现象,国际上通用的表征方式包括时域和频域两种。时域的表征即为频率稳定度,用 Allan 方差对相对频率偏差的不确定度进行评估。频域表征方法为谱密度函数 $S_y(f)$。

如前面所述,$\sigma_y(\tau)$ 的值可以通过钟差测量计算得出,而 $S_y(f)$ 却无法测量,但 $S_y(f)$ 与相位偏差谱密度函数 $S_\varphi(f)$ 存在准确的定量关系,$S_\varphi(f)$ 是可以准确测量得到的值。频率稳定度的频域表征定义在时域表征之后,为了与时域定义保持统一,选用相对频率偏差 $y(t)$ 作为谱密度表征的对象。但是在原子钟的许多应用领域内往往要求获得直观的信号频谱特性,即噪声调制产生的寄生杂波量级等。由于是由噪声引起的,不能用杂波的电压频谱,而是用功率频谱,如图 4.11 所示。

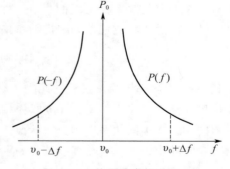

图 4.11　信号功率频谱图

图中 v_0 表示载波频率,P_0 表示载波信号功率,f 为边带频率,$P(-f)$ 与 $P(f)$ 为噪声调相引起的杂波功率谱。在实际应用中,$P(f)$ 的值希望越小越好,越小则表明信号频谱越纯净。

为了表示噪声对原子钟输出信号频率的影响程度,在频域内引入了相位噪声 $L(f)$。相位噪声的定义为

$$L(f) = \frac{\text{偏离载频} f \text{处} 1\text{Hz} \text{内的单边带平均功率}}{\text{载频信号功率}} \quad (4.21\text{a})$$

或

$$L(f) = \frac{\text{偏离载频} f \text{处单边带功率密度}}{\text{载波功率}} \quad (4.21\text{b})$$

式中:f 为载波频率。由于功率谱的两个边带是对称的,因此可用单边带表征即可,$L(f)$ 又称为单边带相位噪声。$L(f)$ 表示两个功率的比值,单位用 dBc/Hz 表示。相位噪声的实用计算公式如下:

$$L(f) = 10 \cdot \lg\left[\frac{1}{2}S_\varphi(f)\right] \quad (4.22)$$

利用式(4.22),就可以通过测量 $S_\varphi(f)$ 得到相位噪声 $L(f)$。

4.2.2.3 原子钟噪声的功率谱密度分析

对于原子钟,信号中的随机分量可以用 5 类独立随机过程描述,将噪声看作 5 种独立噪声的线性叠加。对于 5 种独立的噪声过程:调频随机游走噪声(RWFM)、调频闪变噪声(FFM)、调频白噪声(WFM)、调相闪变噪声(FPM)、调相白噪声(WPM),其在相位和频率上的特性曲线分别如图 4.12 所示。

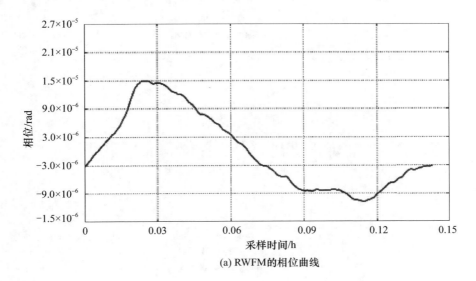

(a) RWFM的相位曲线

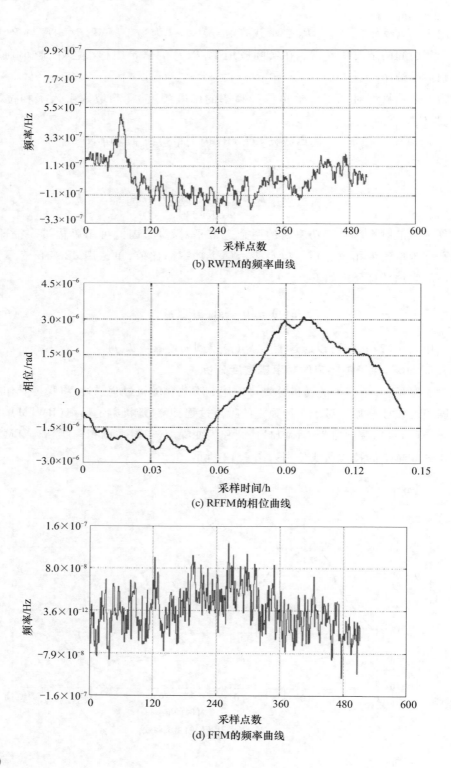

(b) RWFM的频率曲线

(c) RFFM的相位曲线

(d) FFM的频率曲线

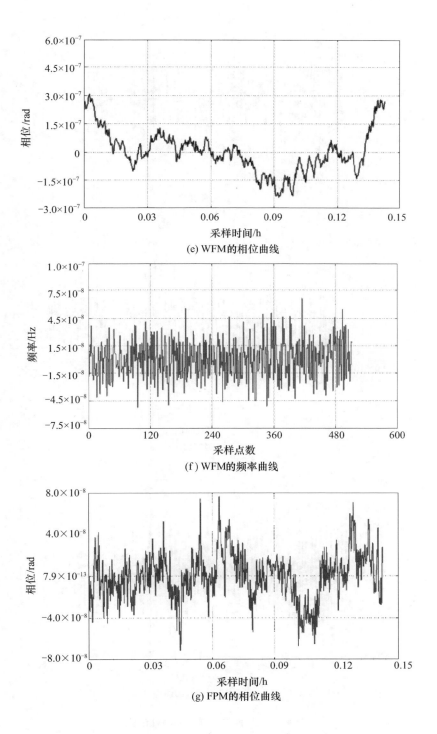

(e) WFM的相位曲线

(f) WFM的频率曲线

(g) FPM的相位曲线

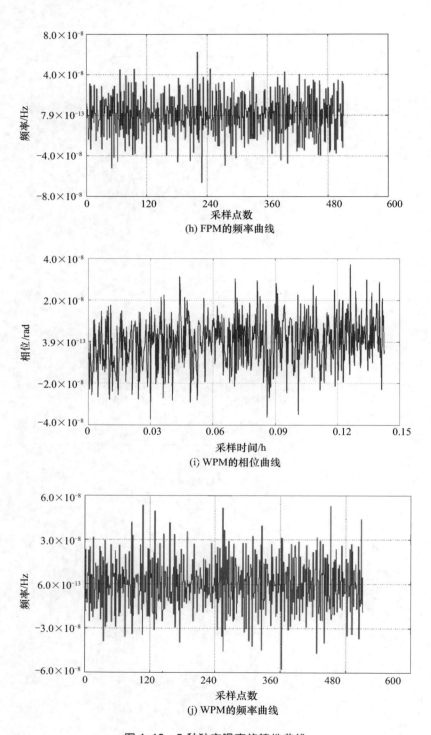

图 4.12 5 种独立噪声的特性曲线

为了对 5 类噪声的功率谱密度进行比较和分析,利用仿真的噪声数据进行了功率谱密度的计算,并与实验室铷钟的功率谱密度进行比较。噪声仿真数据的时间间隔为 1s,仿真数据点个数为 512 个,噪声的频率稳定度水平为 $2 \times 10^{-8}/s$。噪声的频差功率谱密度如图 4.13 所示。

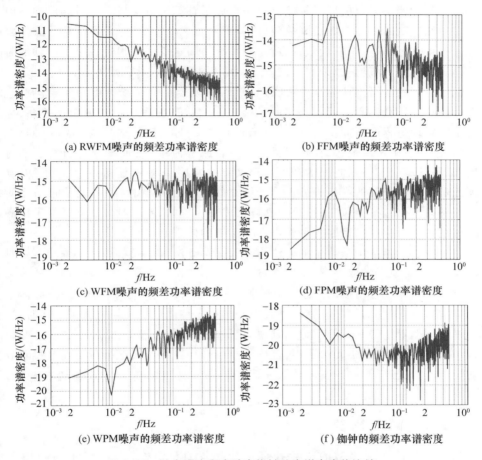

图 4.13　独立噪声和实验室铷钟功率谱密度的比较

图 4.13 给出了 5 类原子钟独立噪声过程下的功率谱密度和实验室铷钟功率谱密度的比较。随着频率的变化,各类噪声的功率谱密度变化趋势区别很大,但每一类噪声的功率谱密度都是单调变化的,而铷钟的功率谱密度则既包含了下降趋势,又包含上升趋势。由图中可以看出,每类噪声的拟合直线斜率都不相同,RWFM 和 FFM 的拟合斜率分别为 -2 和 -1,WFM 的拟合斜率接近 0,FPM 和 WPM 的拟合斜率则为 1 和 2,利用功率谱密度的拟合斜率可以对噪声类型进行判断。对铷钟,其拟合斜率等于 0.2915,介于 0 和 1 之间,因此该铷钟的主导噪声类型为 WFM 和 FPM。

4.3 综合原子时算法

为了保持时间尺度的准确、连续并且时间单位尽可能接近国际单位制秒,各个时间实验室都配置了各自的原子钟组。每一台原子钟都可以保持一个时间尺度。但单一的物理装置随时可能存在出现故障、粗差的可能,因此,实验室都不能只由一台原子钟来保持守时,每一个实验室都有许多台原子钟,这就需要根据各个原子钟的时间计算出标准时间,也就是原子时算法。不同的需求要有不同的算法。

原子时算法也可以认为是一种噪声模型,是关于整个原子钟组的噪声模型。实际上,对原子时而言,算法就是调整原子钟之间的相互关系。每一种相互关系,都代表着不同物理过程的不同实现,研究原子时算法的目的,就是选择或构造一种物理过程,使算法的不确定性最小,稳定度最高。一台原子钟和一个原子钟组计算出的时间尺度,都是计算时间。从时间的产生过程来看,它们之间没有任何差别。原子时算法的理论基础是原子钟的噪声模型。原子钟之间的相互关系,实际上就是它们之间的噪声关系,通过各自的噪声系数反映到算法中去。这样,原子时算法就是原子钟噪声的某种组合。总噪声模型是各种噪声在数学上的体现。

综合原子时算法中最典型的方法为加权平均算法。最简单的加权平均是绝对平均法,即对每台原子钟取等权,我们通过一个简单的例子来说明这一加权方法的局限性。对于两台原子钟组成的钟组,两台钟具有数值相等、方向相反的频率,根据绝对平均法,综合原子时的频率为零。当其中一台原子钟出现异常而无法用于守时,综合原子时的频率等于另一台原子钟的频率,这一频率跳变在守时中是无法接受的。因此,绝对平均法在守时中无法采用,合理的加权平均算法应根据最新的钟差观测数据和前期历史数据进行综合衡量,既保证综合时间尺度在相位、频率上的连续稳定,又能反映出原子钟的性能变化。

4.3.1 ALGOS 算法

ALGOS 算法属于典型的事后处理加权平均算法,被成功应用于国际原子时(TAI)的计算之中。TAI 的前身是 TA(BIH[①]),最开始是由欧洲和美国的 3 个实验室发布的原子时共同维持的,直到 1971 年,名称改为 TAI,而时间尺度的算法进行了修改,原子时直接溯源到实验室守时钟,取守时钟的平均尺度建立原子秒,以原子秒为单位进行时间的累积。为实现良好的准确性和长期频率稳定性,TAI 建立全球原子钟比对链路,利用网络连接交换观测数据。用 ALGOS 算法综合处理远程比对数据,得到事后计算的时间尺度,并利用频率基准驾驭时间尺度的频率,如图 4.14 所示。

TAI 是地球时的一种实现,利用 GPS 共视法和 TWSTFT 方法对全球 70 多个时频

---

① BIH:国际时间局。

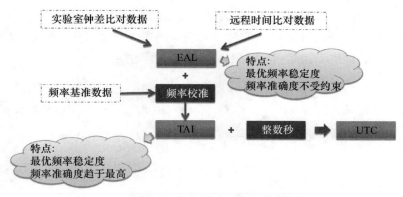

图 4.14　ALGOS 算法计算流程(见彩图)

实验室的 300 余台原子钟进行比对,获得自由原子时。TAI 系统主要包括了内部时间测量、原子时计算、UTC 生成与控制、频率基准装置、外部时间比对等系统,关键的硬件设备包括原子钟和频率基准装置、精密时差测量设备、相位控制设备等,而综合原子时处理软件则是产生纸面时间的处理核心,在很大程度上决定着系统时间的稳定度。

采用高准确度的频率基准与自由原子时的频率进行比对,实施频率微调,控制频率偏移。BIPM 算法从 1973 年被采用并沿用至今,频率方差预报方法和原子钟加权方法几经改进[15-23]。

4.3.1.1　EAL 计算的基本思想

BIPM 在全球范围内分布的守时实验室每五天采集一次数据,每月向 BIPM 提供一次数据,采用 ALGOS 算法对所有钟数据进行加权平均处理得到 EAL。ALOGS 算法是一种经典的加权平均算法,这一算法思想为全球守时实验室所广泛采用,加权平均算法的关键在于取权的策略,如何确定成员钟的基本权重以及进行最高权的限定。ALGOS 算法取权主要依据频率稳定度和频率预报偏差,具有良好的长期稳定度性能。最初 BIPM 为了平滑观测噪声,先是采取每两个月计算一次的方法,后来由于比对精度的提高,改为一个月计算一次。

对于 N 台原子钟组成的守时钟组,设 EAL 为 $TA(t)$,则有

$$TA(t) = \sum_{i=1}^{N} w_i(t)(h_i(t) - h'_i(t)) \qquad (4.23)$$

式中:$w_i(t)$ 为原子钟 i 在 t 时刻的权重,有 $\sum_{i=1}^{N} w_i = 1$ 成立;$h_i(t)$ 为 i 在 t 时刻的钟面时;$h'_i(t)$ 为钟 i 的时间改正数,时间改正数的目的在于保持综合原子时在原子钟加权值变化和加减钟情况下的连续性。

$$\begin{cases} w_i(t) = P_i / \sum_{j=1}^{N} P_j, \quad P_i = \dfrac{1}{\sigma_i^2} \\ x_i(t) = TA(t) - h_i(t) \\ h'_i(t) = x_i(t_0) + y'_i(t)(t - t_0) \end{cases} \qquad (4.24)$$

式中:t_0 为起始时刻;P_i 为权重值;σ_i^2 为稳定度方差;$x_i(t)$ 为原子钟 i 在 t 时刻与综合原子时的钟差。预报频率 $y_i'(t)$ 取前一计算间隔内 7 个数据点的梯度,以尽量避免异常数据对计算产生不利影响。时刻值 t 满足下面条件:

$$t = t_0 + m \cdot T/6, \quad m = 0,1,\cdots,6; T = 30\mathrm{d} \tag{4.25}$$

考虑到实际观测量为 $X_{ij}(t) = x_i(t) - x_j(t)$,因此原子时的实用计算公式为

$$\begin{cases} X_{ij}(t) = h_i(t) - h_j(t), & i = 1,2,\cdots,N; i \neq j \\ x_j(t) = \sum_{i=1}^{N} w_i(t)(X_{ij}(t) - h_i'(t)) \\ h_i'(t) = x_i(t_0) + y_i'(t)(t - t_0) \end{cases} \tag{4.26}$$

由于计算周期为 30 天,计算中的主导噪声为随机游走噪声,频率预报值 $y_i'(t)$ 的计算结果采用上一个计算段的频率值,在 t_0 时刻的预报频率为前一区间 $(t_0 - T, t_0)$ 内 7 个观测点数据的梯度。实际上,$y_i'(t)$ 的最佳计算公式为

$$y_i'(t) = y_i(t_0) = \frac{x_i(t_0 + T) - x_i(t_0)}{T} \tag{4.27}$$

但是由于观测数据中存在异常观测的风险,因此计算采用最小二乘法。

4.3.1.2　EAL 计算中的加权问题

在 $(t_0, t_0 + T)$ 区间内的权值计算步骤如下:

(1) 根据前一区间 $(t_0 - T, t_0)$ 的权值和频率预报值计算当前时间区间 $(t_0, t_0 + T)$ 内的 $x_i(t)$。

(2) 用求得的一系列 $x_i(t)$ 值计算梯度值,得到 $y_i(t_0 + T)$。

(3) 利用当前时间区间内的频率值和之前 11 个时间区间内的频率值计算经典频率方差 $\sigma_i^2(12, T)$:

$$\sigma_i^2(12, T) = \frac{1}{12} \sum_{k=1}^{12} \{(y_i^k - \langle y_i^k \rangle)^2\} \tag{4.28}$$

(4) 计算权值 $w_i(t)$:

$$\begin{cases} w_i = P_i / \sum_{i=1}^{N} P_i \\ P_i = \dfrac{1}{\sigma_i^2(12, T)} \end{cases} \tag{4.29}$$

在 ALGOS 算法中,对于钟权极值的限制最初是通过设定最小频率稳定度 $\sigma_{\min}^2$ 实现的。$\sigma_{\min}^2$ 为成员钟 i 相对于 EAL 频率的经典方差最小值,这一方差的计算是利用连续 12 个月的频率值计算求得。

对任意原子钟,有下式成立:

$$\text{if} \quad \sigma_i^2(12,T) \leqslant \sigma_{\min}^2$$
$$\text{then} \quad \sigma_i^2(12,T) = \sigma_{\min}^2 \tag{4.30}$$

因此,可以得到相对权极大值 $w_{\max}$:

$$w_{\max} = \frac{1/\sigma_{\min}^2}{M_{\max}/\sigma_{\max}^2 + \sum_{i=1+N_{\max}}^{N} 1/\sigma_i^2(12,T)} \tag{4.31}$$

式中:$N_{\max}$表示计算过程中方差小于$\sigma_{\min}^2$的原子钟数目。

对于原子钟 i,加权值计算须满足

$$w_i(t) = w_{\max}, \text{if } w_i(t) > w_{\max} \tag{4.32}$$

为了削弱原子钟异常数据对综合时间尺度的影响,对于当前频率值与前11个频率值相差太大的钟将赋予零权值:

若 $y_i(t_0+T) - \langle y_i \rangle_{11} > 3S_i(12,T)$,则

$$w_i(t) = 0 \tag{4.33}$$

其中

$$S_i(12,T) = \frac{12}{11}\sigma_i^2(11,T) \frac{12}{121} \sum_{i=1}^{11} \{(y_i - \langle y_i^k \rangle)^2\} \tag{4.34}$$

4.3.2 卡尔曼滤波算法

国外很早就将卡尔曼滤波器应用于综合原子时算法中。卡尔曼滤波器之所以在原子时算法中得到广泛应用,与其自身的特点和优良的估计性能有关。卡尔曼滤波器是一种向量型信号处理器,能够处理钟组内的所有成员量,这些量除了包括钟的时刻差,还包括钟相对于频标的频率差和频率漂移。相比其他算法,卡尔曼滤波更能体现噪声特性。对于实验室内由 n 台原子钟组成的守时钟组,可依次给出钟组成员 $1 \sim n$ 的状态序列,采用三态钟差模型给出滤波的状态矢量:

$$[x_1, y_1, z_1, \cdots, x_n, y_n, z_n]^T \tag{4.35}$$

式中:x_i, y_i, z_i 分别为原子钟 i 的钟差、频率偏差和频率漂移。对状态矢量做简化表述如下:

$$X = \begin{bmatrix} x \\ y \end{bmatrix} \tag{4.36}$$

式中:时间偏差矢量 $x = [x_1, x_2, \cdots, x_n]^T$;矢量 y 则包含了原子钟的其他所有状态。对三态钟差模型,$y = [y_1, y_2, \cdots, y_n, z_1, z_2, \cdots, z_n]^T$。依照变量类型顺序排列的状态矢量易于理解,但实际计算中并非必须遵循这一顺序建立状态矢量。

设有 n 台钟,均满足下述模型:

$$\begin{bmatrix} x_i(k+1) \\ y_i(k+1) \end{bmatrix} = \begin{bmatrix} 1 & T \\ 0 & 1 \end{bmatrix} \begin{bmatrix} x_i(k) \\ y_i(k) \end{bmatrix} + \begin{bmatrix} \varepsilon_i(k) \\ \eta_i(k) \end{bmatrix} \tag{4.37}$$

且噪声 $\varepsilon_i(k)$ 和 $\eta_i(k)$ 的方差满足下式：

$$Q_i = \begin{bmatrix} E_i & 0 \\ 0 & H_i \end{bmatrix} \qquad (4.38)$$

通过对原子钟组的连续观测,得到对应于时标的一系列钟差观测值,则钟组的动态模型如下:

$$X_{k+1} = \Phi_{k+1,k} X_k + W_{k+1} \qquad (4.39)$$

式中

$$X_k = \begin{bmatrix} x_1(k) \\ y_1(k) \\ \vdots \\ x_n(k) \\ y_n(k) \end{bmatrix}, \quad \Phi_{k+1,k} = \begin{bmatrix} 1 & T & & & \\ 0 & 1 & & & \\ & & \ddots & & \\ & & & 1 & T \\ & & & 0 & 1 \end{bmatrix}, \quad W_{k+1} = \begin{bmatrix} \varepsilon_1(k) \\ \eta_1(k) \\ \vdots \\ \varepsilon_n(k) \\ \eta_n(k) \end{bmatrix} \qquad (4.40)$$

$$Q = \begin{bmatrix} E_1 & 0 & & & \\ 0 & H_1 & & & \\ & & \ddots & & \\ & & & E_n & 0 \\ & & & 0 & H_n \end{bmatrix} \qquad (4.41)$$

若量测噪声 $V(k) = 0$,则观测方程为

$$L_k = A_k X_k + \Delta_k \qquad (4.42)$$

当引入观测值后,其中一台钟被设定为参考钟,其他钟与该时钟的钟差作为观测量引入矩阵,从而得到 $n-1$ 行的观测系数矩阵。从矩阵 A 中可以判断哪台钟为参考钟,若第一台钟为参考钟,则矩阵 A 如下:

$$A = \begin{bmatrix} 1 & 0 & -1 & \cdots & 0 & 0 & 0 & 0 \\ 1 & 0 & 0 & -1 & \cdots & 0 & 0 & 0 \\ \vdots & \vdots & \vdots & \vdots & & \vdots & \vdots & \vdots \\ 1 & 0 & 0 & 0 & \cdots & 0 & -1 & 0 \end{bmatrix}_{(n-1) \times n} \qquad (4.43)$$

而观测误差矩阵为 Δ_k,在钟差测量中这一误差非常之小,根据测量设备的电气特性可以假定观测误差的标准方差为已知。R 为 Δ_k 的协方差阵,其对角线元素代表观测误差的方差,尽管方差很小,但 R 矩阵的存在还是增加了数值计算的稳定性。

Kalman 滤波的状态一步预测方程为

$$\overline{X}_{k+1} = \Phi_{k+1,k} \hat{X}_k \qquad (4.44)$$

状态估值计算方程如下

$$\hat{X}_{k+1} = \overline{X}_{k+1} + K_{k+1}(L_{k+1} - A_{k+1} \overline{X}_{k+1}) \qquad (4.45)$$

滤波增益方程为

$$K_{k+1} = \sum\nolimits_{\bar{x}_{k+1}} A_{k+1}^{\mathrm{T}} (A_{k+1} \sum\nolimits_{\bar{x}_{k+1}} A_{k+1}^{\mathrm{T}} + \sum\nolimits_{k+1})^{-1} \quad (4.46)$$

一步预测均方误差为

$$\sum\nolimits_{\bar{x}_{k+1}} = \boldsymbol{\Phi}_{k+1,k} \sum\nolimits_{\hat{x}_k} \boldsymbol{\Phi}_{k+1,k} + \sum\nolimits_{w_{k+1}} \quad (4.47)$$

时间尺度定义为

$$\boldsymbol{T}_s(t) = \boldsymbol{T}_1(t) - \hat{X}_{k+1,k+1}^1 \quad (4.48)$$

式中:$\hat{X}_{k+1,k+1}^1$ 为在 t 时刻对 $\hat{X}_{k+1}^1$ 所做的 Kalman 估计,事实上,如果量测噪声为零,以原子钟 1 为参考钟和以其他原子钟为参考钟的时间尺度计算结果是一致的,即

$$X_{k+1}^1 - \hat{X}_{k+1,k+1}^1 = X_{k+1}^2 - \hat{X}_{k+1,k+1}^2 \quad (4.49)$$

4.3.3 AT1 算法

AT1(NIST)是由 NIST 保持的准实时时间尺度,钟组由本地实验室的近 10 台商品铯钟组成,钟组成员利用钟差测量设备直接测量。通过钟组的适应性加权估计,产生的时间尺度方差优于任意成员钟水平。AT1 算法的核心思想是根据当前的钟差值,来预测下一时刻的钟差值,用第 i 台钟与主钟的钟差作为中间可替代的变量,目的是得到参考钟与组合钟之间的钟差值。这样,就可以通过每台钟得到一个参考钟与组合钟的钟差估算值 $x_{ri}(t+\tau)$,最后加权得到最终的参考钟与组合钟之间的差 $x_r(t+\tau)$,依据这个差值来调整微跃器。

令 $x_i(t),y_i(t)$ 分别为第 i 台钟相对于组合钟在 t 时刻的时间差(即第 i 台钟相对于组合钟在时间 t 时刻的钟差值)和速率,$x_i(t)$ 需要预先设定初值。$y_i(t)$ 为第 i 台钟的相对频率稳定度 $\left(\frac{\Delta f}{f}\right)$,即钟的速率,它也需要预先设定初值。$\tau$ 是测量中的时间间隔,通常为 4h(即 14400s)。这台钟在 $t+\tau$ 时刻相对于组合钟的时间估计如下:

$$\hat{x}_i(t+\tau) = h_i(t+\tau) - H_R(t+\tau) = x_i(t) + y_i(t) \cdot \tau \quad (4.50)$$

$y_i(t) \cdot \tau$ 表示从 t 时刻到 $t+\tau$ 时刻这台钟相对于组合钟的时间的变化量。

参考钟相对于组合钟的时间和速率也遵循上述表达式,区别只是参考钟用角标 r 表示。硬件设备在时刻 $t+\tau$ 测量得到第 i 台钟和参考钟的时间差,称为 $t_i(t+\tau)$,即

$$h_i(t+\tau) - h_r(t+\tau) = t_i(t+\tau) \quad (4.51)$$

参考钟相对于组合钟的钟差就可以通过第 i 台钟而估计得到,且

$$\hat{x}_{ri}(t+\tau) = \hat{x}_i(t+\tau) - t_i(t+\tau) \quad (4.52)$$

联立式(4.50)至式(4.52),就可以消去第 i 台钟的钟差值,得到

$$\hat{x}_{ri}(t+\tau) = x_i(t) + \hat{y}_i(t) \cdot \tau - t_i(t+\tau) \quad (4.53)$$

式(4.53)表示用第 i 台钟 t 时刻的时间和速率计算出的组合钟相对于参考钟的时间估算值。

利用以前的时间和速率数据和现在的测量结果,每台钟都可以提供参考钟相对于组合钟的时差估算。如果钟组有 N 台钟,上式可重复 $N-1$ 次,得到第 $N-1$ 次独立估算,组合钟相对于参考钟的时间可由加权平均得出:

$$x_r(t+\tau) = \sum_i w_i \cdot \hat{x}_{ri}(t+\tau) \tag{4.54}$$

式中:$\hat{x}_{ri}(t+\tau)$ 为通过第 i 台钟计算出的组合钟相对于参考钟的时间估算值;w_i 为其对应的权重;$x_r(t+\tau)$ 实际就是钟组时间相对物理参考钟在 $(t+\tau)$ 时刻的定义。这意味着钟组的时间估计值围绕平均值随机分布。

当频率出现闪烁噪声或调频随机游走时,需加以抑制。引入指数滤波器,使频率称为带有时间常数的慢变化时间函数。对铯钟而言,这个时间常数的值一般为几天。若认为利用指数滤波器,基于前次估算和当前的时间差分,产生一个新的加权的频率估算值 $\hat{y}_i(t+\tau)$。

$$y_i(t+\tau) = \frac{x_i(t+\tau)-x_i(t)}{\tau} \tag{4.55}$$

并且

$$\hat{y}_i(t+\tau) = \frac{1}{m_i+1}[y_i(t+\tau)+m_i\hat{y}_i(t)] \tag{4.56}$$

式中

$$m_i = \frac{1}{2}\left[-1+\left(\frac{1}{3}+\frac{4}{3}\frac{\tau_{\min,i}^2}{\tau^2}\right)^{1/2}\right] \tag{4.57}$$

这里的 $\tau_{\min,i}$ 为钟 H_i 的最大稳定度的时间间隔。权重 w_i 在时间 t 时刻计算,利用指数滤波通过偏差 $\varepsilon_i(\tau)$ 在预测值和过去 N_r 个周期的时间差值估计之间确定。

$$|\varepsilon_i(\tau)| = |\hat{x}_i(t+\tau)-x_i(t+\tau)|+K_i \tag{4.58}$$

$$\langle\varepsilon_i^2(\tau)\rangle_{t+\tau} = \frac{1}{N_r+1}[\varepsilon_i^2(\tau)+N_r\langle\varepsilon_i^2(\tau)\rangle_t] \tag{4.59}$$

$$p_i = \frac{1}{\langle\varepsilon_i^2(\tau)\rangle} \tag{4.60}$$

$$w_i(t) = p_i\bigg/\sum_{i=1}^N p_i \tag{4.61}$$

$$\sum_{i=1}^N w_i(t) = 1 \tag{4.62}$$

$$K_i = 0.8p_i(\langle\varepsilon_i^2(\tau)\rangle)^{1/2} \tag{4.63}$$

式中:i 为第 i 台钟;常数 N_r 设定于 20~30 天之间;K_i 为考虑综合时间尺度与成员钟相关性的修正项,对于大规模钟组 K_i 可以忽略,但对于少于 10 台原子钟的小规模钟组,这一修正是必须实施的。

AT1(NIST)算法不同于 ALGOS 算法,在加权计算中不采用长期的历史观测数据,AT1(NIST)加权的参考量为频率方差,这一方差的定义类似于 Allan 方差。为避免长期项变化(如成员钟特性的季节变化、频率漂移等)对近实时时间尺度的影响,必须在综合计算前对观测数据进行异常检测。AT1(NIST)算法中 K_i 项的引入对于协调钟组的成员钟与综合时间尺度的关系具有重要意义。最初在 TAI 的计算中也曾引入这一修正，但随着 TAI 钟组规模的扩大，K_i 逐渐失去存在的意义并最终被取消。

4.4 频率基准与频率驾驭

频率基准是指直接给出原子秒定义的复现值，并对复现值的不确定度具有独立评估能力的装置。频率基准装置的主要特点是具有极高的频率不确定度，因此可以作为秒定义和复现的基准。依照 1967 年第 13 届国际计量大会（CGPM）通过的新定义，秒的定义从天文秒改为原子秒，即"秒是 ^{133}Cs 原子基态两个超精细能级之间跃迁对应辐射的 9192631770 个周期所持续的时间"。自那时起，实验室型铯原子钟提供复现秒定义的手段，成为时间频率的计量基准装置。目前国际上采用的频率基准装置包括铯原子喷泉频率基准、铷原子喷泉频率基准，而新一代频率基准冷原子钟和原子光钟也已经初步实现了 10^{-18} 量级的不确定度。

4.4.1 频率基准

实验室型铯频率基准装置的目标是复现原子秒定义，铯原子样品应该严格处于无干扰的理想工作状态。任何偏离理想条件的因素，一方面可能使得参考频率线宽加宽，导致频率稳定度和复现性变坏；另一方面可能引起参考中心频率偏移，致使实际锁定频率偏离预期值。基准装置在设计上尽可能避免或减小干扰，在此基础上，仍然需要在理论模型指导下，独立地逐项评定剩余的偏离理想状态产生的系统频偏，依照评定结果修正实际锁定频率，最终得到标准频率和不确定度。系统频偏的独立评定是所有实验室基准钟的基本功能，也是其区别于商品原子钟的重要特征。

4.4.1.1 基本原理

激光冷却和离子囚禁理论的提出对于原子喷泉频率基准的发展具有重要意义，美国斯坦福大学利用这一理论在实验室实现了对钠原子的激光减速。1985 年，利用光学黏团对钠原子的激光冷却实验宣告成功，此后又实现了磁光阱和囚禁原子的技术。1989 年，C. Wieman 和他的研究组在科罗拉多大学也成功实现了原子囚禁技术。铯原子喷泉频率基准的概念受制于热运动原子束中慢原子的缺乏和对原子束难以实现有效的减速，这种方法一直未能构成实用装置。激光冷却与囚禁原子技术的发展重新引发了人们对原子喷泉的兴趣。和传统铯束频标相比，利用激光冷却和囚禁技术研制的铯原子喷泉频率基准由于原子速度降低，有效地减小了与速度有关的多项频移效应；增加了原子与电磁场的作用时间，使谱线变窄；由于两次通过一个谐振腔，避免了腔相移。利用激光冷却技术和原子囚禁技术研制的第一台铯原子喷泉频率基准在 1995 年完成，它的准确度为 3×10^{-15}，长期稳定度为 2×10^{-15} [24-25]。

下面以铯喷泉原子频率基准为例介绍其工作原理。铯喷泉原子频率基准一般由三部分构成:光学部分、微波部分以及电子测控部分。

钟利用稳频到铯原子谐振的三维六束正交激光和反亥姆霍兹梯度磁场形成磁光阱(MOT)捕获约 2×10^8 个原子,在多普勒机制下冷却,形成温度约 $150\mu K$ 的高密度冷原子云。随后,关闭磁场转换到光学黏胶(OM)。时序软硬件控制上下两束激光分别失谐,形成行波光学黏胶。行波光学黏胶带动原子向上运动,实现原子云上抛。实施原子抛射时,要求两束竖直光平均频率严格等于水平光的频率,保证原子云在抛射时不被加热,也不被打散。

三维正交光场和反 Helmholtz 磁场构成 MOT,在高真空中俘获原子,形成冷原子云。向上的三束和向下的三束激光同时反向失谐,形成向上运动的 OM,带动冷原子云上抛。控制激光的频率和强度,按偏振梯度冷却机制实施后冷却,使原子温度降至小于 $2\mu K$,布朗运动速度小于 2cm/s。超冷原子云以获得的初速度自由上抛、回落,形成原子喷泉。激光存储制备较高原子数的原子云、行波光学黏胶技术保证原子上抛不被加热和打散、激光冷却使原子云经喷泉运动后仍保持一定原子密度,正是这一系列现代冷原子操控技术使原子喷泉从理论设想变为实验现实。原子云在微波场和光脉冲作用下上抛、回落,完成 Ramsey 谐振,实现 $|3,0\rangle \rightarrow |4,0\rangle$ 能级跃迁,通过跃迁频率以复现秒定义。

4.4.1.2 评价方法

作为时间频率基准,最重要的技术指标是频率稳定度(特别是中长期稳定度)、和系统频率偏移评定不确定度。

1) 频率稳定度

超稳晶振锁在原子钟的 5MHz 信号上作为本地振荡源,通过 5MHz~9.192GHz 频率合成链路,输出喷泉基准钟跃迁信号。频率合成链路输出信号馈入喷泉基准钟微波腔内,激励原子实现钟跃迁。软件计算出微波源合成信号与钟跃迁频率信号的偏差值,再反馈至微波源系统,微调微波源系统的输出信号。如此循环,可获得喷泉钟钟跃迁谐振频率(未经修正系统频偏)与氢钟频率的偏差数组。通过计算频率偏差的 Allan 方式,可测得频率稳定度。

2) 评定不确定度

实验室型原子钟的目标是复现秒定义,必须在理论指导下通过特定的测量程序逐项独立地评定其各项系统频率偏移和不确定度,得到总系统频偏及其合成不确定度。频率不确定度是喷泉钟性能的一个重要指标,标志着喷泉钟的准确度。引起喷泉钟频率偏移的因素很多,包括二级塞曼效应、冷原子碰撞频移、微波功率相关频移、光频移、腔牵引、黑体辐射和引力红移等。理论分析和实验指出铯原子喷泉时间频率基准主要有 10 余项误差源,均需要单独地修正和评定。其中:冷原子碰撞频移、微波功率相关频移和光频移需要长时间才可以给出修正值;二级塞曼效应、黑体辐射和引力红移的频率修正可以直接测量,但不确定度的给出也需要长时间监测。表 4.11 列出的是频率基准装置的主要系统频率偏移评定项目。

表 4.11　频率基准装置主要系统频率偏移评定项目

序号	偏差源	序号	偏差源
1	二级塞曼效应	6	Majorana 效应
2	冷原子碰撞	7	光频移
3	微波功率	8	腔牵引
4	黑体辐射	9	腔相位差
5	重力		

目前美国、法国、德国等国家已经研制成功了铯喷泉钟,我国国家计量科学院也成功研制出 NIM4 型和 NIM5 型铯喷泉钟。在诺贝尔物理学奖的获得者中,有多位是由于从事原子钟物理和技术研究所取得的成就而入选的,获奖时间列于表 4.12。

表 4.12　研究原子钟理论和技术而获奖的部分物理学家

诺贝尔奖得主	获奖时间
I. Rabi	1944 年
C. Townes N. Basov A. Prokhorov	1964 年
A. Kastler	1966 年
N. Pamsey W. Paul H. Dehmelt	1989 年
朱棣文 C. Cohen-Tannoudji W. Phieipe	1997 年

自 1995 年法国计量局 SYRTE 研究所率先报道研制成功激光冷却-铯原子喷泉时间频率基准装置以来,由于冷原子钟的优越性能,世界 15 个国家和地区的计量院先后开展了冷原子喷泉钟的研制工作。国际上频率稳定度最高的铯原子喷泉钟是法国时间空间参考国家计量实验室(LNE-SYRTE)研制的,频率稳定度为 $1.6 \times 10^{-14}/\tau^{1/2}$,频率不确定度最高的是美国标准与技术研究院研制的,不确定度指标为 2.1×10^{-16},中国计量科学研究院李天初院士为代表的团队研制的铯原子喷泉钟频率稳定度为 $3 \times 10^{-13}/\tau^{1/2}$,不确定度指标为 1.6×10^{-15}。

按研制工作进展水平,这 15 个国家和地区可以分作 3 个梯队:

第一梯队包括法国计量局 SYRTE 研究所、美国国家标准技术研究院(图 4.15)和德国物理技术研究院,评定不确定度达到 $(1 \sim 2) \times 10^{-15}$。

第二梯队包括中国计量科学研究院、日本国家计量院(NMIJ)、英国国家物理实验室(NPL)和意大利国家计量院(INRIM)。

第三梯队包括加拿大、瑞士、俄罗斯、韩国、中国台湾、印度、巴西和墨西哥。

图 4.15 美国 NIST-F1 型喷泉钟

总体说来,我国目前处于世界第二梯队前列的水平。中国计量科学研究院先后研制了三代磁选态铯束基准装置,1986 年 NIM3 磁选态铯原子束钟经改造达到评定相对不确定度为 $\Delta\nu/\nu_0 = 3 \times 10^{-13}$,进入当时世界先进行列。1997 年在国家自然基金委的支持下开始激光冷却-铯原子喷泉钟第一阶段的研制工作。1999 年国家科技部基础研究重大项目立项研制 NIM4 激光冷却-铯原子喷泉时间频率基准装置,2003 年 12 月通过鉴定,不确定度为 9×10^{-15},2005 年经过改进后达到运行率为 95%,不确定度为 3×10^{-15} 的水平。2003 年起国家科技部基础研究重大项目立项研制 NIM5-M 可搬运激光冷却-铯原子喷泉时间频率基准装置。NIM5 的主要技术指标是运行率为 95%,合成评定不确定度为 5×10^{-15}(图 4.16)。

图 4.16 NIM5 激光冷却铯原子喷泉频率基准装置

与中国计量科学研究院不同,中国科学院上海光学精密机械研究所(简称上海光机所)开展的是铷冷原子喷泉钟研究。他们认为,影响喷泉钟准确度的主要因素之一——碰撞频移,铷原子要比铯原子小,因而性能会更高。因此,他们选取铷原子作为喷泉钟的工作物质。

上海光机所 2001 年开始开展铷冷原子喷泉钟的研究工作,并于 2002 年开始小喷泉样机的研制。2004 年实现冷原子喷泉,上抛达到物理系统的极限 50cm,冷原子温度为 8μK,上抛 50cm 后下落的冷原子数达 10^7 个。2006 年在小喷泉样机上,实现冷原子喷泉,俘获冷原子 109 个,冷原子温度为 10μK。2006—2007 年,完成原子上抛,获得冷原子与微波相互作用信号,观测到 Ramsey 条纹后,改善参数在腔体上方 34cm 时,获得的 Ramsey 条纹的线宽为 1.5Hz,信噪比接近 200。目前,他们正进一步改进,以提高 Ramsey 条纹信噪比,并实现闭环锁定。

中国科学院国家授时中心于 2005 年开展了冷铯原子喷泉钟的研究,目前,该单位研制的金色原子喷泉基准钟连续运行能力超过 30 天,频率稳定度可达 $2 \times 10^{-13}/\sqrt{\tau}$。

4.4.2 频率驾驭

频率驾驭是利用频率基准对自由原子时进行频率控制,保持自由原子时相对于频率基准的频率一致性。以 TAI 的频率驾驭为例,国际计量局(BIPM)利用全世界的 70 多个守时实验室,逾 500 台连续运转的守时原子钟产生的时间频率信号数据,采用 ALGOS 计算方法经加权平均得到稳定的时间尺度,即自由原子时(EAL),EAL 具有最优的频率稳定性,但相对于秒基准在频率准确度上缺少约束,为了限制 EAL 的频率漂移,保证其频率准确度,需要再根据频率基准装置(PFS)对 EAL 进行频率驾驭,最终得到 TAI。目前,约有 12 台频率基准装置(PFS)对 EAL 进行频率驾驭,其中有 9 台为铯基准,分别由法国、德国、意大利、日本、美国维持,中国计量科学研究院的铯基准也参与了 EAL 的频率驾驭工作。

BIPM 通过比较 PFS 与 EAL,得到 EAL 的频率改正值,依据改正值进行频率驾驭保证 TAI 的频率和定义保持一致,目前频率驾驭规则为:每两个月进行一次调频,每次调整幅度小于 10^{-15},以免影响时间尺度的稳定性。BIPM 每月公布一次 CircularT 公报,其中包含了 EAL 的频率改正值。EAL 再经过基准钟校准后,给出既稳定又准确的时间尺度——TAI。

4.5 原子时系统建立

4.5.1 原子时定义

原子时是以物质的原子内部运动规律为基准的时间尺度。原子中的电子在不同能级之间跃迁时会发射或者吸收一定频率的电磁波,并且该电磁波的频率值非常恒定。1967 年,第十三届国际计量大会通过了秒定义:"^{133}Cs 原子基态的两个超精细能级间在海平面、零磁场下跃迁辐射 9192631770 周所持续的时间为原子时秒",并把它规定为国际单位制时间单位。这个定义的铯原子必须满足在绝对零度时是静止的,且所在环境为零磁场。在这一前提下的原子秒定义与历书时秒长具有最佳的一致性。原子时起始时刻定义在 1958 年 1 月 1 日 0 时 0 分 0 秒(世界时),这一瞬间,世界时和原子时相差 0.0039s。

4.5.2 地方原子时系统

根据原子时秒的定义,任何原子钟在确定起始历元后,都可以提供原子时。由世界各国家或地区的时频实验室利用自身的高性能氢、铯等原子钟建立和保持的原子时,称为地方原子时,地方原子时一般记为 $TA(k)$。目前,世界上约有 30 多个国家分别建立了各自独立的地方原子时。原子钟的起始点各不相同,即使选择了同一起点,由于准确度和稳定度存在着差异,长期积累之后所显示的时刻也会明显不同。所以,在建立原子时初期,除了采用共同起始点之外,还要用多台钟平均的办法得出原子时,使其尽可能准确。

为满足生产、生活、国防建设多方面的需要,世界上大多数国家都建有自己的时频实验室,用于建立和产生地方原子时,许多国家和地方的时频实验室还直接参与国际比对,用于 TAI 的保持。

我国的时频实验室主要有中科院国家授时中心、国家计量院、北京无线电计量测试中心和北京卫星导航中心等单位,分别建立了各自的守时系统,保持的地方原子时分别记为 TA(NTSC)、TA(NIM)、TA(BIRM)、TA(BSNC),并参与国际原子时的时间比对和计算。

目前,中科院国家授时中心保持的 TA(NTSC)频率月稳定度在 10^{-15}(30 天)量级,并与 TAI 的时间偏差基本控制在 ±20ns 以内。中国计量科学研究院保存着中国时间频率的计量基准,计量院研制的 NIM5 铯原子频率基准准确度优于 5×10^{-15},通过 NIM5 对其保持的地方原子时进行校准。由北京卫星导航中心建立的标准时间已经被明确规定作为北斗卫星导航系统发播的标准时间,并向用户进行播发。

美国的时频实验室主要建立在 USNO、NIST、APL、NRL(美国海军研究实验室)等机构。其中,美国海军天文台(USNO)维护着全世界规模最为庞大的守时系统,由 USNO 保持的 UTC(USNO)也是美国的国防标准时间。目前,USNO 时频系统包括 69 台 HP5071 类型铯原子钟,24 台 Sigma-Tau/Datum/Symmetricom 类型氢脉泽原子钟,5 台铷喷泉基准,原子钟被安置在 19 个钟房内,钟房温度变化控制在 0.1℃ 以内,相对湿度控制在 1% 以内,钟房分布在华盛顿的 3 个建筑物和科罗拉多施威尔空军基地的 1 个建筑物内,施威尔空军基地的建筑物作为 USNO 备用主钟(AMC)所在地。

由 USNO 保持的地方原子时记为 TA(USNO),TA(USNO)与 TAI 的偏差在过去十几年里一直保持在 ±20ns 以内,其 RMS 在 5ns 以内。TA(USNO)的频率稳定度已进入 10^{-16} 量级,频率准确度为 10^{-15} 量级,USNO 研制的 Rb 频率基准稳定度优于 5×10^{-16}(1 天)。

美国国家标准技术研究院(NIST)在科罗拉多的波尔得(Boulder)建立了时频实验室,该实验室拥有较大的守时钟组及 NIST-F1 铯频率基准装置,并在离波尔得

60km 远的柯林斯堡(Fort Collins)建有小规模的备份时频实验室。特别值得一提的是，近几年 NIST 自主研发的频率基准装置 NIST-F1 性能持续提高，其频率稳定度已接近 1×10^{-16}，相对于10年前的 NIST-7 提高了一个量级。

NIST 建立的地方原子时记为 TA(NIST)，NIST 参加 BIPM 守时计算的约有10多台原子钟，并有 1 台 NIST-F1 作为 TAI 的频率基准装置。目前，NIST 保持的 TA(NIST)准确度达 10^{-15} 量级，与 TAI 偏差基本保持在 20ns 以内。NIST 是美国的国家频率基准保持机构，并为用户提供远程校准服务、WWV、WWVH、WWWVB 陆基无线电授时服务等。

APL 为美国约翰霍普金斯大学应用物理实验室，最早为支持美国子午仪卫星导航系统而建，建有独立的时频系统。当前的主要目标是为各类卫星跟踪站、卫星控制中心、精密时频设备开发实验室等提供时间频率参考信号和时频装备。APL 保持的地方原子时记为 TA(APL)，同时参与 BIPM 的综合原子时处理。

NRL 为美国海军研究实验室，为 GPS 研制卫星钟，并进行 GPS 卫星钟测试、监测分析。NRL 建有独立的时频系统，保持的地方原子时记为 TA(NRL)，并参与国际原子时的处理。

欧盟地区的时频实验室分布最为密集，约有 27 个时频实验室参与国际原子时的比对和处理，特别是德国、法国、英国等发达国家，时频技术长期保持在世界先进水平。德国物理技术研究院(PTB)保存着世界上最精确的频率基准，欧洲的一些中小国家的时间频率直接溯源于德国 PTB。世界上第一台最先进的铯喷泉频率基准是由法国研制成功的，且 BIPM 设在法国巴黎。

俄罗斯国家时间频率服务中心保持俄罗斯地方原子时 TA(SU)和俄罗斯国家标准时间 UTC(SU)，其守时钟组包括十几台俄罗斯生产的高性能氢原子钟和 1 台实验室铯基准装置。目前，TA(SU)的频率稳定度优于 3×10^{-15}(10~30 天)，俄罗斯正着手将国内多个时频实验室之间建立精密比对链路，并进行联合守时，届时 TA(SU)的频率稳定度预计可达 5×10^{-16}(10~30 天)。

俄罗斯的原子钟自主研制能力非常强，KVARZ 和 VCH 公司自行研制的氢原子钟均是世界上性能最好的原子钟之一，其他自行研制的时频设备很多也是走在世界前列。俄罗斯老型号的氢钟频率稳定度约为 3×10^{-15}(1~3 天)，老型号的铯基准频率准确度约为 3×10^{-14}，研制的新型铯频率基准频率准确度优于 5×10^{-16}。

根据 BIPM 发布的权重数据，USNO 所占权重约为 29%，大大超过其他实验室；中国 NTSC 约占 7%，俄罗斯 SU 仅占 1%，但实际上俄罗斯原子钟和时频系统性能很好，只是向 BIPM 上报的原子钟数据较少。

4.5.3 国际原子时系统

国际原子时(TAI)是由国际计量局(BIPM)根据世界上约 30 多个国家 70 多个实验室 500 多台原子钟提供的数据处理得出的"国际时间标准"。国际原子时标是一种连续性时标,由 1958 年 1 月 1 日 0 时 0 分 0 秒起,以日、时、分、秒计数。

分布在世界各地时频实验室的原子钟通过内部时间比对和远程时间比对,将数据汇集到 BIPM,BIPM 通过原子钟比对数据的综合处理,得到自由原子时(EAL),EAL 具有最优的频率稳定性,但相对于秒基准在频率准确度上缺少约束,因此,需要再根据频率基准装置(PFS)对 EAL 进行频率驾驭,最终得到 TAI。目前,约有 12 台 PFS 对 EAL 进行频率驾驭,其中有 9 台为铯基准,分别由法国、德国、意大利、日本、美国维持。TAI 的综合原子时处理方法为 ALGOS 算法。

随着原子钟质量的不断提高和远程时间比对技术的不断更新,BIPM 多次更新 TAI 计算方法和取权规则,缩短了计算周期和数据点的时间间隔,1998 年以后,TAI 每月计算一次。

各实验室之间主要通过卫星双向时间频率传递(TWSTFT)、GPS 时间传递等方法进行精密时间比对,在各种比对手段中,TWSTFT 方法精度最高,但设备较为昂贵,约占时间传递方法比例的 15%;GPS SC(单频单通道 C/A 码)时间传递方法所占比例约为 36%,GPS MC(单频多通道 C/A 码)时间传递方法所占比例约为 33%,GPS P3(多频多通道 P3 码)时间传递方法所占比例约为 9%;其他时间传递方法所占比例约为 7%。由此可见,由于 GPS 的广泛应用及 GPS 时间传递设备的高性价比,使得 GPS 时间传递成为 BIPM 时间比对的主要手段,各类 GPS 时间传递方法的总比例达 78%。

参考文献

[1] 黄秉英,周渭,张荫柏,等.计量测试技术手册(时间频率卷)[M].北京:中国计量出版社,1996.
[2] 童宝润.时间统一技术[M].北京:国防工业出版社,2004.
[3] 漆贯荣.时间科学基础[M].北京:高等教育出版社,2006.
[4] 王义遒.原子钟与时间频率系统[M].北京:国防工业出版社,2012.
[5] 翟造成,张为群,蔡勇,等.原子钟基本原理与时频测量技术[M].上海:科学技术文献出版社,2008.
[6] 何克亮,张为群,林传富.主动型氢原子钟的研究进展[J].天文学进展,2017,35(3):345-366.
[7] 屈勇晟,等.导航卫星星载原子钟研发方向探讨[J].导航定位学报,2013,1(4):55-60.
[8] HAN C H,CAI Z W,LIN Y T,et al. Time synchronization and performance of BeiDou satellite clocks in orbit [J]. International Journal of Navigation and Observation,2013:371450.
[9] 李孝辉,等.时间频率信号的精密测量[M].北京:科学出版社,2010.
[10] 李孝辉,等.时间的故事[M].北京:人民邮电出版社,2012.
[11] LEONARD S C,ROBIN P G. Architecture and algorithms for new beam frequency standard electronic[C]//Proceedings of the 1992 IEEE Frequency Control Symposium,San Francisco,May21-23,1992.
[12] ALLAN D W. Statistics of atomic frequency standard[C]//Proceedings of the 1966 IEEE Frequen-

cy Control Symposium,Atlantic April 19-21,1966.

[13] BARNES J A,CHI A R,et al. Characterization of frequency stability[J]. IEEE Transaction on Instrumentation and Measurement,1971,20(2):146-160.

[14] 卫国.原子钟噪声模型分析与原子时算法的数学原理[D].西安:中科院陕西天文台,1991.

[15] 郭海荣.导航卫星原子钟时频特性分析理论与方法研究[D].郑州:信息工程大学测绘学院,2006.

[16] 蔺玉亭.原子钟性能分析理论与综合原子时算法研究[D].郑州:信息工程大学测绘学院,2009.

[17] PRATT W K,KANE J,ANDREWS H C. Hadamard transform image coding[C]//Proceedings of the 1969 IEEE Frequency Control Symposium,Atlantic,May 6-8,1969.

[18] BAUGH R A. Frequency modulation analysis with the Hadamard variance[C]//Proceedings of the 1971 IEEE Frequency Control Symposium,Atlantic,April 26-28,1971.

[19] RUTMAN J. Oscillator Specifications:A Review of classical and new ideas[C]//Proceedings of the 1977 IEEE Frequency Control Symposium,Atlantic,June 1-3,1977.

[20] GREENHALL C A. Estimating the modified Allan variance[C]//Proceedings of the 1995 IEEE Frequency Control Symposium,San Francisco,May31-June2,1995.

[21] GREENHALL C A. Forming stable timescales from the Jones-Tryon Kalman filter[J]. Metrologia,2003,40(3):35-41.

[22] TAVELLA P,THOMAS C. Comparative study of time scale algorithms[J]. Metrologia,1991,28(2):57-63.

[23] TAVELLA P,AZOUBIB J,THOMAS C. Study of the clock-ensemble correlation in ALGOS using real data[C]//Proc. 5th EFTF,Besancon,March 12-14,1991.

[24] THOMAS C,WOLF P,TAVELLA P. Time scales[R]. Paris:BIPM,1994.

[25] 李天初,等.NIM4#激光冷却2铯原子喷泉钟——新一代国家时间频率基准[J].计量学报,2004,25(3):193-197.

第5章 卫星导航时间系统与体系设计

5.1 卫星导航时间系统概述

5.1.1 卫星导航时间系统的重要性

卫星导航系统可以看作一种时间和空间信息的发播服务系统。建立稳定可靠的时间基准,是卫星导航系统提供有效服务的最基本的前提条件。卫星导航系统实现定位、授时功能的原理基础为伪距测量,伪距测量的本质为时间测量,时间测量离不开高精度的时间基准和时间同步技术,因而,高精度时间频率系统是卫星导航系统正常运行、提供精确服务的基础保障。

为了实现卫星导航系统地面主控站正常有序地工作,如卫星导航系统地面站间和星地高精度时间同步、卫星轨道精密测定、卫星钟差预报、广播星历预报、电离层改正、广域差分改正、系统完好性监测、导航电文的注入、系统内观测数据融合处理、GNSS 时差监测和预报等,均需要一个可靠稳定连续的时间系统;同样,高指标的时间频率信号,是精确生成帧信号、码速率的基础。此外,高纯净低噪声的频率信号是提高信号接收和发射能力的重要保障。所以必须建立一个稳定可靠的时间频率系统,以满足运控其他系统对不同时间频率信号的需要。

随着卫星导航定位系统的发展,越来越多的用户需要利用卫星导航系统传递标准时间频率信号,所以必须建立一个高精度、稳定连续的时间频率系统以满足各种用户的需要;建立和保持一个卫星导航系统时间,并能精确测量导航系统时间与其他导航系统时间偏差,可以满足不断增长的兼容互操作的需求,提高服务用户的能力。

5.1.2 其他 GNSS 时间系统

GPS 参考时间为 GPST,该时间起点为 1980 年 1 月 6 日 0 时(UTC),采用原子时秒,以周和周内秒计数,无闰秒调整。GPST 由地面主控站利用地面主控站钟、监测站钟和卫星钟资源采用基于卡尔曼滤波的综合原子时算法得到,其天稳优于 1×10^{-14}。通过高精度卫星双向时间比对得到 GPST 与 UTC(USNO)之间的时差,进而实现 GPST 向 UTC(USNO)的溯源,GPST 与 UTC(USNO)的时刻偏差设计要求为小于 $1\mu s$(模 1s),实际上近几年的偏差基本上小于 3ns,该时差数据被拟合成二阶模型参数并通过导航电文发播,以方便用户获取和使用美国标准时间 UTC(USNO)。在 GPS 导航电文中预留有与 GLONASS、Galileo 系统及其他卫星导航系统的系统时差参数比特位,以方便多系统的时间的兼容和转换。GPS 授时、校频、共视、全视等技术在时频领域得到广泛应用。

GLONASS 参考时间为 GLONASST,采用原子时秒,与 UTC(SU)同时作闰秒调整,且与 UTC(SU)之间存在 3h 的时差(GLONASST = UTC(SU) + 3h)。GLONASST 由系统中央同步器产生,其物理信号来自钟组内最好的氢钟(天稳优于 2E-15)。GLONASST 向俄罗斯国家标准时间 UTC(SU)溯源,GLONASST 与 UTC(SU)之间的时刻偏差设计要求为优于 1ms,该时差通过 GLONASS 导航电文中发播。在 GLONASS-M 卫星导航电文中发播了与 GPTS 的时差参数。

Galileo 系统时为 GST,时间起点与 GPS 相同,为 1980 年 1 月 6 日 0 时(UTC),采用原子时秒,以周和周内秒计数,无闰秒调整。GST 的计算由 Galileo 控制中心(GCC)的精密定时单元(PTF)进行,在两台主动型氢钟和 4 台高性能的铯原子钟的基础上采用综合原子时算法计算得到。通过与时间服务提供商(TSP)合作,使 GST 向 UTC/TAI 溯源。在系统导航电文中预留有 GST 和 GPST 时差参数比特位。

5.1.3 北斗时间系统

北斗卫星导航系统(BDS)的系统时间是北斗时(BDT)[1-3],是 BDS 时间同步、精密定轨和其他各种信息处理的时间基准。BDT 是地球时(TT)的一种具体实现,以国际原子时(TAI)秒为基本单位连续累计,不闰秒。在 RNSS 服务中以整周计数(WN)和周内秒计数(SOW)表示。在北斗二号 RDSS 服务中,以年计数(YN)和年内分钟计数(MOY)表示。时间起点为 2006 年 1 月 1 日 UTC 零时零分零秒,在该时刻 WN=0,SOW=0,YN=6,MOY=480。北斗三号 RDSS 新体制也采用整周计数和周内秒计数表示。

BDS 播发的标准时间是系统保持的 UTC 时间,该时间通过 UTC(NTSC)与国际计量局(BIPM)保持的 UTC 时间建立联系,时间偏差保持在 50ns 以内。

5.2 系统时间的总体设计

5.2.1 北斗时间系统物理组成

北斗时间系统是北斗卫星导航系统的主要组成部分之一,主要用于实现全系统时间频率信号、信息的精确统一,支撑北斗卫星导航系统其他设备的有效运行,保障全系统的正常服务。

从物理构成角度分析,北斗时间系统包括空间段时频系统、地面段时频系统和用户段时频系统。空间段具体为地球静止轨道(GEO)、中圆地球轨道(MEO)、倾斜地球同步轨道(IGSO)这 3 种卫星,星上时频系统设计配置卫星钟和监测与控制单元。

地面段主要分为主控站、注入站、监测站时频系统,其中:主控站时频系统主要包括原子钟组、相位微跃计、综合原子时处理设备、主钟实时信号生成设备、站间比对设备、UTC 溯源和 GNSS 时差监测设备,分系统主节点信号分配设备;注入站和监测站均配置原子钟、相位微跃计和信号产生设备,其中注入站与主控站完成时间同步,增加设计站间比对设备。用户段具体包括精密授时接收机时频系统和导航定位接收机时频系统:精密授时接收机时频系统配置铷钟、频率控制设备、信号生成设备和完好性监测设备;导航定位接收机时频系统配置高稳晶振和频率控制设备,具体系统物理结构如图 5.1 所示。

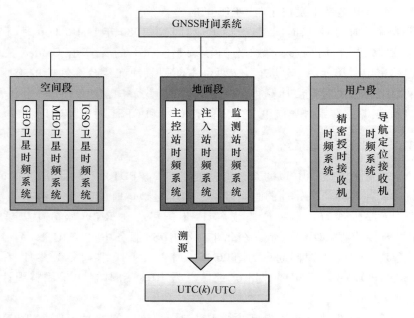

图 5.1　系统物理结构图

5.2.2　系统工作流程

由上面的分析可知,卫星导航时间系统包含卫星时间系统、主控站时间系统、监测站时间系统、GNSS 时间监测系统、溯源比对系统、用户时间系统等。

时间系统总体运行流程图如图 5.2 所示。

根据系统主要组成部分,按各部分时间频率信号处理流程,对系统总工作流程划分为主控站时间频率工作流程、注入站时间频率工作流程、星载钟时间频率工作流程三大部分。

主控站时频系统首先通过钟组配置、主钟选择、主钟驾驭,并采用合适的时间尺度算法计算出系统时间。同时,根据主钟与星载钟钟差数据,计算星钟预测模型参数,并将其通过注入站上传至导航卫星。主控站时频工作流程如图 5.3 所示。

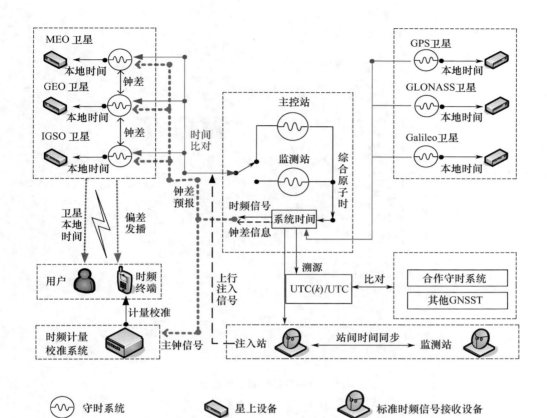

图 5.2 时间系统总体运行流程图

注入站时频系统通过钟组配置、主钟选择、主备切换生成 1PPS,利用站间和星间时间比对方法获得注入站与主控站以及星载钟钟差,并将钟差数据传送给主控站,由主控站完成星钟预测模型和卫星星历数据的解算,并将其上传至导航卫星。注入站时频工作流程如图 5.4 所示。

星载时频系统通过星载原子钟组钟进行主钟选择、主备切换生成 10MHz 参考频率信号,导航信号生成系统根据星载时频保持系统产生 10.23MHz 和 1PPS 信号,同由注入站和其他卫星输入的钟差数据一起生成导航电文。星载时频工作流程如图 5.5 所示。

5.2.3 功能体系组成

从时间频率体系功能结构上分析,卫星导航时间系统具有 7 大功能:时间建立和保持、时间比对与同步、时间溯源与监测、时间参数生成与发布、时间管理与控制、时间应用与服务、时间测试与评估等功能,各项功能的具体含义如下:

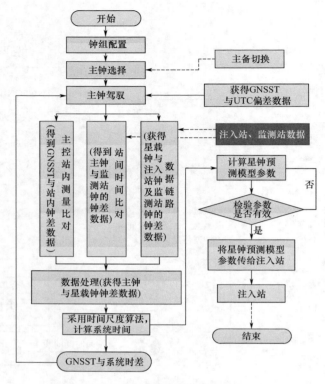

图 5.3　主控站时频工作流程

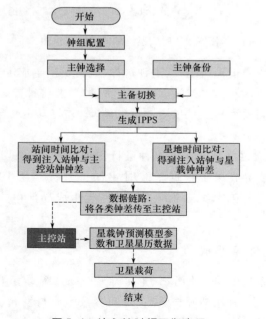

图 5.4　注入站时频工作流程

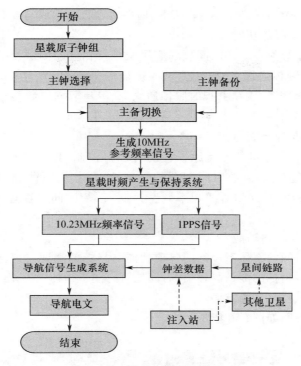

图 5.5　星载时频工作流程

1）时间建立与保持功能

该功能指系统级或节点级时间建立与保持，包括系统时间建立与保持、本地时间建立与保持两部分，系统时间建立与保持指通过系统原子钟资源综合来建立全系统统一的时间频率参考基准，本地时间建立与保持指各类地面站、导航卫星、用户终端本地时间频率信号的产生、分配、控制等功能。

2）时间比对与同步功能

该功能指卫星导航系统各节点时间与系统时间基准的比对和同步控制，包括卫星时间与系统时间的比对与同步控制、地面站时间与系统时间的比对与同步控制等方面，卫星时间与系统时间的比对有星地直接比对、星间链路中继比对、站间链路中继比对等方式，地面站时间与系统时间的比对有站间双向、站间共视、远程光纤比对等方式。

3）时间溯源与监测功能

该功能指卫星导航系统时间向上溯源，与其他卫星导航系统时间偏差监测，具体包括卫星导航系统时间向 UTC(k) 溯源、与 UTC 的溯源比对、与 GPS、GLONASS、Galileo 系统时差监测等功能。

4）时间参数生成与发布功能

该功能指与时间频率相关的导航电文参数生成与信息发播，主要包括卫星钟差、系统时间向 UTC(k)/UTC 溯源偏差、GNSS 时差等参数的生成与发布功能。

5）时间应用与服务功能

该功能指卫星导航系统的时间频率应用服务及相应的测试校准服务，主要包括各类授时服务、时频传递服务、时频测试校准服务等方面，如 RDSS 单/双向授时服务、RNSS 单向授时服务、卫星共视时频传递服务、卫星双向时频传递服务、标准时间测试与校准服务等内容。

6）时间管理与控制功能

该功能指对系统时间及各类原子钟的管理与控制，包括多种模式下的系统时间平稳切换的管理控制、系统时间溯源的管理控制、各类站钟/星钟的主备切换的管理控制、各类站钟/星钟的时间频率调整控制、系统时间平稳过渡的管理控制等功能。

7）时间测试与评估功能

该功能指对时间频率体系设计的各项功能与指标的测试与评估，主要包括系统时间的建立与保持指标的测试与评估、时间比对与同步指标的测试与评估、时间溯源与监测指标的测试与评估等方面。

具体功能体系图如图 5.6 所示。

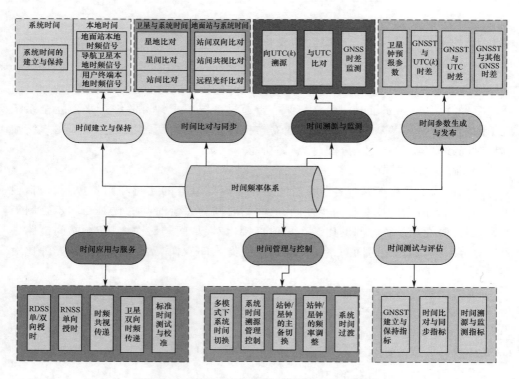

图 5.6　卫星导航时间系统功能体系图（见彩图）

5.2.4 系统时间的外部关系

BDT 与 UTC(BSNC)之间建有精确的时差比对与测量链路，UTC(BSNC)与 UTC 之间采用卫星共视、卫星双向等方式建立与国际 UTC 直接的比对关系，或通过合作守时中心建立与国际 UTC 的间接比对关系，也可通过 GNSS 多模接收机获取 BDT 与其他 GNSST 时差信息，结合 BIPM 时间公报，获得与 UTC 的时差信息，进而实现 BDT 与 UTC 的时差控制。

对 BDT 与 GPST、GST、GLONASST 等其他卫星导航系统之间的时间偏差进行实时的监测，并将两者的时间信息通过导航电文发播给用户，以满足未来兼容互操作对时间参考一致性的需求。北斗卫星导航系统时间的外部关系如图 5.7 所示。

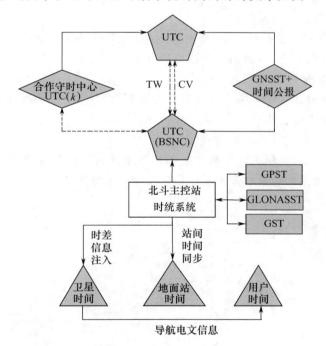

图 5.7 系统时间的外部关系

卫星、地面站(主控站外的注入站、一类和二类站)和用户都是系统时间 BDT 的用户，卫星与地面站通过时间同步与 BDT 保持一致，用户通过卫星得到系统时间。

5.3 北斗系统时间指标设计

5.3.1 指标设计思路

按照自顶向下、逐项分解、整体综合的方法进行指标分解，将模型分析、仿真计

算、工程经验、参考对比等方法相结合,提高指标设计的准确性和可信度。指标论证的基本思路如图 5.8 所示,具体步骤如下:

1) 建立指标分解关系模型

从系统总体类指标参数,如位置、速度和时间(PVT)、用户测距误差(URE)等出发,按照逐层向下分解原则,厘清时频类指标参数,如 BDT、原子钟等,研究建立 PNT 与时间频率指标分解关系模型。

2) 计算指标约束条件方程

依据总体给出的设计指标要求,充分考虑典型的设备指标、技术指标及其他不确定因素等影响,依据指标分解关系模型推导出关于时频指标的约束条件方程,计算出待求指标分解数据。

3) 建立初始指标论证方案

考虑时频设备现实研制水平,参考北斗/GPS 工程研制建设经验,综合权衡时频指标约束条件方程结论,给出初步指标论证方案。

4) 迭代精化指标论证方案

在试验仿真验证和模型精化等数据分析基础上,根据实际情况和研究深入,不断对初始指标方案进行迭代和完善,进一步精化指标论证方案。

5) 提出工程候选指标方案

充分考虑极限测量精度等限制约束条件和工程研制风险等多种不确定因素,综合各方面条件,优化和筛选出多个工程候选指标论证方案。

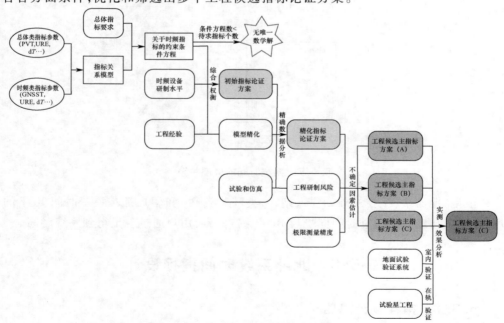

图 5.8 时频体系指标设计基本思路(见彩图)

6）确定工程最终指标方案

通过试验进行分析，结合实测效果分析，在工程候选指标方案基础上，给出工程最终指标论证方案。

5.3.2 主要指标要素

北斗系统时间频率体系研究相关的输入性总体类约束指标主要包括以下4个方面：

1）系统服务精度要求

与系统服务精度相关的要素主要有定位精度、测速精度和授时精度3类。其中，定位精度要求直接影响URE精度、轨道预报精度及星钟预报精度；测速精度制约多普勒测量精度；授时精度影响URE精度、轨道预报精度及星钟预报精度。

2）系统运行控制条件要求

系统运行控制条件直接影响的指标有星上时间与BDT的物理偏差、星钟调整时间间隔、地面站时间与BDT的物理偏差、站钟调整时间间隔、BDT与UTC时间偏差、BDT与UTC(BSNC)时间偏差及BDT调整间隔。

3）系统完好性要求

系统完好性指标约束系统的可用度指标、平稳性指标和实时性指标。

4）系统测量精度要求

系统测量精度直接影响伪距测量误差、载波测量误差及多普勒测量误差。

5.3.3 指标关系模型

1）定位精度与时频指标关系分解树

导航定位精度可以由位置精度衰减因子(PDOP)和用户等效距离误差(UERE)之积表示[4-5]。其中PDOP表示卫星和用户的相对几何布局对导航定位解的误差的复合影响，由星座结构和用户位置决定。UERE是将与卫星相关联的误差源所产生的影响之和以等效距离误差来表示。

根据各种误差源的类别不同，UERE可以分为用户测距误差(URE)、空间信号(SIS)质量以及用户设备误差(UEE)。

用户距离误差包括轨道预报精度和卫星钟差预报精度。其中卫星钟差预报是由地面主控站获取的卫星钟本地时间与系统时间的偏差后进行参数拟合，从而预报星载原子钟的钟差，因此其预报精度与星钟稳定度、预报时间长度和预报模型精度密切相关，对应于输出指标为星载钟指标。

在地面运控模式下，卫星的钟差数据是通过星地比对获得的卫星钟本地时间与BDT系统时间基准的偏差；为了连续获取比对数据，中继卫星必须参与比对链路，因此卫星钟差预报精度与BDT系统时间基准、星地比对精度、星间比对精度以及站间比对精度相关，对应于输出指标为BDT系统时间指标、站钟指标、星地比对指标、星间比对指标和站间比对指标。

如果在星座自主导航模式下，系统时间基准由星座自主产生，系统时间的建立和卫星钟差预报都与星间比对链路相关，因此卫星钟差预报精度与星间比对精度相关，对应于输出指标为星间比对指标。

另外，卫星平台温磁变化会影响星钟稳定度，对应于输出指标为卫星平台环境指标；星载时频附加损耗会影响星钟输出信号的准确度和稳定度，对应于输出指标为星载时频分系统指标。

空间信号（SIS）质量是指卫星实际发射的载波信号和伪距信号与标称的载波信号和伪距信号之间存在偏差和相位噪声。其产生的主要原因是在卫星信号从星载原子钟频率信号导出的过程中受到星钟频率准确度、星钟相位噪声和星载时频相位损耗影响产生的。对应于输出指标为星载钟指标和星载时频分系统技术指标。

大气层效应主要包括卫星的伪距信号在穿过大气层时会产生延迟，伪码受影响后是延迟，而载波相位是超前，伪码误差和载波误差大小相等，方向相反。接收机噪声也会影响伪距和载波测量。卫星信号的多次反射或散射产生的多径效应使得接收信号的合成相位存在畸变，因此在伪距和载波相位测量值上引入误差。接收机硬件引起的用户设备偏差使得传播信号存在延迟。

定位精度与时频指标关系分解如图 5.9 所示，细化分解拓扑关系图如图 5.10 所示。

2）测速精度与时频指标关系分解树

卫星导航系统测速精度取决于 PDOP 值与多普勒测量误差（DME）的乘积，PDOP 由星座结构和用户位置决定。速度的测量由多普勒方程根据接收到的卫星信号的多普勒频率解算。在解算过程中，速度的求解精度与卫星位置、用户位置、卫星速度、接收机接收的信号频率的测量值以及卫星的实际发射频率等测量值精度相关。由于测速精度设计指标为 0.1m/s，而前 4 个测量值的精度在毫米每秒量级以下，因此，多普勒测量误差与卫星的实际发射频率的相关性最大。卫星的发射信号是通过卫星钟的频率产生的，因此，发射频率的准确性取决于星钟的准确度。另外，由于星载原子钟的频率稳定性存在一定误差，因而卫星信号的实际发射频率与卫星的标称发射频率之间有偏移。为了校正这种偏移，可由地面控制系统周期性地产生校正值，用导航电文发播给用户。一般情况下，这种钟速改正参数也存在一定误差，导致发射信号频率不能与标称频率完全一致。因此，多普勒测量误差也与钟速改正精度相关，指标关系结构如图 5.11 所示。

3）授时精度与时频指标关系分解树

导航授时精度可以由时间精度衰减因子（TDOP）和用户等效距离误差（UERE）之积表示。其中 TDOP 表示卫星和用户的相对几何布局对导航定位解的误差的复合影响，由星座结构和用户位置决定。

用户距离误差包括轨道预报精度、GNSST 溯源预报精度和卫星钟差预报精度。

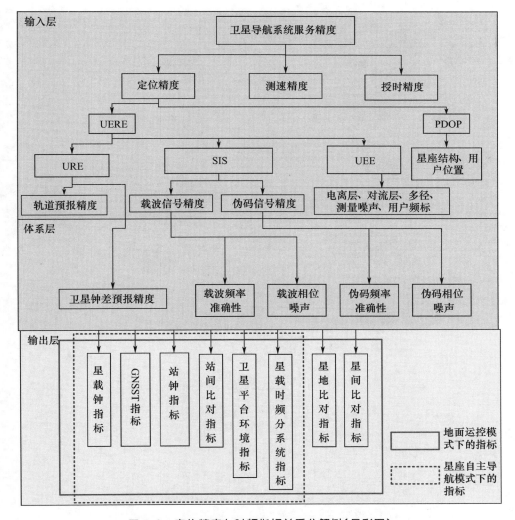

图 5.9　定位精度与时频指标关系分解树（见彩图）

其中 GNSST 溯源预报精度受到 UTC(k) 稳定度、GNSST 稳定度以及溯源比对精度的影响，对应于输出指标为 GNSST 与 UTC(k) 的偏差指标。

卫星钟差预报是由地面主控站获取的卫星钟本地时间与系统时间的偏差后进行参数拟合，从而预报星载原子钟的钟差，因此其预报精度与星钟稳定度、预报时间长度和预报模型精度密切相关，对应于输出指标为星载钟指标。

卫星钟差、系统时间基准、卫星平台、空间信号质量和用户设备误差等方面的分析与定位精度里的分析类似，此处不再复述，指标关系结构如图 5.12 所示。

4）系统运行控制约束指标关系分解树

系统运行控制约束指标可以分解为星上时间与 GNSST 的物理偏差、星钟调整时间间隔、地面站时间与 GNSST 的物理偏差、站钟调整时间间隔、GNSST 与 UTC 时间

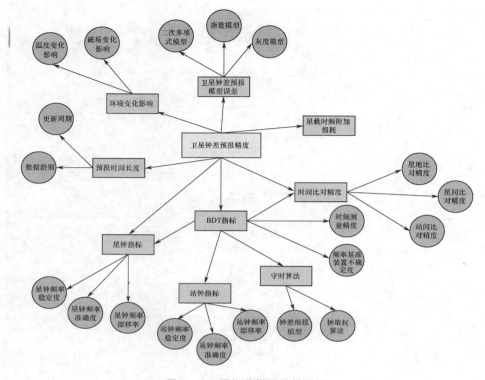

图 5.10 细化分解拓扑关系图

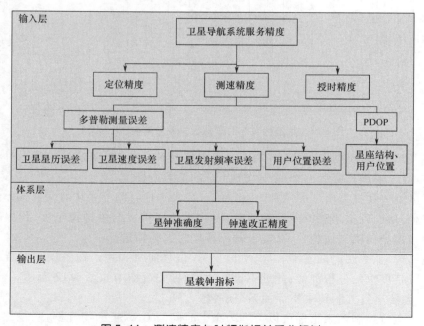

图 5.11 测速精度与时频指标关系分解树

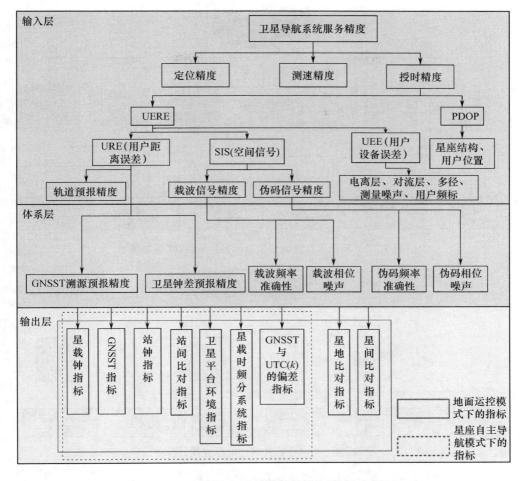

图 5.12 授时精度与时频指标关系分解树（见彩图）

偏差、GNSST 与 UTC(BSNC)时间偏差以及 BDT 调整间隔。其中：星上时间与 GNSST 的物理偏差、星钟调整时间间隔均与星钟准确度和星钟漂移率有关；地面站时间与 GNSST 的物理偏差、站钟调整时间间隔则与站钟准确度和站钟漂移率有关；GNSST 与 UTC 时间偏差、GNSST 与 UTC(BSNC)时间偏差以及 GNSST 调整间隔则与 BDT 准确度和 BDT 漂移率有关，系统运行控制约束指标关系分解树如图 5.13 所示。

5）系统运行完好性指标关系分解树

系统运行完好性指标包括系统的可用度、平稳性和实时性。由于系统运行的完好性取决于各个时频分系统的完好性，因此系统运行的可用度指标受到卫星钟可用度、卫星时频系统可用度以及 BDT 可用度指标的影响；平稳性受卫星钟和 BDT 的时频调整幅度指标影响；实时性是由时间偏差参数的更新周期决定，系统运行完好性指标关系分解树如图 5.14 所示。

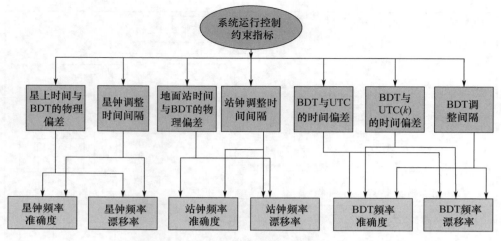

图 5.13 系统运行控制约束指标关系分解树(见彩图)

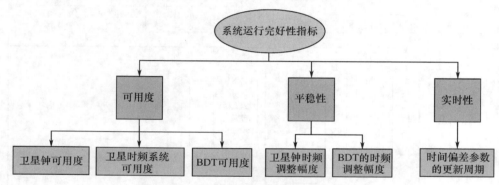

图 5.14 系统运行完好性指标关系分解树

6)系统信号测量精度指标关系分解树

系统信号测量精度指标分为伪距测量误差、载波测量误差和多普勒测量误差。其中伪距测量误差和载波测量误差受到信号质量的影响,测量精度与信号本身的稳定度相关。由于伪距和载波信号都是由星载原子钟频率信号产生的,因此卫星钟的稳定度直接影响伪距测量误差和载波测量误差。

由用户速度测量解算过程可知,多普勒测量误差与卫星的实际发射频率的相关性最大。而卫星的发射信号是通过卫星钟的频率产生的,因此,多普勒测量误差取决于星钟的准确度和稳定度。

系统信号测量精度指标关系分解树如图 5.15 所示。

5.3.4 指标综合方法

总体类指标与时频类指标的对应约束关系如图 5.16 所示,其中总体类指标为输入性约束条件,由于定位、测速、授时等代表系统的最终服务指标,指标分解过程复

第 5 章 卫星导航时间系统与体系设计

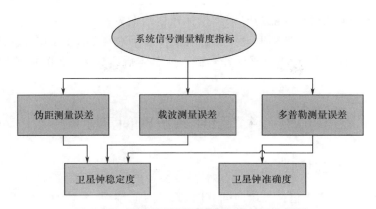

图 5.15 系统信号测量精度指标关系分解树

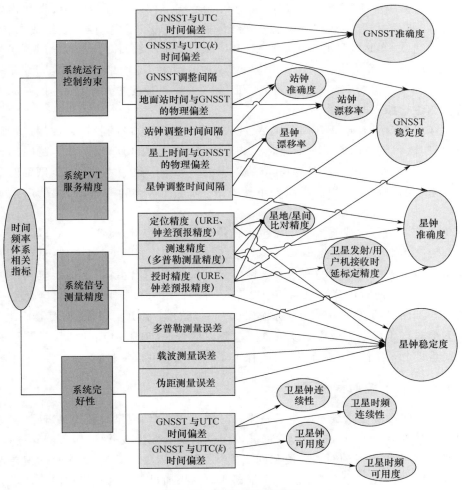

图 5.16 指标约束关系图

杂,需要通过导出性指标才能与时频类指标建立约束关系[6-10]。

从逆向关系来看,同一项时频类指标可能受多项总体类指标的多重约束,具有交叉关系,具体结构见图 5.16。通过各类输入性总体指标要求,分解时频指标,确定各时频要素的指标。

5.4 北斗系统时间产生

5.4.1 系统时间产生

北斗时频系统主要包括系统时间守时、系统时间溯源、系统时间与 GNSS 时差监测、集中-分布式时频信号产生、星钟/站钟监测与评估等子系统等。

时间系统主要由原子钟组、BDT 实时信号生成与控制单元、数据采集和预处理单元、BDT 纸面时计算单元、时频信号光纤传输单元以及时频监控系统组成[6],实现纸面时的建立、实时信号的产生与控制、基于多站多星的纸面时分析以及时频信号的集中-分布式产生等功能。

原子钟单元包括多台原子钟组成。形成一主多热备的主钟系统,主控站原子钟全部参与综合原子时计算。

BDT 纸面时计算单元利用主控站、注入站(一类监测站)的各钟差数据进行综合原子时计算,得到自由原子时纸面时。基于协调世界时与 BDT 实时信号的时间比对结果,对自由纸面时进行驾驭,使其与协调世界时保持一致,并生成 BDT 纸面时。通过监控系统的工控机向相位微跃器下达指令,对主钟输出频率进行驾驭,产生实时信号。

BDT 实时信号生成与控制单元包含相位微跃器、频率切换器、频率分配放大器、时间信号产生器、时间信号选择切换器、主备切换器等设备,以产生 BDT 纸面时的物理参考信号。守时钟组中的多台原子钟作为系统信号输出主钟,主钟后接相位微跃器,利用 BDT 纸面时计算结果和相位微跃器对主钟信号进行频率驾驭,确保主钟输出信号与纸面时的高度一致。主钟输出的频率通过频率切换/分配放大器输出到 3 台时间信号产生器上以及主备切换器上。频率信号源(原子钟)和时间信号源(时间信号产生器)采用了双冗余备份方式,保证了时频基准的可靠性。

5.4.2 系统时间溯源

系统时间溯源子系统主要组成是光纤时频比对链路、卫星时频比对链路、多通道时间间隔计算器、溯源控制分析软件、溯源时差电文参数生成软件、服务器等设备,实现 BDT 与协调世界时的时差监测和同步控制。BDT 相对于 UTC(BSNC)的偏差保持指标范围以内,如图 5.17 所示。BDT 根据比对结果通过频率驾驭实现向协调世界时的溯源。

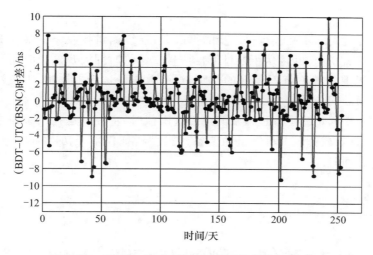

图 5.17　BDT 与 UTC(k)之间的时间偏差(见彩图)
(2018 年 1 月 1 日—2018 年 9 月 10 日)

通过时频比对链路和多通道时间间隔计算器实时监测系统时间与协调世界时的时刻偏差,当时刻偏差接近设定阈值时,由溯源控制分析软件生成频率控制策略,确定控制时间、控制频度、控制大小等信息,并发送到系统时间守时子系统,由守时子系统统一进行指令控制和频率驾驭操作。

在获得系统时间与协调世界时的时差数据序列后,溯源时差电文参数生成软件通过多项式拟合,得到电文参数 A_{0UTC}、A_{1UTC},提供给上行注入设备使用。

5.4.3　卫星时间系统

每颗北斗卫星上装有多台星载原子钟,为导航卫星提供本地的时间频率参考信号支持[11]。卫星上搭载有比相仪,可测定主钟、备钟之间的频率相位偏差,该相位偏差数据经导航电文下传到地面站。

卫星时频子系统主要包括原子钟组、原子钟监测与控制单元、综合原子时计算单元、星间时间比对单元和星地时间比对单元。

原子钟监测与控制单元由钟差测量单元与时间频率信号产生和控制单元组成,原子钟输出的标准频率信号经钟差测量单元后得到内部比对数据。星间比对单元完成本星与其他卫星上的原子钟的比对,得到外部比对数据。星上综合原子时和实时时间频率信号需通过星地时间比对单元与系统时间进行比对,以对星载钟和星基时间进行监测。

5.4.4　星地时间同步与控制

卫星根据注入站上行 L 信号的时标、时间信息和由卫星星历、注入站坐标算得的电波传播时延,建立星上时间(包括年月日和时分秒),实现卫星与系统时间的粗同步。

卫星在与时间同步站进行粗同步的基础上,连续测量接收条件最好的两个注入站发射的上行 L 伪距,并将伪距通过下行信号发送给时间同步站。时间同步站连续测量所有可视卫星的下行 L 信号的伪距,观测数据发送给主控站,主控站完成卫星钟与系统时间的同步计算。

星钟在初次同步或运行过程中偏差接近阈值时,主控站运控系统向卫星发出指令,控制星上有效载荷对卫星钟自动调整,通过调相(仅限于初次同步)和调频的办法调整卫星钟面时。

参考文献

[1] 中国卫星导航系统管理办公室．北斗卫星导航系统空间信号接口控制文件——公开服务信号 BI(3.0 版)[R/OL]．(2019-02-27)[2020-04-28]．http://www.beidou.gov.cn/yw/gfgg/201902/t20190227_17397.html.

[2] 中国卫星导航系统管理办公室,北斗卫星导航系统公开服务性能规范(2.0 版)[R/OL]．(2018-12)[2020-04-28]．http://m.beidou.gov.cn/xt/gfxz/.

[3] HAN C H, YANG Y X, CAI Z W. BeiDou navigation satellite system and its time scales[J]. Metrologia, 2011(48):S213-S218.

[4] 周忠谟,易杰军,周琪．GPS 卫星测量原理与应用[M]．北京:测绘出版社,1992.

[5] XU C C. GPS 理论、算法与应用[M]．2 版．李强,刘广军,于海亮,等译．清华大学出版社,2011.

[6] HAN C H. Conception, definition and realization of time scale in GNSS[R]. Geneva:ITU-BIPM Workshop, 2013.

[7] 王义遒．原子钟与时间频率系统[M]．北京:国防工业出版社,2012.

[8] 童宝润．时间统一系统[M]．北京:国防工业出版社,2003.

[9] 漆贯荣．时间科学基础[M]．北京:高等教育出版社,2006.

[10] 李孝辉,窦忠．时间的故事[M]．北京:人民邮电出版社,2013.

[11] MA J Q. Update on BeiDou navigation satellite system[C]//13th Meeting of the International Committee on Global Navigation Satellite Systems, November, Xi'an, China,2018.

第6章　GNSS 时间系统及兼容互操作

6.1　GPS 时间系统

6.1.1　时间基准定义

GPS 在系统设计与试验之初就建立了自己专用的时间系统——GPS 时(GPST)，是整个 GPS 运行的参考时间。GPST 属于原子时系统，是一个连续的时间尺度，采用原子时秒长，时间起点为 1980 年 1 月 6 日 0 时 0 分 0 秒(UTC)，以周和周内秒来计数，无闰秒调整[1-2]。

GPS 时间溯源到 UTC(USNO)，GPST 与 UTC(USNO) 的时间偏差限制在 1μs 以内(模 1s)，目前二者的时间偏差控制在 10ns 以内。

6.1.2　系统时间产生

GPS 时间基准是由地面主控站、监测站的高精度原子钟以及在轨卫星的星载原子钟共同建立和维持。GPS 以组合钟的方式产生系统时间，即系统的时间基准由地面主控站、监测站的原子钟以及 30 多个卫星的星载原子钟共同建立和维持。系统的时间尺度是由各原子钟进行加权平均得到的，监测站钟的权较大，星载钟的权只占百分之几，GPS 时间系统的系统结构如图 6.1 所示。

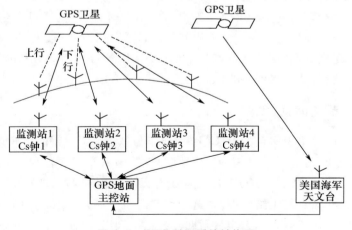

图 6.1　GPS 时间系统结构图

GPST 是 GPS 自己产生的时间,它是由系统内部的许多原子频标(包括主控站内的、各监控站的和星载的原子频标)经过综合处理后产生和输出的。产生的过程是,用主控站中的一部高精度原子钟作为基准的参考钟,通过主控站内部的时间比对系统和远程时间比对系统,求得系统内各原子钟与参考钟的时间差。GPST 以美国海军天文台的 UTC(USNO)作为基准[3-4],GPST 与 UTC(USNO)的时刻偏差要求为小于 $1\mu s$(模 1s),实际上,两者偏差基本上小于 10ns(模 1s)。

美国海军天文台利用 GPS 定时接收机接收 GPST,并与 UTC(USNO)进行比对,计算 GPST 与 UTC(USNO)之间的系统偏差,并将这些信息提供给 GPS 主控站,GPS 时间系统溯源与时间传递链路如图 6.2 所示。

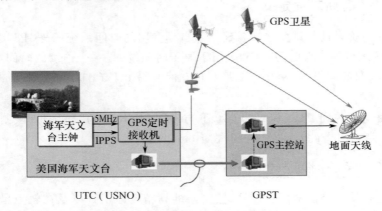

图 6.2　GPS 时间溯源与时间传递链路(见彩图)

系统时间基准由地面主控站、监测站的原子钟组以及 30 多个卫星的星载原子钟共同建立和维持。主控站中的一台高精度原子钟作为主钟,通过主控站内部的时间比对系统和远程时间比对系统,得到系统内各原子钟与主钟的时间差,由地面站时钟和卫星时钟的运行平均值基于 Brown 等提出的组合时钟理论,通过卡尔曼滤波和加权平均算法综合处理后得到一个纸面时间尺度,监测站钟的权较大,星载钟的权只占百分之几。在得到纸面时后,在此基础上以 UTC(USNO)作为参考基准,对该纸面时间尺度作频率驾驭,从而得到 GPST。

6.1.3　系统时间溯源

GPST 以美国海军天文台的 UTC(USNO)作为基准,GPS 超前 UTC(USNO)整数秒。GPS 主控站时间由 UTC(USNO)持续监视,美国海军天文台利用 GPS 定时接收机接收 GPST,并与 UTC(USNO)进行远程比对,计算 GPST 与 UTC(USNO)之间的系统偏差,并将这些信息提供给主控站,这个偏差以两个参数 A_0 和 A_1 的形式包含在导航信息中,同时也在美国海军天文台第四号公报中刊出,以便于用户对授时结果进行精密改正,获取更准确的美国国防部标准时间。

GPST 与 UTC(USNO MC)二者的时间偏差控制在 10ns 以内。如图 6.3 所示,从 2018 年 1 月到 2018 年 9 月之间,GPST 与 UTC(USNO)之间的均方根(RMS)误差维持在 2ns 以内。由 GPS 卫星向用户广播的对 UTC(USNO)的预测值,其日平均误差只有 1.1ns(RMS)。

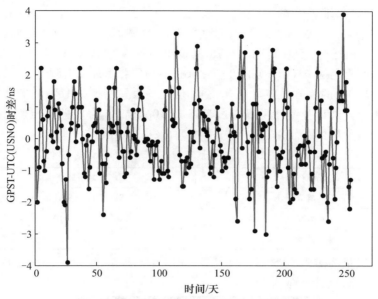

图 6.3　GPST 与 UTC(USNO)之间的时间偏差
(2018 年 1 月 1 日—2018 年 9 月 10 日)

6.1.4　卫星时间系统

GPS 卫星的时频系统主要包括卫星本地时间的建立、与 GPST 的钟差预报以及时频信号发播。其中星载原子钟是卫星时频系统的重要组成部分,负责卫星本地时间的建立并参与 GPST 的建立。GPS 大约有 30 多个卫星的星载原子钟。每颗 BLOCK II/IIA 卫星上都放置了 4 台原子钟:两台铷原子钟和两台铯原子钟,每颗 BLOCK IIR 卫星上装载有 3 台铷钟。其中一台作为时间标准,其余备用。

GPSII/GPSIIA 的星载铯钟天稳在 $(0.8 \sim 2.0) \times 10^{-13}$ 之间。星载铯钟的频率漂移量较小,约为 1.0×10^{-15}/天。由于频漂值较低,在其整个生命周期中可能只需要一次甚至不需要进行相位调解就能保证星上原子钟时间与 GPST 的偏差在许可范围内。而星载的铷钟频漂则较为明显,其值约为 20×10^{-14}/天。所以铷钟每年要进行一到两次的相位调节才能保证其与 GPST 的偏差在允许范围内。Block II/IIA 卫星原子频标的输出信号要通过频标分布单元(FSDU)调制后再发播给用户。

GPS IIR 所配备的铷钟在运行一年后,频漂值为 $(1 \sim 5) \times 10^{-14}$/天。不仅其频漂值要比 GPS II/IIA 星载铷钟明显减小。GPS IIR 还配备了时间保持系统(TKS),卫星原子频标的输出信号要通过 TKS 调制后再发播给用户。TKS 还能调整定时信号的频率和频率漂移,使卫星钟相对于主钟的频率偏差和频率漂移分别低于 3×10^{-12} 和 2×10^{-14}/天。频率漂移调整每一到两年进行一次。进行频漂调整的优势在于,在其进行调整时卫星可以继续正常工作。相比之下,调整相位或频率时需要被调节的卫星停止工作,进入维护模式。

GPS IIR 具有星载守时系统,其时间源是 3 台铷原子频标(RAFS)其中的一台。这台 RAFS 自由运行,不对其进行驾驭,其输出频率为 13.4MHz。13.4MHz 的信号输入到星载时间保持系统(TKS)中,TKS 控制一台压控晶振输出频率为 10.23MHz 的信号。10.23MHz 的信号是卫星所有载波、伪码及报文播发的时频基准,并通过 L 频段播发给用户。地面控制站可以通过 TKS 对 10.23MHz 信号进行相位、频率以及频漂的驾驭。其驾驭的最小单位在表 6.1 中列出。

表 6.1 GPS ⅡR 星上守时系统的最小驾驭单位

调节项	最小调节单位
相位调节	97.8ns(10.23MHz 的一个周期)
频率调节	1.16×10^{-17}
频漂调节	1.02×10^{-17}/天

GPS Ⅲ卫星为美国 GPS 新一代卫星,如图 6.4 所示,播发 4 个民用信号:L1 C/A、L1C、L2C、L5,设计寿命为 15 年。

图 6.4 GPS Ⅲ卫星

截至 2018 年 10 月，GPS 共有 34 颗在轨卫星，其中 31 颗提供服务，包含 GPS ⅡA 卫星 1 颗，GPS ⅡR 卫星 11 颗，GPS ⅡR-M 卫星 7 颗，GPS ⅡF 卫星 12 颗。

GPS 卫星钟由地面站通过接收机监视，由主控站根据每颗卫星位置和钟差的当前估计，以及关于这些参数如何随时间变化的预测算法，产生导航电文数据项，并上传给 GPS 卫星，通过卫星发播给用户。根据 GPS 设计的最大星地时间偏差，当钟差接近偏差上限值时对卫星的本地时间进行调整。在导航电文中，钟差参数主要包括用于拟合钟差的二阶多项式模型的校正参数 a_0、a_1、a_2，时钟基准时间 t_{oc} 和时钟校正参数的钟数据龄期（IODC）等参数。t_{oc} 是卫星钟数据的参考时，是卫星钟校正量 $\Delta t_s = a_0$ 所对应的时刻，在其他时刻 t，卫星钟校正量 Δt_s 由 a_0、a_1、a_2 和 $(t - t_{oc})$ 算出。IODC 是钟差参数的颁发号码，用户可以方便地根据 IODC 发现是否已换了另一组时钟校正参数。

每个卫星上的时间通过驾驭星上原子钟到主控站时间得到，与 GPS 时间保持在 1μs 内。GPS 的广播星历中包含了 GPST、UTC（USNO）、卫星原子钟时间和 UTC（USNO）相对于 GPST 的改正数，同时包含了二者的整秒误差。

6.1.5 星地时间同步与控制

为了使卫星钟与 GPS 主钟之间保持精密同步，主控站采用一种自校准的闭环系统，使 GPS 的星地时间同步和校准采用单程测距法与轨道测定同步进行。其工作过程是：分布在全球的各个轨道测定和时间同步监测站（都配置有铯原子钟）以本站的铯原子钟为参考基准，与系统时钟精确同步后，接收卫星发射给用户的双频伪码测距和记录的多普勒信号；主控站以 GPS 主钟为参考对来自各监测站测量的伪距值和轨道定位得到的卫星与同步站之间的距离值，进行计算分析和处理，推算出新的合理数据，即可以得到卫星时钟与地面时钟的偏差，通过上行注入站注入卫星，再播发给用户使用，并适时对星上的原子钟进行改正处理。在注入站，一方面把这些数据和指令存储起来；另一方面及时发送这些数据和指令到所要加注的相应的卫星上去。卫星接收到数据和指令后同样要做两项工作：一是把新的数据和指令记入存储器；二是按照新指令的要求进行工作，把新数据及各项修正参数发送给用户，直到下一次注入站加注新的指令和数据时，卫星存储器被再次刷新，工作状态也开始执行新的指令。主控站对每颗卫星每天至少要进行 1 次加注。通过这样的加注来补偿卫星钟的钟差和信号传播过程中的变化，使卫星钟与 GPS 主钟之间保持精密的同步。

6.2　GLONASS 时间系统

6.2.1　时间基准定义

GLONASST 是整个 GLONASS 运行的参考时间[5-7]，由地面同步中心系统产生和保持,采用国际原子时秒连续累计。GLONASS 时溯源到俄罗斯时间计量与空间研究所(IMVP)所保持的地方时 UTC(SU)。GLONASS 时间刻度要根据国际计量局(BIPM)的通告(闰秒校正)与 UTC 做整秒校正。

GLONASS 要求 GLONASS 时与 UTC(SU)同步到 ±1μs,实际相对于 UTC(SU)的同步偏差不确定度小于 2ns。GLONASS 卫星时间刻度和 UTC(SU)时间刻度之间的误差不超过 1ms。

6.2.2 系统时间产生

GLONASS 时间系统主要由地面控制设施和星上时间频率系统构成。地面控制设施包括系统控制中心(SCC)、中央同步器、相位控制系统(PCS)、指挥跟踪站、激光跟踪站和导航外场控制设备。

地面控制设施主要负责实现以下功能:

(1) 测量和预测各颗卫星的星历;将预测的星历、时钟校正值和历书信息上行加载给每颗 GLONASS 卫星,以便以后编入导航电文;

(2) 使星钟与 GLONASS 时同步;

(3) 计算 GLONASS 时和 UTC(SU)之间的偏差;

(4) 卫星的指挥、控制、维护和跟踪。

GLONASS 系统控制中心(SCC)隶属于俄罗斯航天部队,它位于莫斯科西南约 70km 处的 Golitsyno-2。SCC 安排和协调 GLONASS 的所有系统功能。中央同步器用以形成 GLONASS 时。来自中央同步器的时间信号被中继到相位控制系统(PCS),PCS 监测着通过导航信号发送来的卫星钟的时间/相位。为了测定卫星时间/相位的偏差,PCS 要进行两种测量。PCS 利用雷达技术直接测量到卫星的距离。PCS 还把卫星发送的导航信号与地面站点上的高稳定频标(相对误差大约是 10^{-13})产生的基准时间/相位加以比较。通过求这两个测量值之差,从而确定星钟的时间/相位偏差。到卫星距离的测量精度只能达到 3~4m,这就限定了时间/相位测量的精度。来自PCS 的测量值用来预测星钟时间/相位校正值,再由地面站将其上行加载给卫星。对每颗卫星时间/相位误差的这种比较至少每天进行一次。指挥和跟踪站用于对GLONASS时间系统的星历上传和加载,每天上行加载一次,星钟校正参数每天更新两次。试验表明,在自主工作模式下,星钟能保持可接受的精度(5×10^{-13})的时间不超过 2~3d。激光跟踪站用于对无线电频率跟踪测量值进行校准。导航外场控制设备的功能是实时监测 GLONASS 导航授时信号,并将监测结果回报给系统控制中心,GLONASS 时间系统地面控制支持网络如表 6.2 所列。

GLONASS 时间由位于莫斯科的中央同步器(CS)产生。GLONASS 同时用 GLO-NASS 时间(保存在莫斯科)和 UTC(SU)(保存在莫斯科附近门德列夫的全联邦物理、技术和无线电测量研究所)提供时间。

表 6.2　GLONASS 时间系统地面控制支持网络

站点名称	苏联网络	俄罗斯现有网络	功能
系统控制中心	Golitsyno-2	Golitsyno-2	安排和协调 GLONASS 的所有功能
中央同步器	莫斯科	莫斯科	形成 GLONASS 时间,计算 GLONASS 时和 UTC(SU)之间的偏差
相位控制系统	莫斯科	莫斯科	测定卫星时间/相位的偏差
指挥和跟踪站	圣彼得堡、叶尼塞斯克、共青城、巴尔喀什、特尔诺波尔	圣彼得堡、叶尼塞斯克、共青城	上传星历和星钟同步,使星钟与 GLONASS 时同步
激光跟踪站	基塔布、耶夫拉托里亚、共青城、巴尔喀什、特尔诺波尔	共青城、基塔布	为测定卫星时间/相位的偏差进行无线电测距校准
导航外场控制设备	莫斯科、共青城、特尔诺波尔	莫斯科、共青城	授时信号监测

GLONASS 时间基于氢原子钟组,由 CS 控制和产生。CS 时间的物理信号来自氢原子钟组内性能最好的氢钟。守时钟组包括 4 台主动型氢钟,1 台主用,3 台备用。备用氢钟的相位和频率应用锁相环自动调整到主用氢钟。整个时频系统应用监控网络实时监视系统设备和信号的准确性。主用氢钟的输出信号,经过信号切换器送到冗余超净振荡器,产生高质量的 1PPS 信号和一组 5MHz、10MHz、100MHz 信号。1PPS 信号使用时间信号产生器调到 UTC(SU)综合原子时时间尺度,调节准确度优于 100ps。时间信号产生器模块输出的 B 码信号以 IRIG 格式送给用户。

6.2.3　系统时间溯源

根据俄罗斯计量规定,俄联邦内所有传递时间信号和标准频率的技术手段,都必须参考联邦时间和频率标准 UTC(SU),GLONASS 接口控制文件(ICD)指定了 UTC(SU)作为 GLONASS 时间的参考时间基准,即 GLONASS 时向 UTC(SU)进行溯源。

UTC(SU)是俄罗斯时间计量与空间研究所(IMVP)所保持的地方时,IMVP 守时钟组包括 15 台俄罗斯生产的高性能氢原子钟(5 台 CH1-75、4 台 CH1-80、4 台 CH1-80M、2 台 VCH-1004)和一台实验室铯基准钟。GLONASS 时间与 UTC(SU)都有闰秒,所以 GLONASS 时间与 UTC(SU)不存在整秒差,但是存在 3h 的时差,两者偏差在 1ms 以内,导航电文中有 GLONASS 时间与 UTC(SU)的相关参数,经过同步处理后两者的差值可以控制在 1μs 以内。

由图 6.5 可以看出,GLONASST 与 UTC(SU)之间的时间偏差大部分时段在 10ns

之内,2018 年 1 月偏差最大值超过 10ns。

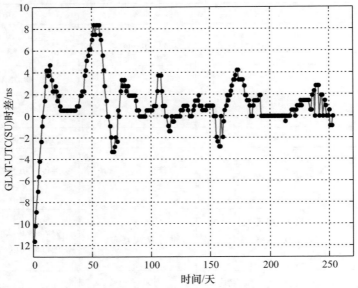

图 6.5　GLONASST 与 UTC(SU)之间的时间偏差(见彩图)
(2018 年 1 月 1 日—2018 年 9 月 10 日)

6.2.4　卫星时间系统

　　GLONASS 主要包括 GLONASS 卫星原子钟和相关星载时频设备。GLONASS 卫星原子钟是 GLONASS 卫星最关键的部件。正是现代原子钟的长期稳定性和可预测性,使卫星导航系统的概念成为可能。俄罗斯 GLONASS 的星载原子钟采用两种传统原子钟——谱灯光抽运 Rb 原子钟和磁选态铯原子钟。图 6.6 为正在研制的星载被动型小氢钟。

图 6.6　星载被动型小氢钟

截止到 2018 年 10 月 25 日,GLONASS 拥有在轨卫星 27 颗。主要型号包括 GLO-NASS、GLONASS-M 和 GLONASS-K,图 6.7 是 2018 年 11 月 3 日在普列谢茨克发射一颗 GLONASS-M 卫星的场景。其中 24 颗卫星处于正常在轨运行工作状态、1 颗处于联调状态、1 颗处于在轨维护状态、1 颗处于飞行测试状态,星座状态如图 6.8 所示,图 6.9 是 GLONASS 卫星部署计划图。

图 6.7　2018 年 11 月 3 日的 GLONASS-M 卫星的发射

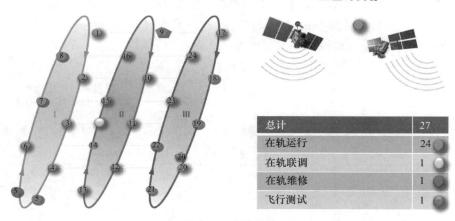

图 6.8　2018 年 10 月 GLONASS 卫星在轨情况(见彩图)

图 6.9　GLONASS 卫星部署图

GLONASS 卫星原子钟之间保持严格相位同步,一旦主钟失锁或遇其他故障,高精度时频比对切换控制设备可以对原子钟输出信号进行自动主备切换,最大限度地降低故障星载钟对其他有效载荷的影响,保证卫星工作状态的连续性和可靠性。图 6.10 为 GLONASS 星载原子钟控制方式示意图。

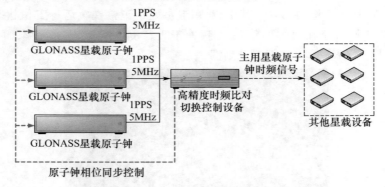

图 6.10　GLONASS 星载原子钟控制方式示意图

GLONASS 卫星载有 3 个铯束频标,其中一个频标产生的高稳定时标作为整颗卫星的时间频率基准,并向所有星载设备的处理提供同步信号。该种频标由俄罗斯导航和时间研究所生产。尺寸是 370mm × 450mm × 500mm,质量为 39.6kg,工作寿命为 17500h。每台频标的频率稳定度(即阿伦方差)特性是:1s 时为 5×10^{-11},100s 时为 1×10^{-11},1h 时为 2.5×10^{-12},1 天时为 5×10^{-13}。

GLONASS-M 星载原子钟日频率稳定度优于 1×10^{-13}。

GLONASS-K 卫星设计寿命为 10~12 年,星载原子钟日频率稳定度优于 1×10^{-14}。

表 6.3 为俄罗斯公布的主要卫星参数,其中包括星载原子钟的稳定度性能参数。

表 6.3　GLONASS 卫星主要参数

项目	GLONASS	GLONASS-M	GLONASS-K
首次发射时间	—	2003 年	2005 年
设计寿命/年	3	7	10~12
卫星质量/kg	1400	1400	750
功率/W	1000	1000	1000
每次发射最大卫星数	3	3	6
民用信号个数	1	2	3
在轨卫星钟天稳定度	5×10^{-3}	1×10^{-13}	1×10^{-14}
实时定位精度/m	60	30	5~8

6.2.5　星地时间同步与控制

GLONASS 星地时间同步精度为:GLONASS 卫星优于 20ns,GLONASS-M 卫星优

于 8ns，GLONASS-K 卫星精度可能更高一些。

为了保证星载原子钟的准确度，GLONASS 卫星时间尺度定期与地面中央同步器产生的 GLONASS 时间尺度进行星地时间同步。

具体原理是：来自中央同步器的 GLONASS 标准时间信号被中继到相位控制系统（PCS），PCS 监测通过导航信号发过来的卫星钟的时间/相位。为了测定卫星时间/相位的偏差，PCS 要进行两种测量：①通过雷达技术测量时间同步器到卫星的距离，距离测量精度达到几米；②将卫星发送的导航信号与精度为 1×10^{-13} 的标准频率所产生的参考时间和参考相位进行比较。从这两类观测值中，PCS 计算并预估卫星时钟和相位偏差以及每颗卫星钟时间尺度相对于 GLONASS 时间和 UTC(SU) 的改正数，时间注入站生成 24h 预报星历并每天上载 1 次，卫星钟差每天上载 2 次。

GLONASS 主用星钟与 GLONASS 时间偏差优于 10ns，与 UTC(SU) 偏差优于 1ms。GLONASS 导航卫星广播星历包括卫星钟与 GLONASS 时间的偏差以及 GLONASS 时间相对于 UTC(SU) 的偏差。

6.3 Galileo 时间系统

6.3.1 时间基准定义

Galileo 系统时（GST）是 Galileo 全球卫星导航系统的基准时间，它是一个连续的原子时，初始历元与 GPS 相同，为 1980 年 1 月 6 日 0 时 0 分 0 秒，它与国际原子时有一个标称常数偏差（即整数秒），不闰秒。

Galileo 系统时间溯源到欧洲的所有原子钟组实现的 UTC(k)，目前，GST 与国际原子时(TAI) 或 UTC 时间偏差保持在 50ns 以内。

6.3.2 系统时间产生

Galileo 系统由空间段、地面段和用户段 3 部分组成[8-9]。空间段由分布在 3 个轨道面上的 30 颗中等高度轨道卫星构成，每个轨道面设置 10 颗卫星，其中一颗备用。轨道倾角 56°，卫星距地面高度 23616km，卫星运行周期约 14h4min。每颗卫星上装载的原子钟为氢钟和铷钟各两台，其中一台启用，其余备份，可自动切换。用户部分主要就是各类用户接收机及其扩展应用的集成产品，包括单模接收机、多模兼容 GNSS 接收机和各类增强型接收机等。

地面段由 Galileo 控制中心（GCC）、Galileo 监测站、上行站和地面网组成。GCC 是系统的核心设施，互为备份的两个 GCC 负责卫星控制、时间同步以及定轨、完好性等数据信息处理工作。GCC 由 8 个部分组成：轨道和同步处理设施、完好性处理设施、精密定时设施、电文产生设施、任务控制设施、卫星控制设施、地面资产控制设施和服务产品设施。

GST 的保持和溯源工作主要由 PTF 完成,作为系统守时工作的核心,PTF 不但承担着 GST 纸面时间的处理任务,同时也要完成 GST(MC)信号的驾驭和生成,为系统内的各个功能单元提供精确同步时频信号。

Galileo 时间系统采用组合钟时间尺度,由所有地面原子钟以及卫星钟通过适当加权处理来建立和维持。

GST 的保持主要依靠 PTF 实现,其基本结构如图 6.11 所示。

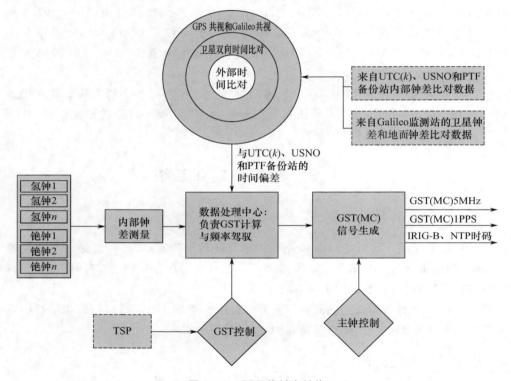

图 6.11　PTF 的基本结构

PTF 主要功能如下:

(1) 维持在温度、湿度和磁场等环境良好条件下的稳定原子钟组;

(2) 测量内部钟组的时差,用于计算 GST;

(3) 进行 GST 计算;

(4) 根据外部时间服务提供商(TSP)提供的数据,驾驭 GST 向 TAI 靠拢;

(5) Galileo 系统和其他系统、实验室、备份 PTF 之间的外部时间比对,处理得到 GPS 与 Galileo 系统时间偏差(GGTO);

(6) GST(MC)信号的频率驾驭与生成;

(7) 时钟监测和监视。

根据 PTF 的结构设计特点,GST 的短期和中期稳定度依靠系统氢钟和铯钟保持,氢钟具有较高的短期频率稳定度,因此 GST 的短期频率稳定度基本与系统所采用的氢钟相当,秒频率稳定度在 10^{-12} 到 10^{-13} 量级;而对于 GST 的长期频率稳定度尤其是天以上的稳定度则主要取决于综合原子时的计算方法,因为 GST 是依靠钟组的自身性能和综合原子时计算方法的策略设计实现加权平均。具体来讲,综合原子时的性能与两类因素密切相关:一是加权算法。权重如何确定,是否采用限权,氢钟和铯钟的取权如何统筹;二是频率预报算法。如何实现成员钟的准确频率预报和频率异常探测,并及时给出降权处理。

从图 6.11 中还可看出,系统时间的长期稳定度、频率准确度和时刻偏差的保持与时间溯源能力相关。数据处理中心的计算纸面时还要进行不断的频率驾驭,保持纸面时的长期性能,而驾驭的依据则是 GST 的溯源时差结果。

GST 是一个连续的原子时,它与国际原子时(TAI)有一个标称常数偏差(也即整数秒)。与协调世界时相比,由于跳秒的插入,模除 1s 后小数秒是可变的。

GST 由 4 台铯、2 台氢原子频标(AFS)维持,工作的氢脉泽时钟将作为主控钟。Galileo 系统将使用由外部时间服务提供商(TSP)提供的改正参数,使 GST 转化为 TAI。规定任何一年间隔内的 95% 时间内,GST 与 TAI 模除 1s 后的偏差值小于 50ns (2σ),这个偏差的不确定度为 28ns(2σ)。GST 相对于 TAI 的频率稳定度小于 4.3×10^{-15}(24h)。

GST 的计算由 Galileo 控制中心(GCC)的精密时统设施进行。其主要任务是产生并保持一个正确、稳定和精确的 Galileo 系统时间,为整个 Galileo 导航系统提供连续的协调时间基准。PTF 系统时间同步的主要方法有卫星双向比对和卫星共视(CV)方法。其中,TWSTFT 技术的不确定度不大于 1.4ns(1σ);CV 技术的不确定度不大于 3ns(1σ);Galileo 共视的不确定度不大于 1ns(1σ)。

Galileo 系统时间通过一个独立于系统外的时间服务提供商(TSP)来实现 GST 与 TAI、UTC、GPST 等其他时间系统的监测与比对。PTF 通过与 TSP 合作,使 GST 向 TAI 溯源。PTF 与欧洲主要时频实验室、备用 PTF 系统以及美国海军天文台之间通过卫星同步方法保持比对,并提供一个 GPS 与 Galileo 系统的时差评估计算。同时用第二套 PTF 的同步数据用来驾驭备用 PTF 系统,使其同步到主用 PTF 系统;GST 和欧洲主要时频实验室之间的比对数据被 TSP 用来计算对 GST 的周期修正值,利用 BIPM 发播时间公报数据驾驭 GST,使其保持与 UTC/TAI 的同步。

GST 相对于 TAI 和 UTC 的偏差将加载在导航电文中并广播给用户。GST 将以周数(模为 4096)和从周六到周日午夜开始计算的周内时间发射。此外,GPST 与 GST 的时间偏差 GGTO 将计算出来并由 Galileo 系统空间段发布给用户。GGTO 投影精度在任何超过 24h 运行模除 1s 为 5ns(2σ)。另外,与其他时间系统的偏差也被加载到 Galileo 系统导航电文中。

6.3.3 系统时间溯源

Galileo 系统时(GST)通过一个独立于系统外的时间服务提供商(TSP)向国际原子时(TAI)溯源。并通过 TSP 来实现 GST 与 TAI、UTC、GPST 等其他时间系统的监测与比对。

TSP 提供的授时服务对提高 GST 的长期稳定度以及确保 GST 向 UTC 溯源非常关键。TSP 的主要任务是向 GMC 的 PTF 提供 GST 向 UTC 溯源所需要的校准量。TSP 在正常工作模式下是全自动运行的,它每天从 PTF 以及欧洲一些主要时间实验室 UTC(k) 采集时间同步数据和原子钟比对数据,并将这些数据与从 BIPM 获得的各个主要实验室的原子钟数据进行融合,计算出相应的调整量,并以每天一次的频率自动地传输给 PTF。

TSP 与 PTF、BIPM、UTC(k) 之间有数据交换关系。其中 PTF 与 TSP 间的数据交换主要有:
(1) PTF 原子钟比对结果;
(2) 时间传递的结果(通过 TWSTFT 或 GPS 共视);
(3) 已经施加在 GST 主钟和其他 PTF 原子钟上的调整量;
(4) 对 GST 质量的公报信息:如 GST 物理信号的短/中/长期稳定度。

而 TSP 向 PTF 提供以下数据:
(1) 每月计算一个经过调整的纸面时;
(2) 每天计算出当天 GST(MC)的调整量;
(3) 预测未来 50 天内的 UTC – GST(MC);
(4) 每天预测并评估当天的 UTC – GST(MC);
(5) UTC – TAI 的闰秒信息;
(6) 当 PTF 原子钟或时间同步数据有异常时的报警信息。

现阶段参与 TSP 授时服务的实验室有 INRIM、NPL、巴黎天文台(OP)以及 PTB。它们提供给 TSP 的信息有:
(1) 本实验室各原子钟与 UTC(k) 的比对数据;
(2) 通过与 PTF 进行 TWSTFT 或 GPS 共视得到的 GST 与 UTC(k) 的偏差;
(3) 通过实验室本地的 Galileo 接收机获得的 GST(USER) – UTC(k)。

如果 TSP 从 UTC(k) 获得的数据中发现异常,则会向 UTC(k) 发送通知异常的信息。

TSP 每 6 周从 BIPM 获取 Circular T,从中预测当前的 UTC – GST(MC)偏差值。未来还计划与 BIPM 建立时间传递链路,将 PTF 的原子钟加入到 UTC 的计算中去,并在 Circular T 中列出 UTC – GST(MC)。

Galileo 时间系统与 UTC 的溯源示意图如图 6.12 所示。

由图 6.13 可以看出,GST 与 UTC 之间的时间偏差在 10ns 之内,2018 年 5 月—8 月之间最大值达到 60ns。

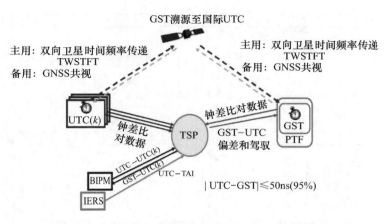

图 6.12　Galileo 时间系统与 UTC 的溯源示意图（见彩图）

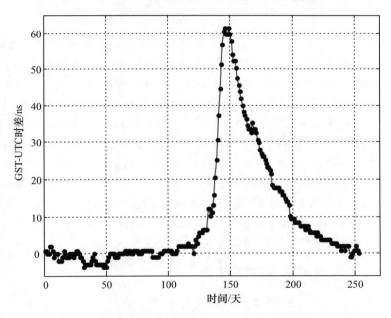

图 6.13　GST 与 UTC 之间的时间偏差（2018 年 1 月 1 日—2018 年 9 月 10 日）

6.3.4　卫星时间系统

　　Galileo 卫星上共有 2 种原子钟，即铷钟和氢钟，星载氢钟净重 15kg，功耗为 70W，星载铷钟净重 3.5kg，功耗 30W，伽利略卫星的设计寿命为 12 年。为了保证其时频系统在设计寿命内的可靠与稳定，Galileo 系统每颗卫星载有 4 台原子钟，即两台铷原子钟和两台被动型氢钟，Rb 钟设计指标满足：100s 稳定度小于 $5×10^{-13}$，闪变噪声段不大于 $5×10^{-14}$，一天内时间稳定性要优于 10ns，频漂不大于 $1×10^{-13}$ 天，Galileo 卫星的现代化计划如图 6.14 所示。

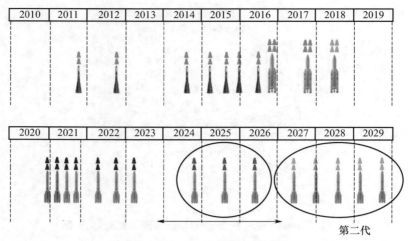

图 6.14　Galileo 卫星的现代化计划

目前,GIOVE 卫星采用拟合钟差的二阶多项式模型进行钟差预报,每 24h 对卫星的钟差参数进行更新。为了提高现有的钟差预报精度,欧洲空间局 Gonzalez 等人研究多种策略对国际 GNSS 服务(IGS)的钟差拟合模型进行改进:①不同多项式系数采用不同的拟合时间,a_0 的拟合时间为前一天的最后 1h,即 $d_{t0}=1h$;a_1 的拟合时间为前一天的最后 6h,$d_{t1}=6h$;a_2 的拟合时间为一天,$d_{t2}=24h$;②包含 IGS 推荐的周期项;③包含 IGS 推荐的周期项但不发播周期项的系数给用户;④多项式系数的拟合时间与轨道周期相匹配。实验结果显示铷钟的预报精度有大幅提高,氢钟的预报精度改善不明显。

卫星钟运行状况由定轨和同步站进行监测。原子频标信号要通过钟监测控制单元生成定时信号,Rb 钟需要每 9h 更新一次星历,被动型氢钟需要每天更新一次星历。Galileo 卫星导航信息包括钟差改正、GST 状态、GST-UTC 转换、GST 与 GPST 的时间偏差、GST-GPS 转换和时间周数等。

6.3.5　星地时间同步与控制

Galileo 系统卫星钟与地面钟之间的偏差通过测量的伪距值和由精密定轨得到的站星距求差得到。地面控制中心接收来自监测站的观测数据,通过共视法获得 UTC(k)/TA(k) 数据,经过预处理、定轨与时间同步处理模块处理,滤波产生钟差改正数和平均频率,钟差改正数通过上行注入站上传至卫星,平均频率作用于 Galileo 系统主钟产生系统时间基准(纸面钟)。

6.4　GNSS 兼容互操作

6.4.1　概念与内涵

GNSS 兼容互操作是国际卫星导航领域的热点议题,也是用户实现多系统融合导航必须具备的条件,国内外学术界、工业界、政府主管部门乃至相关国际组织都高度重视兼容与互操作。兼容是指卫星导航系统共同工作时,彼此间产生的干扰不影响各自系统的导航性能[10-11]。互操作是指相对于仅依赖单一系统的公开信号提供服务而言,联合使用全球、区域导航卫星系统与增强系统将为用户提供更好服务的能力。

世界上各个卫星导航系统之间都围绕着兼容互操作展开协调。美国和欧盟历经4年达成一致,即所有信号射频兼容、GPS军用M码信号与伽利略公共特许服务(PRS)信号和民用信号频谱分离;GPS与Galileo系统采用L1 MBOC(复用二进制偏移载波)民用信号在L1和L5/E5a两个频段实现互操作。美国与日本已达成兼容协议,且日本准天顶系统的L1C、L2C和L5信号规范均参考GPS接口规范,与GPS在L1、L2和L5频段上实现互操作。美国和俄罗斯已实现系统状态、有关概念和计划的共享,对兼容和互操作的重要作用达成了共识,并继续促进系统间兼容和民用信号的互操作。欧盟与俄罗斯通过多次兼容与互操作会议,实现了Galileo系统与GLONASS在码分多址、频分多址信号的兼容,以及在E5b/L3上的互操作。欧盟与日本实现了导航和遥测遥控信号的兼容、公共特许服务信号与准天顶系统信号的频谱分离以及系统间互操作。欧盟与印度多次召开兼容与互操作会议,实现了L和S频段的射频兼容,目前正在进行L5和S频段的互操作协调。

我国北斗卫星导航系统也展开了相应的技术协调与合作,一是已在2012年与美国完成频率兼容协调并签署参考假设文件基线,即将开启互操作协调合作;二是与欧盟进行了四年七轮技术谈判;三是正在与俄罗斯积极开展兼容互操作协调,已与GLONASS溯源参考UTC(SU)建立比对链路并实现数据交换。

兼容互操作的技术内涵包括:信号兼容互操作、时间互操作和坐标互操作3个方面。信号兼容互操作方面,各系统发射信号的载波频率都来自一个共同的10.23MHz基准频率,协调载波频率信号的调制方式,推动信号互用;时间互操作方面,一是建立各系统时间的时差监测链路,实现系统时差相互监测和预报,二是协调导航电文中相关时差参数编排和播发方式;坐标互操作方面,分别通过官方和民间途径实现境外参考站设置,获取海量境外系统间坐标偏差数据,以提高各GNSS坐标系统之间转换精度。

6.4.2 具体技术方法

1)信号兼容互操作

随着GNSS应用的不断发展,越来越多的国家和组织要建立自己的GNSS,ITU规定了空间频谱资源的分配,卫星无线电导航业务(RNSS)频段空间频谱资源越来越紧张,不同GNSS使用相同或相近的频率已经不可避免。为此,可以从以下两方面开展工作:一是在ITU层面共同探讨GNSS的频率资源保护手段,修订无线电规则相关条款和技术建议书;二是共同研究频率兼容的技术手段、国际标准和干扰评估方法,达到 GNSS 频率资源的兼容共用目标。

美国等国科学家最先研究出了二进制偏移载波（BOC）调制方式，其独有的功率谱裂谱特性，可以在实现频段共用的同时实现频谱分离，从而减小信号之间的相互干扰。这样就可以使不同 GNSS 使用相同频率作为导航信号的载波，为导航信号实现兼容和互用提供了更大的空间。

近年也出现了对 BOC 调制方式进行优化的方法。例如交替二进制偏移载波（AltBOC）调制和 MBOC 调制，AltBOC 调制允许用户接收机同时跟踪两路相关的导航信号，得到双频跟踪的效果。MBOC 调制可以提供比 BOC 调制方式更好的码跟踪特性和抗多路径性能。这些都为实现信号兼容与 GNSS 互用提供了有效的解决方法。

2）时间互操作

时间互操作主要通过 3 种方式解决：一是各 GNSS 之间建立直接的精密系统时间比对链路，并在各自系统的导航电文中互相发播与对方的时差参数，为多系统兼容互操作提供统一的时间参考支撑；二是通过各时间基准与 BIPM 比对链路，间接得到 GNSS 时间之间时差，并在各自系统的导航电文中互相发播与对方的时差参数，为多系统兼容互操作提供统一的时间参考支撑；三是 GNSS 多模接收解算法，采用多模解算数据，校验后通过导航卫星或者网络发布出来，供用户下载使用。

短期内实现前两种时间互操作的方法还存在困难，当前比较容易实现的是第三种方法，可以较快实现不同 GNSS 间的时间互操作。

3）坐标互操作

对普通用户来说，接收机可以利用预先存储在用户接收机中的不同 GNSS 坐标系之间的转换参数，在进行卫星位置计算时实时进行转换，这种方案的坐标转换精度对大多数普通用户来说已经足够了。

对于高精度的用户来说，坐标互操作是实现全球范围内高性能、高精度导航定位的必要条件，是提高卫星测轨定轨精度的关键因素。其合作目标是通过获取更多境外高精度系统间坐标偏差，提高不同 GNSS 坐标系统间转换精度，主要通过官方和民间学术团体两种途径实现。一是利用 IGS、国际 GNSS 监测评估系统（iGMAS）参考站共用倡议，在国外参考站布置接收机，为实现高精度坐标转换参数提供数据；二是依托国内大学/学术交流渠道，与国外大学/研究机构联合建立参考站，为提高坐标转换参数提供参考数据。

参考文献

[1] Space & Missile Systems Center. Navstar GPS space segment/navigation user segment interfaces[R/OL].（2019-05-06）[2020-04-28]. https://www.gps.gov/technical/icwg/.

[2] Space and Missile Systems Center. Navstar GPS space segment/navigation user interfaces[R/OL]. (2012-09-05)[2020-04-28]. http://www.navcen.uscg.gov.

[3] 周忠谟,易杰军,周琪. GPS 卫星测量原理与应用[M].北京:测绘出版社,1992.

[4] XU C C. GPS 理论、算法与应用[M]. 2 版. 李强,刘广军,于海亮,等译. 清华大学出版社, 2011.

[5] 刘基余. Galileo 全球导航卫星系统发展述评[J]. 数字通信世界,2012(2):66-72.

[6] Information Satellite System-Reshetnev Company. Russian federal space agency. GLONASS status, central research institude of machine building[C]//7th Meeting of the International Committee on Global Navigation Satellite Systems, Olsztyn, Poland, July, 2012.

[7] Revnivykh I. GLONASS system development and use[C]//13th Meeting of the International Committee on Global Navigation Satellite Systems, Xi'an, China, November, 2018.

[8] HAN C H. Conception, Definition and realization of time scale in GNSS[R]. Geneva:ITU-BIPM Workshop "Future of International Time Scale", 2013.

[9] HAYES D. Galileo program update[C]//13th Meeting of the International Committee on Global Navigation Satellite Systems, Xi'an, China, November, 2018.

[10] 杨元喜,陆明泉,韩春好. GNSS 互操作若干问题[J]. 测绘学报,2016,45(3):253-259.

[11] 陈南,乌萌. 全球导航卫星系统兼容与互用技术及发展趋势研究[C]//CSNC2010 第一届中国卫星导航学术年会,北京,2010.

第7章 授时服务

7.1 授时技术发展简史

在当今社会,为使本地时间与标准时间实现统一,需要将标准时间通过一定方式传送出去。我们把产生、保持某种时间尺度并通过一定方式将包含这种尺度的时间信息传送出去,供应用者使用的这一整套工作称为授时,国外常称其为时间服务。授时为用户提供3种基本信息:一是日期和一天中的时刻,它告诉人们某事发生于何时;二是精密时间间隔,它告诉人们事件发生经历"多长"的时间;三是精准频率,它标注某些事件发生的速率。

授时系统的关键特征是必须具备溯源性,系统在建立精确的系统时间基础上,须具备向标准时间的溯源比对能力,标准时间符合国内外相关法规标准,并与国际标准时间具备比对关系。授时系统在信号和协议的设计方面既要考虑传播精度的需求,又要方便用户接收。就本质意义来说授时的关键在于时标的标记与测量,因此授时系统的信号设计必须保证时标明确、稳定、可测。授时系统的传播时延可以精确改正,而用户接收的授时信号受到传播介质、传播设备等因素影响,存在时延误差,对时延的修正精度,决定了授时系统精度。

最早在1910年,法国人利用长波无线电信号从埃菲尔铁塔顶端进行授时,每天两次广播法国巴黎天文台保持的精确时间,这可以看作是人类近代授时服务历史上一次划时代的事件,标志着人类可以利用无线电信号实现远程高精度的授时服务,直到今天,长波授时仍然在许多国家得到应用。1920年,美国国家标准技术研究院(NIST)在华盛顿完成了基于WWV广播的短波授时试验,并于3年后正式提供授时服务,短波授时的传播范围远远大于长波授时。

除了基于无线电信号的授时服务以外,基于电话和网络的授时手段也成为重要的选择。英国在1936年就启动了电话报时系统,由报务员以语音播报的方式为用户提供时间服务,而后来人们发明了基于调制解调器的电话授时系统,可以将电话授时的精度进一步提高。网络技术的迅猛发展,计算机的普及应用推动了网络授时的发展,20世纪50年代开始,基于NTP的时间同步技术逐步得到应用,并在此基础上不断完善,一直发展到PTP技术,基于网络系统的精密授时也成为工程中的重要应用模式[1-5]。

目前,全球范围内主要的授时方式有卫星授时、长波授时、短波授时、低频时码授时、电视授时、网络授时和电话授时等。国内各授时方式的授时精度、覆盖范围、工作时间等性能指标见表7.1。综合考虑,卫星授时在覆盖范围、授时精度、便利度等方面具备无可比拟的优越性,已经成为绝大多数时间用户的第一选择。长短波授时、网络授时则各有特点,可以作为卫星授时的重要补充手段。

表7.1 国内各种授时技术的性能比较

名称	授时精度	覆盖范围	工作时间
北斗卫星授时	单向:50ns	东经55°~180°,南北纬55°之间	全天
	双向:10ns		
长波授时	地波:1μs	1000km	全天
	天波:50μs	3000km	
短波授时	定时:1ms	3000km	全天
低频时码	定时:0.5ms	1800km	全天
电视授时	地面定时:1ms	北京地区	电视信号发播时间
	卫星定时:0.1ms	卫星覆盖	
网络授时	NTP:100ms	网络覆盖地区	全天
	PTP:100ns		
电话授时	1ms	电话接入地区	全天

目前,全球范围内应用最广泛的是美国的 GPS 授时,GPS 发播的时间是美国国防部标准时间——美国海军天文台维持的 UTC(USNO)。GPS 时间向 UTC(USNO)溯源,其时间差异限制在 100ns 以内,GPS 时的整秒差以及秒以下的差异通过时间服务部门定期公布。GPS 用户可以通过导航电文来获得 GPST 和 UTC(USNO)之间的差异。同时美国海军天文台对授时情况进行监测分析,并反馈监测信息至 GPS 主控站进行控制调整[6-8]。

7.2 卫星授时

卫星授时是指利用卫星传递标准时间的过程。卫星授时信号覆盖范围大,传送精度高,不受气候影响,是目前被广泛采用的高精度授时方法。从轨道看,授时卫星有低轨、中轨、高轨和同步轨道4种。高度越高,信号的覆盖范围越大。当卫星达到同步高度时,其信号可覆盖全球大部分区域。然而,信号强度随高度而减弱。若要求卫星保持精确轨道并相对于地球处于固定方位,信号又要有足够强的辐射能力,则必然增加系统总体方面的其他要求。

卫星授时的体制大体有两种:一种是卫星无线电导航业务(RNSS),能完整确定用户位置矢量的系统称为卫星导航系统。卫星本身载有原子钟,由用户根据接收到的卫星无线电导航信号,自主完成定位和航速等航行参数计算。另一种是卫星无线电测定业务,由用户以外的地面控制系统完成用户定位所需的无线电导航参数的确定和位置计算,称为卫星无线电测定业务(RDSS)。卫星只转发地面注入站的时频信号,用户位置的确定无法由用户独立完成,必须由外部系统进行距离测量和位置计算,再通过系统通知用户[9]。RNSS 与 RDSS 服务性能比较见表 7.2。GPS、GLONASS 都采用 RNSS 体制进行授时,北斗卫星导航系统兼具 RDSS 和 RNSS 两种体制,因此除了导航、定位、授时功能,还具备特有的短报文通信能力,就授时而言,RDSS 体制下用户具备了信号收发功能,通过信号双向传递可实现更高精度的授时。

表 7.2 RNSS 与 RDSS 服务特征比较

服务特征 \ 体制	RDSS	RNSS
星座	GEO 卫星	GEO 卫星,MEO 卫星,IGSO 卫星
服务业务	定位,授时,位置报告,通信	定位,测速,授时
观测量	用户经卫星至中心控制系统距离和	星地伪距,多普勒测量值
用户动态适应性	中低动态用户单次测量	低、中、高动态用户连续测量

7.2.1 北斗 RDSS 单向授时

北斗 RDSS 授时包括单向授时和双向授时两种模式。北斗 RDSS 单向授时是由卫星转发器转发地面控制中心发送的出站信号给用户,即由北斗地面控制中心的主原子钟控制并产生卫星导航信号的频率、编码速率、相位、导航电文,并由地面控制中心上行发送至北斗卫星[10],北斗卫星将信号下行转发到用户端,终端输出 1PPS 和日期时间(TOD)信息,完成 RDSS 单向授时,如图 7.1 所示。

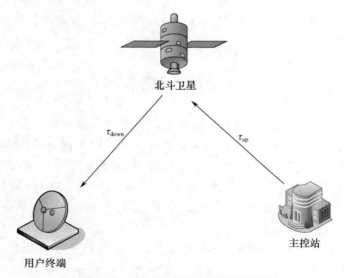

图 7.1 北斗 RDSS 单向授时示意图

地面中心站出站信号的时标信息与前一个 BDT 整秒存在一定时延,记为 τ_{int}。信号经过上行时延 τ_{up}、下行时延 τ_{down} 和其他时延 τ_{other}(对流层、电离层、Sagnac 效应和转发器等产生的时延)之后到达用户,用户以本地时钟 1PPS 为参考测出两者时差 τ_{total},如图 7.2 所示。则用户与地面中心站的钟差 Δt_{BDT}[11]:

$$\Delta t_{BDT} = \tau_{total} - \tau_{int} - (\tau_{up} + \tau_{down} + \tau_{other}) \tag{7.1}$$

用户终端根据 BDT 与 UTC 的时间偏差 Δt_{BDT_UTC} 和闰秒信息 Δt_{leap},可进一步得到与 UTC 的时间偏差 Δt_{UTC},如图 7.2 所示。

$$\Delta t_{UTC} = \Delta t_{BDT} + \Delta t_{BDT\_UTC} + \Delta t_{leap} \tag{7.2}$$

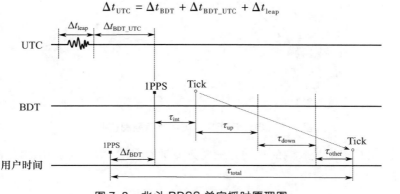

图 7.2 北斗 RDSS 单向授时原理图

7.2.2 北斗 RDSS 双向授时

北斗 RDSS 双向授时是一种特许用户主动申请授时模式,要求用户终端同时具备接收和发射信号的能力。用户终端向地面控制中心发射定时申请信号,由地面控制中心计算出用户终端的时差,并通过出站信号经卫星转发给用户端,从而实现高精度授时,如图 7.3 所示。

地面控制中心发送的时标信息经过两次上行、下行传输后重新回到地面控制中心,如:假设用户终端转发时延及卫星转发时延均已经标定,地面控制中心发射时延和接收时延分别记为 τ_{fz} 和 τ_{rz},则信号双向传输时延 τ_{dual}、正向传输时延 τ_f、反向传输时延 τ_r 分别为

$$\begin{cases} \tau_{dual} = \tau_f + \tau_r + \tau_{fz} + \tau_{rz} \\ \tau_f = \tau_{fup} + \tau_{fdown} + \tau_{fz} \\ \tau_r = \tau_{rup} + \tau_{rdown} + \tau_{rz} \end{cases} \tag{7.3}$$

如果卫星位置在信号双向传输的过程中保持不变,则两次正、反向传输时延基本相同。实际上,卫星在($\tau_{fdown} + \tau_{rup}$)这段时间内发生较大漂移,将导致正、反向传输时延存在一定时延偏差 τ_{diff}。地面控制中心根据卫星星历和用户坐标可解算出 τ_{diff},并进一步得到信号正向传输时延:

$$\tau_f = \tau_{fup} + \tau_{fdown} + \tau_{fz} = \frac{\tau_{dual} + \tau_{diff} + \tau_{fz} - \tau_{rz}}{2} \tag{7.4}$$

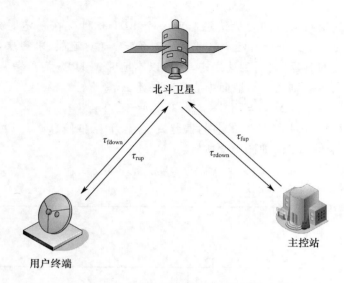

图 7.3　北斗 RDSS 双向授时示意图（见彩图）

因此，用户根据接收到的正向传输时延参数，可算出本地钟与 BDT 的时间偏差，如图 7.4 所示。

$$\Delta t_{BDT} = \tau_{total} - \tau_f - \tau_{int} \tag{7.5}$$

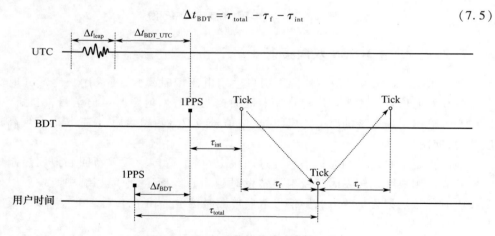

图 7.4　北斗 RDSS 双向授时原理图

RDSS 双向授时利用相同的往返路径，大大削弱了信号传播过程中的对称性误差，例如对流层延迟、电离层延迟和卫星星历误差等，因此，北斗 RDSS 双向授时精度可达 10ns。

7.2.3　RNSS 授时

北斗 RNSS 授时原理与 GPS、GLONASS 基本相同，本节将以 GPS 为例讲述 RNSS 授时原理。GPS 向全球范围内发播信号，提供导航、定位和授时功能，理论上在全球任意地点的 GPS 用户都可以通过接收机接收卫星信号获取准确的位置信息和时间信息。

GPST 由地面控制系统保持，同时 GPS 卫星上载有以原子钟为核心的时频子系统，保持卫星上的时间基准，并通过星地时间同步手段实现与地面系统时间之间的物理同步和数学同步，卫星钟与 GPST 的钟差模型参数将通过导航电文向用户发播[12-14]，参数格式见表 7.3。

表 7.3　GPS 导航电文中的卫星钟差参数格式

参数	参数	字节数	尺度因子	有效范围	单位
URA_{oc} Index	卫星钟准确度索引	5		除非有特别说明，参数的有效范围由其字节数和尺度因子所决定	
URA_{oc1} Index	卫星钟准确度变化索引	3			
URA_{oc2} Index	卫星钟准确度变化速率索引	3			
a_{f2-n}	卫星钟漂移率修正系数	10	2^{-60}		s/s^2
a_{f1-n}	卫星钟频差修正系数	20	2^{-48}		s/s
a_{f0-n}	卫星钟偏差修正系数	26	2^{-35}		s
T_{GD}	内部信号时延修正（L1 或 L2 P(Y)）	13	2^{-35}		s
ISC_{L1CP}	内部信号时延修正（L1 CP）	13	2^{-35}		s
ISC_{L1CD}	内部信号时延修正（L1 CD）	13	2^{-35}		s

GPS 地面控制系统保持着 GPST，并向 UTC(USNO)溯源，二者时差控制在 50ns 以内(95% 置信度，模 1s)。GPS 导航电文中还播发了地面控制系统所产生的 GPST 与 UTC(USNO)之间的溯源时差模型参数，这一参数每三天至少更新一次，具体格式如表 7.4 所列。

表 7.4　GPS 导航电文中的 UTC 溯源钟差参数格式

参数	参数	字节数	尺度因子	有效范围	单位
A_{0-n}	GPST 相对于 UTC(USNO)时间偏差系数	16	2^{-35}	604784	s
A_{1-n}	GPST 相对于 UTC(USNO)频率偏差系数	13	2^{-51}		s/s
A_{2-n}	GPST 相对于 UTC(USNO)频率漂移系数	7	2^{-68}		s/s^2
Δt_{LS}	闰秒数	8	1		s
t_{ot}	参考时间周内秒	16	2^4		s
WN_{ot}	参考时间周计数	13	1		周
WN_{LSF}	闰秒参考周计数	13	1		周
DN	闰秒参考日计数	4	1		天
Δt_{LSF}	当前或未来闰秒计数	8	1		s

卫星导航信号以星上时间基准为基础进行发播。GPS 卫星发射信号使用了直接序列扩频(DSSS)调制,它提供了发送测距信号和基本导航数据的信号结构。测距码属于伪随机码(PRN 码),通过二进制相移键控调制到卫星载频上。每颗 GPS 卫星播发两种类型的 PRN 码,一种是短的粗/捕(C/A)码,周期为 1ms;一种是长的精密(P)码,周期为 7 天,当前 P 码是加密的,加密后的 P 码称为 Y 码,只能为 PPS 用户使用[9-13]。

传播时间的测量过程描述如下:卫星在 t_1 时刻产生的测距码在 t_2 时刻到达接收机,传播时间为 Δt。对 Δt 的测量主要是通过接收机内部信号相关来实现,$\Delta t \cdot c$ 即为卫星到接收机的理论距离,而考虑到传播过程中受到系统钟差、用户钟差、传播路径延迟误差等因素影响,这一距离值是不精确的,也称其为伪距 ρ。整个测量过程中的时间关系如图 7.5 所示。

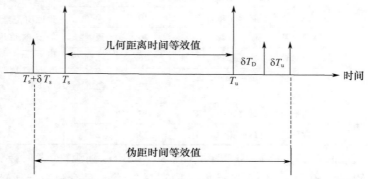

图 7.5 RNSS 时间测量原理图

图 7.5 中:δT_s 为系统钟差;δT_u 为用户钟差;δT_D 为测量误差,包含了大气传播延迟误差、多径干扰误差、接收机硬件时延误差等因素。

可以得到伪距 ρ 的表达式:

$$\rho = \Delta t \cdot c = \Delta t \cdot [(T_u + \delta T_u + \delta T_D) - (T_s + \delta T_s)] = \Delta t \cdot [(T_u - T_s) + \delta T_u + \delta T_D - \delta T_s] \quad (7.6)$$

系统钟差 δT_s 主要由时间偏差、频率偏差及频率漂移项表征,GNSS 通过对卫星钟差的连续监测和建模,并将模型参数通过导航电文发送给用户,进行系统钟差改正。测量误差 δT_D 则主要通过设备校准、硬件设计、误差建模等方式进行修正。

为了确定用户的三维坐标(x_u, y_u, z_u)和用户钟差 δT_u,通过对至少 4 颗卫星进行观测,建立观测方程组进行求解。而对于精确位置已知的用户,则只需要观测 1 颗卫星也可以解出用户钟差,多余观测条件下可以将三维坐标作为已知条件,进行冗余解算,提高结果的精度。

值得注意的是,直接解算出的结果为用户时钟相对于 GNSS 时间的偏差,而非 UTC,用户为了获得 UTC,必须在钟差中加入 UTC-GNSST 改正数以及闰秒改正参数,

计算公式为

$$\Delta t_{\text{UTC}} = \Delta t_{\text{LS}} + A_{0-n} + A_{1-n}(t_E - t_{ot} + 604800(\text{WN}_n - \text{WN}_{ot})) + A_{2-n}(t_E - t_{ot} + 604800(\text{WN}_n - \text{WN}_{ot}))^2 (\text{s}) \quad (7.7)$$

7.3 陆基无线电授时

7.3.1 短波无线电授时

波长在 10~100m,即频率在 3~30MHz 的无线电波段为短波波段。短波授时最早是利用短波无线电信号发播标准时间和标准频率信号的授时手段,其授时的基本方法是由无线电台发播时间信号,用户用无线电接收机接收时号,然后进行本地对时。自 20 世纪初开始无线电授时以来,短波时号一直有着广泛应用。由于其覆盖面广、发送简单、价格低廉、使用方便而受到广大时间频率用户的欢迎。

它具有以下优点:

(1) 发射和接收设备简单,成本较低;

(2) 信号的覆盖范围大,用中等发射功率(通常低于 20kW)就可以实现全球覆盖;

(3) 在分配的授时频带中可以采用特殊带宽法使时间脉冲得到调制;

(4) 在离发射机 160km 之内,接收地波信号的精度大体可以与发射控制精度相同。

但是,它的缺点也很明显,远距离信号经由电离层反射传播,受传播介质影响,接收精度较低。电离层传播的不稳定性决定了时间频率比对精度,接收的载频信号相位随路径长度和传播速度的变化而起伏。这些起伏把频率比对的精度限制在 $(-1 \sim 1) \times 10^{-9}$,把定时精度限制在 500~1000μs。

目前,世界各地有 20 多个短波授时台在工作,各国的短波时号,形式多样,各有所长,共有 48 个短波无线电台发播时号,其中连续 24h 发播的有 12 个国家。亚洲共有 5 个国家发播时号,分别是土耳其、斯里兰卡、印度、印度尼西亚和中国,只有我国是 24h 连续发播时号。国外短波授时台主要包括俄罗斯国家时间频率服务所、美国 NIST 时间频率部、加拿大国家测量标准研究所时间服务部、阿根廷海军天文台和韩国标准和服务研究所时间频率实验室等。

美国的短波时号为 WWV 和 WWVH。WWV 短波台位于美国科罗拉多州,发射 5 个载频信号,分别为 2.5MHz、5MHz、10MHz、15MHz 和 20MHz,其中 5MHz、10MHz 和 15MHz 的发射功率为 10kW,2.5MHz 和 20MHz 的发射功率为 2.5kW。5 个频段为全天 24h 连续发播,其中 00:00—01:00、30:00—31:00 为授时台呼号,秒信号为 1kHz 音频信号的 5 个周波,分信号为 1kHz 音频信号的 800 个周波,时信号为 1.5kHz 音频信号的 1200 个周波。WWVH 位于美国夏威夷考爱岛,WWVH 也是 24h 连续发射 5

个载频信号,其中 59:00—00:00、29:00—30:00 为授时台呼号,秒信号为 1.2kHz 音频信号的 6 个周波,分信号为 1.2kHz 音频信号的 600 个周波,时信号为 1.5kHz 音频信号的 1200 个周波[15-16]。

我国的 BPM 短波授时台由中科院国家授时中心于 1970 年建成,1981 年经国务院批准,正式开始我国的短波授时服务。1995 年实施第一次升级改造,采用固态发射机替换电子管发射机。2014 年开始进行第二次技术升级改造,采用副载波进行数据调制,增加时码数据发播功能。BPM 短波授时系统由基准传递系统、时频监控系统、发射控制系统、发射系统等组成,如图 7.6 所示。

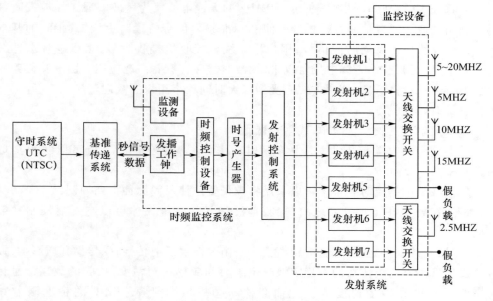

图 7.6 BPM 短波授时系统组成

BPM 授时信号以 30min 为周期重复发播 UTC、UT1 时号以及载波、发播台 ID 识别信号,如图 7.7 所示。

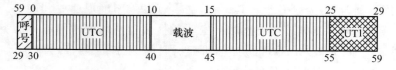

图 7.7 BPM 授时信号发播内容

1) BPM 呼号

每小时的 29:00—30:00 和 59:00—00:00 为 BPM 电台呼号。其中,前 40s 为莫尔斯电码,后 20s 为女声普通话广播:BPM 标准时间频率标准频发播台。

2) UTC 时号

UTC 秒信号为标准声频 1kHz 调制的 10 个周波,长度为 10ms,第一个周波的起点为 UTC 整秒时刻，如图 7.8 所示。

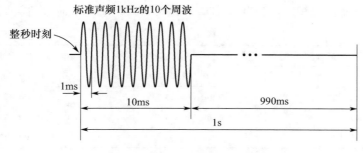

图 7.8　BPM UTC 秒信号波形

UTC 整分信号为 1kHz 调制的 300 个周波，长度为 300ms，第一个周波的起点为 UTC 整分时刻，如图 7.9 所示。

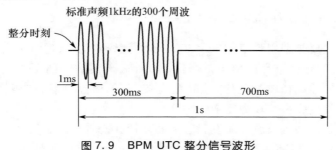

图 7.9　BPM UTC 整分信号波形

3）UT1 时号

BPM 短波授时台直接发播 UT1 时号，按照 UT1 的预报值播发。UT1 秒信号为标准声频 1kHz 调制的 100 个周波，长度为 100ms，第一个周波的起点为 UT1 整秒时刻，如图 7.10 所示。UT1 整分信号为 1kHz 调制的 300 个周波，长度为 300ms，第一个周波的起点为 UT1 整分时刻。

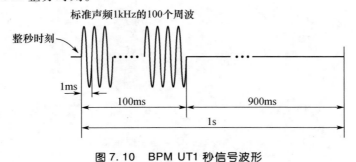

图 7.10　BPM UT1 秒信号波形

4）无调制载波

BPM 短波授时台发播不加声频调制的载频信号，为短波校频用户提供标准频率信号。

BPM 采用 4 个频率发播时间,如表 7.5 所列。为避免与我国周边国家短波授时台信号相互干扰。经国际电信联盟 ITU-R 认可,BPM 的 UTC 时号超前 20ms 发播。

表 7.5 BPM 授时台发播时刻

发射频率/MHz	UTC	北京时间
2.5	07:00—01:00	15:00—09:00
5.0	00:00—24:00	00:00—24:00
10.0	00:00—24:00	00:00—24:00
15.0	01:00—09:00	09:00—17:00

BPM 短波授时台 UTC 时号的发播时刻绝对偏差小于 $50\mu s$,载频信号准确度优于 1×10^{-12},UT1 时号的发播时刻与 UT1 预报时刻的绝对偏差小于 $300\mu s$,信号覆盖半径约 3000km。

7.3.2 长波无线电授时

长波授时主要是利用频率在 30~300kHz 的无线电信号,通过地表或者电离层进行时间频率传递,地波信号的覆盖范围约 1000km,天波信号的覆盖范围约 2500km。长波授时信号传播路径较为稳定,授时精度较高,约微秒量级,校频精度为 10^{-12} 量级。它的缺点是接收系统较为复杂。

长波授时是伴随着长波导航发展起来的高精度授时方法。长波导航最典型的是罗兰-C 系统,该系统是低频脉冲无线电双曲线导航系统,最初是用于海上航行的船只和舰艇的导航定位。罗兰-C 导航台链通常由 1 个主台和 2 个以上的副台组成,主台以 M 命名,副台以 W、X、Y、Z 命名[17]。用户同时接收主副台的信号,得到本地与主副台的距离差,并绘制两条双曲线的交点即为本地坐标,如图 7.11 所示。

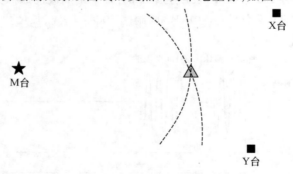

图 7.11 罗兰-C 导航原理示意图

为了区别同一台链的不同发射台,各发射台不能同时播发信号,应按照规定的 GRI 组重复间隔发射脉冲组,确保在本台链的覆盖区内收到的各台信号的顺序保持不变,GRI 是不同台链识别的依据,图 7.12 所示为罗兰-C 台链脉冲组重复周期和发射时延示意图。为了区分主副发射台,主台脉冲组由 8 个间隔 1ms 的脉冲和 1 个间隔 2ms 的脉冲组成,副台脉冲组由间隔 1ms 的 8 个脉冲组成[14-15]。

我国在 20 世纪 70 年代开始建设专门用于时频传递的罗兰-C 体制长波授时台,呼号为 BPL,信号覆盖我国整个陆地和近海海域。系统结构如图 7.13 所示。

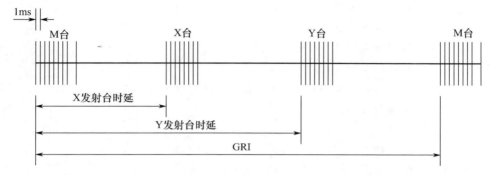

图 7.12 罗兰-C 台链的脉冲组重复周期和发射时延

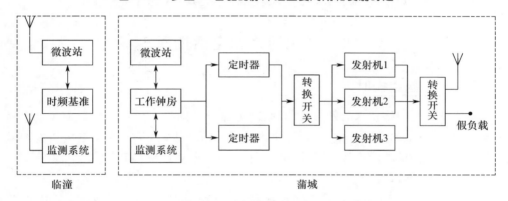

图 7.13 BPL 长波授时台发播系统

1) 时频基准

时间频率基准,主要由原子钟、时差测量设备和综合原子时计算等软硬件组成,通过卫星双向时间比对和 GPS 共视法等手段向标准时间溯源。

2) 工作钟房

发播工作钟为原子钟,它的时间信号和频率信号经过传输放大后送至定时器,定时器按照规定的信号格式和编码要求,产生发播所需的各种信号。

3) 发射机组

长波授时台配置了大功率脉冲发射机,包括工作机、热备份机和冷备份机,发射机峰值功率大于 2MW。

4) 发射天线

长波授时台发射天线为四塔顶负载倒锥形天线,由 4 座 206m 高的铁塔所支撑。负载线网由 396.4m 的外正方形和边长为 206m 的内正方形及外正方形两条对角线组成。天线的下引线为主辐射体。它由 8 根导线组成,下引线的上端分别接在顶部内、外正方形的 8 个角上,下端在离地面 7m(可调节到 4.8m)处收拢于中心塔,由中心塔通向发射机,天线场地下铺有辐射状浅埋地网。

长波授时系统的主要性能指标如下:
(1) 发播时刻准确度优于 $\pm 1\mu s$。
(2) 发播频率准确度优于 1×10^{-12}。
(3) 天线辐射功率 $\geqslant 0.8MW$。
(4) 作用距离:地波 $1000\sim 2000km$(地波),$3000km$(天波)。
(5) 定时校频精度:
地波信号定时精度: $\pm(0.5\sim 0.7)\mu s$。
天波信号定时精度: $\pm 1.2\mu s$(白天), $\pm 2.8\mu s$(夜间)。
地波信号校频精度: $\pm(1\sim 3)\times 10^{-12}/$天。
天波信号校频精度: $\pm 1.1\times 10^{-11}/$天(白天), $\pm 4.4\times 10^{-11}/$天(夜间)。

7.4 网络和电话授时

7.4.1 网络授时

随着计算机网络技术的发展,以互联网为媒介的网络授时技术应运而生。它通过服务器/客户机的交互方式,对计算机内置时间系统进行校准,为网络内所有终端设备时钟同步提供参考信号。目前,网络同步常采用 NTP 和 PTP。

7.4.1.1 NTP 授时

以太网在 1985 年成为电气与电子工程师协会(IEEE)802.3 标准后,在 1995 年将数据传输速度从 10Mb/s 提高到 100Mb/s 的过程中,计算机和网络业界也在致力于解决以太网的定时同步能力不足的问题,开发出一种软件方式的网络时间协议(NTP),提高各网络设备之间的定时同步能力。1992 年 NTP 版本的同步准确度可以达到 $200\mu s$。网络时间协议最早是由美国 Delaware 大学 Mills 教授设计。该协议属于应用层协议,主要用于将网络中的计算机时间同步到标准时间。NTP 可以为局域网提供高精度的时间校准,精度约毫秒量级。NTP 有 3 种工作模式:客户/服务器模式、主/被动对称模式和广播模式[17-19]。

1) 客户/服务器模式

首先,客户机向服务器发送一个 NTP 数据包,其中包含了该数据包离开客户机的时间戳信息,当服务器接到该包时,依次填入该数据包到达服务器的时间戳信息、交换数据包的源地址和目的地址、填入数据包离开时的时间戳,然后立即把数据包返回给客户机。客户机在接收到相应包时再填入包返回时的时间戳。客户机利用这些时间参数就能够计算出数据包交换的网络时延和客户机与服务器的时间偏差,如

图7.14所示。

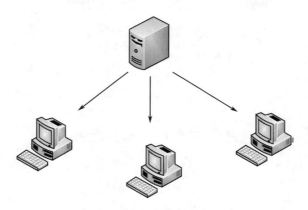

图 7.14 客户/服务器模式

2）主/被动对称模式

该模式与客户/服务器模式大致相同。唯一的区别是该模式下客户端和服务器均可同步对方或被对方同步。该模式取决于双方谁先发出申请,若客户端先发出申请建立连接则客户端工作在主动模式下,服务器端工作在被动模式下;若服务器先发出申请建立连接则服务器端工作在主动模式下,客户端工作在被动模式下,如图7.15 所示。

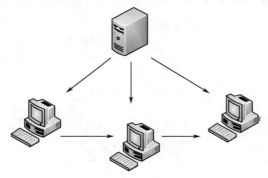

图 7.15 主/被动对称模式

3）广播模式

该模式下服务器不论客户机工作在何种模式,主动发出时间信息,客户机根据此信息调整自身的时间频率,此时网络时延忽略,因此精度相对略低,但基本满足秒级应用需求。

NTP 时间同步是通过时间戳在服务器和客户机之间的交互传输来实现的,图 7.16所示为客户机/服务器模式下时间同步原理图。T_1,NTP 包离开客户机时的时间戳;T_2,服务器收到 NTP 包时的时间戳;T_3,NTP 包离开服务器时的时间戳;T_4,客户端收到 NTP 包的时间戳;δ,服务器与客户机单次完整通信网络传输时延;θ,客户机与服务器的时间偏差。

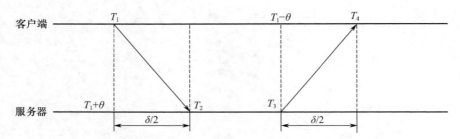

图 7.16　NTP 时间同步原理图

根据图 7.16 可知

$$\begin{cases} T_2 = T_1 + \theta + \delta/2 \\ T_4 = T_3 - \theta + \delta/2 \end{cases} \tag{7.8}$$

进一步整理可得网络传输时延、客户机与服务器的时间偏差：

$$\begin{cases} \delta = (T_2 - T_1) - (T_3 - T_4) \\ \theta = \dfrac{(T_2 - T_1) - (T_3 - T_4)}{2} \end{cases} \tag{7.9}$$

NTP 包含两种报文：时钟同步报文和控制报文。控制报文用于需要网络管理的场合，它对于时钟同步功能来说并不是必需的。时钟同步报文是基于 IP 和 UDP 的应用层协议，封装于 UDP 报文中，报文格式见表 7.6。

表 7.6　NTP 时钟同步报文格式

2	5	8	12	24	32
LI	VN	Mode	Stratum	Poll	Precision
Root Delay					
Root Dispersion					
Reference Identifier					
Reference Timestamp					
Originate Timestamp（64）					
Receive Timestamp（64）					
Transmit Timestamp（64）					
Authenticator（Optional）（160）					

其中，NTP 时间同步报文主要字段说明如下：

（1）LI（Leap Indicator，闰秒提示）：长度为 2bit，用来指示在当天最后 1min 内是否需要插入或删除一个闰秒。00 表示正常；01 表明最后 1min 有 61s；LI 表明最后 1min 有 59s；11 表示时钟没有同步。

（2）VN（Version Number，版本号）：长度为 3bit，标准 NTP 的版本号。

（3）Mode：长度为 3bit，表示当前 NTP 工作模式，见表 7.7。

表 7.7 NTP 报文 Mode 字段对应表

Mode 字段值	字段含义
000	未定义模式
001	主动对等体模式
010	被动对等体模式
011	客户机模式
100	服务器模式
101	广播模式或组播模式
110	表示此报文为 NTP 控制报文
111	预留位内部使用

（4）Stratum：长度为 12bit，系统时钟的层数，取值范围为 1~16，它定义了时钟的准确度。层数为 1 的时钟准确度最高，一般为主参考源（如原子钟）。准确度从 1~16 依次递减，层数为 16 的时钟处于未同步状态。

（5）Poll：长度为 24bit，代表轮询时间，即两个连续 NTP 报文之间的时间间隔。值为 n 代表制定的时间间隔为 2^n。

（6）Precision：系统时钟的精度，长度为 32bit。

（7）Root Delay：本地到主参考时钟源的往返时延。

（8）Root Dispersion：系统时钟相对于主参考时钟的最大误差。

（9）Root Identifier：参考时钟源的标识，见表 7.8。

表 7.8 Root Identifier 的标识对应表

Stratum	代码	段含义
0	DCN	DCN 路由协议
0	NIST	NIST 公共调制解调服务
0	TSP	TSP 时间协议
0	DTS	数字时间服务
1	ATOM	原子钟
1	VLF	VLF 无线系统
1	callsign	通用无线电
1	LORC	LORAN-C 无线导航系统

（10）Reference Timestamp：系统时钟最后一次被设定或更新的时间。

（11）Originate Timestamp：NTP 请求报文离开发送端时发送端的本地时间。

（12）Receiver Timestamp：NTP 请求报文到达接收端时接收端的本地时间。

（13）Transmit Timestamp：应答报文离开应答者的本地时间。

（14）Authenticator：验证信息。

7.4.1.2 PTP 授时

为了解决测量和控制应用的分布网络定时同步的需要,具有共同利益的信息技术、自动控制、人工智能、测试测量的工程技术人员在 2000 年底倡议成立网络精密时钟同步委员会,2001 年获得 IEEE 仪器和测量委员会 NIST 的支持,该委员会起草的规范在 2002 年底获得 IEEE 标准委员会通过作为 IEEE1588 标准,并通过了美国电气和电子工程师协会(IEEE)的批准成为正式协议[20]。

IEEE1588 的全称是"网络测量和控制系统的精密时间协议",简称 PTP,IEEE1588 的草案基础来自惠普公司 1990—1998 年的有关成果,换句语说,安捷伦科技对 IEEE1588 标准做出了重要贡献。安捷伦实验室的资深研究员 John Eidson 被网络业界视为专家,他的"IEEE1588 在测试和测量系统的应用",以及"IEEE1588:在测控和通信的应用"两篇论文对 IEEE1588 有精辟和全面的介绍。IEEE1588 是通用的提升网络系统定时同步能力的规范,在起草过程中主要参考以太网来编制,使分布式通信网络能够具有严格的定时同步,并且应用于工业自动化系统。基本构思是通过硬件和软件将网络设备(客户机)的内时钟与主控机的主时钟实现同步,提供同步建立时间小于 $10\mu s$ 的运用,与未执行 IEEE1588 的以太网延迟时间毫秒量级相比,整个网络的定时同步指标有显著的改善。

IEEE1588 具备几个方面的显著特点:

(1) 早期的网络时间协议(NTP)只有软件,而 IEEE1588 既使用软件,亦同时使用硬件和软件配合,获得更精确的定时同步。

(2) IEEE1588 无须额外的时钟线,仍然使用原来以太网的数据线传送时钟信号,使组网连接简化和降低成本。

(3) 时钟振荡器随时间产生漂移,需要标准授时系统作校准,校准过程要缩短且安全可靠。目前常用的有 GNSS 和 IRIG-B(国际通用时间格式码),IRIG-B 每秒发送一个帧脉冲和 10MHz 基准时钟,实现主控机/客户机的时钟同步。

(4) IEEE1588 采用时间分布机制和时间调度概念,客户机可使用普通振荡器,通过软件调度与主控机的主时钟保持同步,并且能够从网络中自动发现其他 PTP 设备,过程简单可靠。

PTP 时间同步的第一步是建立一个主从时钟的组织结构,利用最佳主时钟算法确定各节点时钟的主从关系。主时钟是同步时间的发布者;从时钟是同步时间的接收者,要与主时钟实现时间同步。

第二步从时钟通过与主时钟交换同步报文,实现主从时钟时间同步。同步过程分为两个阶段:偏移测量和延迟测量。主、从时钟之间交互同步报文并记录报文的收发时间,通过计算报文往返的时间差来计算主、从时钟之间的往返总延时,如果网络是对称的(即两个方向的传输延时相同),则往返总延时的一半就是单向延时,这个单向延时便是主、从时钟之间的时钟偏差,从时钟按照该偏差来调整本地时间,就可以实现其与主时钟的同步。

PTP 定义了两种传播延时测量机制:请求应答(Requset_Response)机制和端延时(Peer Delay)机制,且这两种机制都以网络对称为前提。下面对请求应答机制进行描述。

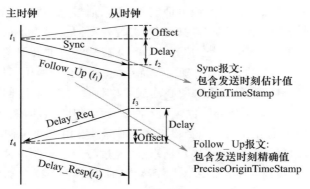

图 7.17　请求应答测量机制实现原理图

请求应答方式用于端到端的延时测量。如图 7.17 所示,其实现过程如下:

(1) 主时钟向从时钟发送 Sync 报文,并记录发送时间 t_1;从时钟收到该报文后,记录接收时间 t_2。

(2) 主时钟发送 Sync 报文之后,紧接着发送一个携带有 t_1 的 Follow_Up 报文。

(3) 从时钟向主时钟发送 Delay_Req 报文,用于发起反向传输延时的计算,并记录发送时间 t_3;主时钟收到该报文后,记录接收时间 t_4。

(4) 主时钟收到 Delay_Req 报文之后,回复一个携带有 t_4 的 Delay_Resp 报文。

此时,从时钟便拥有了 $t_1 \sim t_4$ 这 4 个时间戳,由此可计算出主、从时钟间的往返总延时为 $[(t_2-t_1)+(t_4-t_3)]$,由于网络是对称的,所以主、从时钟间的单向延时为 $[(t_2-t_1)+(t_4-t_3)]/2$。因此,从时钟相对于主时钟的时钟偏差为:$Offset = (t_2-t_1) - [(t_2-t_1)+(t_4-t_3)]/2 = [(t_2-t_1)-(t_4-t_3)]/2$。

此外,根据是否需要发送 Follow_Up 报文,请求应答机制又分为单步模式和双步模式两种:

(1) 在单步模式下,Sync 报文的发送时间戳 t_1 由 Sync 报文自己携带,不发送 Follow_Up 报文。

(2) 在双步模式下,Sync 报文的发送时间戳 t_1 由 Follow_Up 报文携带。

与请求应答机制相比,端延时机制不仅对转发延时进行扣除,还对上游链路的延时进行扣除。

总体而言,PTP 授时通过采用硬件时间戳设计、更紧密合理的时钟结构和优化选择算法实现了比 NTP 授时高得多的精度,可以作为局域网、骨干网授时的重要选择,具备良好的应用前景。

7.4.2 电话授时

电话授时有两种常见的服务类型:基于公共交换电话网络(PSTN)传递标准时间信息的有线授时服务方式,它由专用电话定时设备,通过电话线、调制解调器和 PSTN 相连接,即可得到 PSTN 电话报时台的时间服务;另一种是计算机电话时间服务系统。20 世纪 80 年代,美国国家标准技术研究院(NIST)于 1988 年推出计算机电话时间服务系统(ACTS),授时准确度约 35ms,不确定度优于 5ms。随后,德国、日本等国家也相继展开。1998 年,中国科学院国家授时中心建成了电话授时系统,时间同步准确度优于 5ms。2000 年,中国计量科学研究院也建立了面向全国的电话授时系统。

电话授时采用咨询方式向用户提供标准时间信号:用户通过调制解调器拨打授时系统的电话,授时系统主机收到用户请求后,通过授时端调制解调器将标准时间信息发送给用户,完成授时服务,如图 7.18 所示。时频基准为授时部门保持的原子时基准,它为时间编码提供标准时间和频率信号。时间编码系统产生含有年、月、日、时、分、秒在内的标准时间信息和其他时间信息。NIST 电话授时的 ASCII 码包含有约化儒略日的最后 5 位数字,年的最后 2 位数字,年、月、日、时、分、秒、闰秒信息、UTC 到 UT1 的改正因子等。用户只要配置一个调制解调器和一些简单的软件,就可以通过电话接收标准时码信息。

图 7.18　电话授时系统组成

电话授时的关键在于对信道时延的测量,它直接影响电话授时准确度。字符法即利用字符来测量电话信道时延,是目前最常用的信道时延测量方法。首先发送端发送测时延的字符,接收端检测到发送端发送的字符,并返回字符,通过测量发送端发送字符和接收端返回字符时刻的时间差来测量信道往返的时延。由于字符是经过数字调制解调器进入电话信道的,但是调制解调器对字符处理存在一定的时延波动,因而无法准确估计处理时延。另外,两端的处理器检测字符的精度也不高,使得电话授时的精度处于毫秒量级。

7.5　授时系统溯源与监测

7.5.1　授时系统时间溯源

卫星导航系统以时间作为基本观测量,系统要求建立高精度的时间基准,并且系统内部需具备高精度的时间同步能力。为了保持时间尺度的连续性和可靠性,并进行系统内统一的定轨、时间同步解算,卫星导航系统需要独立保持时间基准,但其系统时间基准的历元定义、运行模式与 UTC 不同。这一体制的优越性在于保持了导航系统内部的精确同步,系统时间为连续保持,所有时频信号均为同源信号,相位严格一致。但缺点在于系统时间与 UTC 的定义和实现方式不一致,二者存在系统时差,因此给导航系统外部的各类用户使用带来不便。

目前主要的 GNSS 包括北斗卫星导航系统、GPS、GLONASS 和 Galileo 等,为保障各卫星发射的导航信号实现时间同步,基于时间测量的 GNSS 必须具备各自独立的时间参考,通常称为系统时间。地面控制中心的时间基准系统的优劣将直接影响卫星导航定位系统的性能指标,因此要求 GNSS 时间必须是独立、稳定可靠、连续运行的均匀的自由时间尺度;同时,GNSS 时间必须与法定的标准时间溯源,系统时间的溯源,既是为了保证各类用户在时间使用上的同步和统一,同时也有利于与其他 GNSS 之间的兼容互操作。

鉴于时间基准在 GNSS 中的重要作用,现有 GNSS 都十分重视时间基准系统的构建。GPS 向美国海军天文台 UTC(USNO)溯源,USNO 是当前全球最重要的守时实验室,拥有数量庞大的守时钟组及测量比对设备。Galileo 则结合了欧洲几个最重要的守时实验室的时间基准,来共同构建 Galileo 时间参考系统,其中包括德国 PTB、英国 NPL、意大利国家计量院(INRIM)等。

北斗卫星导航系统的应用领域的不断拓展,也统筹考虑了各类用户(包括国内、国外用户)的需求,建立了北斗时与国际 UTC 及其他卫星导航系统时间的比对关系,实现协调一致的时间基准。可以满足各类用户对系统时差的需求,用户根据给出的时间转换参数,可实现多种标准时间的转换和使用。

7.5.1.1 GPS 时间溯源

根据卫星导航定位系统的特点,需要一个连续稳定的系统时间。GPST 为连续的时间尺度,不进行闰秒,并溯源到美国海军天文台的协调世界时 UTC(USNO),溯源关系如图 7.19 所示。GPST 从 1980 年开始启用与当时的 UTC 在整秒上一致后,至今与 UTC 的差异如下:

$$[\text{UTC} - \text{GPST}] = -18\text{s} + C_0 \quad (7.10)$$

$$[\text{TAI} - \text{GPST}] = 19\text{s} + C_0 \quad (7.11)$$

式中:C_0 为 GPS 时间与 UTC 在秒小数位上的差值。

美国海军天文台利用 GPS 定时接收机接收 GPST,并与 UTC(USNO)进行比对,计算 GPST 与 UTC(USNO)之间的系统偏差,并将这些信息提供给主控站,同时也在美国海军天文台第四号公报中刊出,以便于用户对授时结果进行精密改正,获取更准确的美国国防部标准时间。GPST 以美国海军天文台的 UTC(USNO)作为基准,GPST

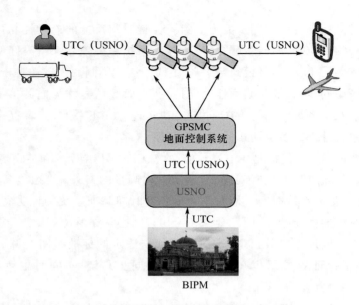

图 7.19 GPS 时间关系示意图(见彩图)

与 UTC(USNO)的时刻偏差要求为小于 $1\mu s$(模 1s),实际上,两者偏差基本上小于 50ns (95%置信度,模 1s)。图 7.20 和图 7.21 中分别给出了修正儒略日(MJD)55600～ 58600 时间内 GPST 与 UTC 以及 GPS 发播的 UTC(USNO)时间与 UTC 的时差结果。

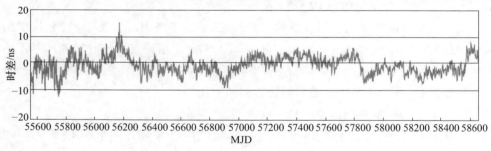

图 7.20 GPST 与 UTC 时差值(模 1s)

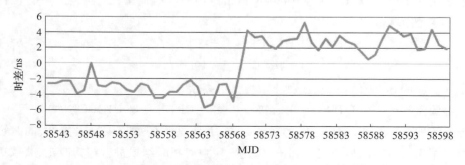

图 7.21 GPS 播发的 UTC(USNO)与 UTC 时差值

GPST 与 UTC 时差峰峰值在 ±20ns 以内，GPS 发播的 UTC(UNSO)与 UTC 时差峰峰值在 ±6ns 以内。UTC(USNO)与 UTC 通过卫星双向比对实现同步。UTC(UNSO)与 UTC 的比对结果如图 7.22 所示(MJD56900~58600)。

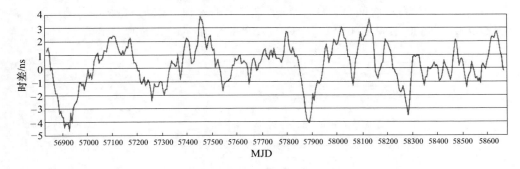

图 7.22　UTC(UNSO)与 UTC 的比对时差(模 1s)

在 MJD56900~58600 期间，UTC(UNSO)与 UTC 时差峰峰值基本保持在 ±5ns 以内。

7.5.1.2　GLONASS 时间溯源

GLONASS 设计卫星数为 24 颗，目前共有 18 颗在轨卫星，定位范围可以覆盖俄罗斯全国范围，其星载原子钟为高精度铯钟，其日稳定性为 10^{-12}，区域定位精度为 10m，此前因为政治和经济因素，GLONASS 工作卫星数目较少，覆盖面积较小，国际上开展相关星载原子钟研究甚少。近年来，随着经济的发展和政治局面的稳定，俄罗斯正积极增加在轨卫星数目，将实现全球范围内的导航定位[21]。

俄罗斯的 GLONASS 时间采用 UTC 作为时间参考，其溯源到 UTC(SU)，溯源关系如图 7.23 所示。

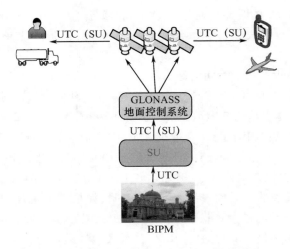

图 7.23　GLONASS 时间关系示意图(见彩图)

目前,GLONASST 与 TAI 及 UTC 的关系为

$$[\text{UTC} - \text{GLONASST}] = 0\text{s} + C_1 \qquad (7.12)$$

$$[\text{TAI} - \text{GLONASST}] = 34\text{s} + C_1 \qquad (7.13)$$

式中:C_1 为 GLONASS 时间与 UTC 在秒小数位上的差值。图 7.24 和图 7.25 给出了 MJD56900~58600 期间 UTC(SU)及 GLONASST 时间与 UTC 的时差结果。

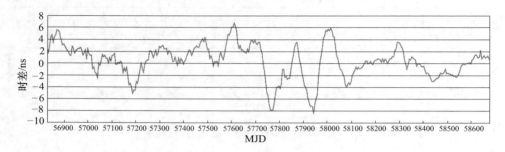

图 7.24　UTC(SU)与 UTC 的时差

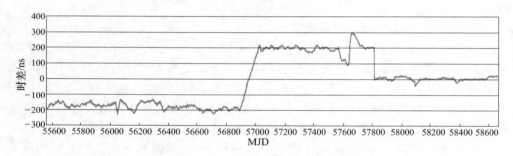

图 7.25　GLONASS 时间与 UTC 的时差

GLONASS 与 UTC 的时差比对结果显示,相较于 GPS,在 GLONASS 运行过程中 GLOT 与 UTC 的一致性较差,最大时差达到了 300ns,但近年来该时差值逐步趋于稳定。

7.5.1.3　Galileo 系统时间溯源

欧盟也正在开发自己的全球导航卫星系统——Galileo 系统,该系统设计卫星总数为 30 颗,其中工作卫星为 27 颗,3 颗在轨备用卫星,Galileo 星载原子钟为高精度铷原子钟和被动型氢钟,其日稳定性分别为 10^{-13} 和 10^{-14},设计定位精度为 1m,优于 GPS 信号。按欧空局的原子钟设计要求,Rb 钟每 9h 更新一次星历,按上传时间间隔 ≥4h 时,卫星钟预报误差≤1.5ns。国外学者 Bursa 等基于长期测地型时间传递试验分析了 Galileo 星载钟的时间预报误差,结果表明,如果不考虑测量噪声,用 8h 数据预报 6h 钟差时,Rb 钟的最大预报误差约为 0.57ns,被动型氢钟的最大预报误差约为 0.44ns,用 24h 数据预报 12h 钟差时,Rb 钟的最大预报误差约为 4.1ns,被动型氢钟的最大预报误差约为 0.65ns。Galileo 的部分星载钟性能要优于 GPS 星载原子钟[22]。

GST 正在考虑其时间历元是否参考 GPS 的做法,即也采用与 TAI 在整数秒上差 19s。GST 将被驾驭到一种预报时间尺度 GTI 上,GTI 通过 Galileo 时间供应商从欧洲的几个主要守时实验室(UTC(EU1)、UTC(EU2)、UTC(EU3))获得,Galileo 时间 GST 的产生原理如图 7.26 所示。

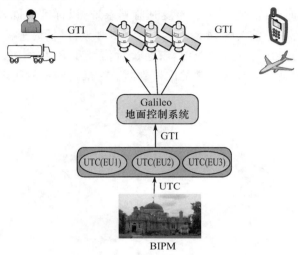

图 7.26 Galileo 时间溯源示意图(见彩图)

综合比较 3 种 GNSS,优点各异。GPS 的统一管理以及与国家标准时间的协调和统一使该系统更有效率,因此也是当今应用最成熟的卫星导航定位系统。建设中的 Galileo 时间参考拟采用欧洲几个最重要的守时实验室来共同完成,工作效率有待验证。

7.5.2 授时系统信号监测

精密时间频率体系作为国家关键性基础设施,是国家战略资源,而统一的国家标准时间是国防、交通、金融、电力、通信等国民经济的重要基础,时间服务的正常与否关系国家安全、国计民生。2015 年 6 月 30 日 UTC 实施闰秒时,全球约 2000 多个计算机网络突然短暂中断,旗下拥有纽约证券交易所等机构的美国洲际交易所被迫终止交易达 61min,经济损失巨大。授时系统的发播状态变更或者异常状况可能会导致用户接收端服务异常风险,对大量的时间用户带来不可估量的损失,因此对授时系统信号的监测与评估极为必要。随着国家时频基准和北斗卫星导航系统、时频同步网系统、长波授时系统等授时系统的建设,我国正在逐步建立统一的时间基准和多手段、多层次的授时服务体系,为国民经济、国防建设提供高精度时间服务。为了确保授时服务安全、可靠、准确,需要在全国范围建设标准时间授时监测评估系统,对标准时间频率信号进行连续监测和评估,定期给出监测评估报告,向各类时间用户发布,同时对播发时间的异常快速发现、快速定位、快速告警,避免造成用户损失。

7.5.2.1 体系设计

1)体系结构

标准时间授时监测系统的设计遵照"时间标准→授时服务→信号监测→时间标准"的完整闭环的设计思路,以高精度时间比对链路和高性能监测设备为基础构建连接守时系统、授时系统、监测系统的授时监测系统,以标准时间授时系统(主要是北斗卫星导航系统和长波等授时系统)作为监测对象,以授时监测设备的输出时间信号和授时电文信息作为主要监测内容,通过对信号和信息的连续监测实现对系统授时精度的可靠评估和对系统异常的准确判断。标准时间授时闭环监测的基本体系如图7.27所示。

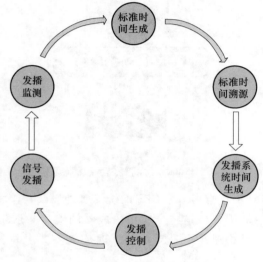

图7.27 标准时间授时监测体系图

监测对象:北斗卫星导航系统和长波授时系统,未来将会扩展到所有发播标准时间 UTC(BSNC)的授时系统。

UTC(BSNC)于2010年通过北斗卫星导航系统正式对外发播。北斗二号系统的覆盖范围是东经55°~180°,南、北纬0~55°范围内的大部分区域,授时精度单向50ns,双向10ns。北斗三号系统实现了全球覆盖,授时精度也进一步提高。我国长波授时系统也发播 UTC(BSNC),该系统是一种地基低频脉冲大功率无线电导航系统,系统包括覆盖我国沿海地区的多个导航台站,其发播时间范围陆上距离发射台站约800km,海上距离发射台站约1500km,发播时间精度为 $1\mu s$ 左右(经过 ASF 修正后),如图7.28所示。

2)主要技术要求

授时监测需要考虑3个关键性问题:统一的监测时间基准、高精度信号监测和稳健可靠的数据处理。以下分别阐述:

(1)统一的监测时间基准。标准时间授时系统的信号播发是广域性的,其授时

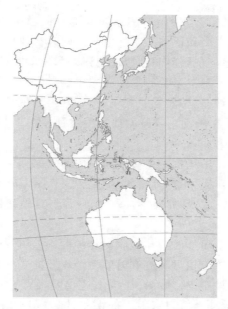

图 7.28　北斗二号系统服务覆盖示意图(见彩图)

精度随着地域的变化而存在差异,主要是由于受到大气传播时延、地形地貌、授时卫星和台站在授时信号特征上的差异影响,因此可靠的授时监测系统也应该是广域分布、多点监测,监测授时系统在不同区域、不同大气条件、不同波束频点特征下的服务性能差异。而要开展多点监测,首先要解决监测时间基准的统一问题,包括物理时间的统一和数学时间的统一,时间统一的精度要求则取决于授时系统授时服务精度。

(2) 高精度信号监测。授时监测设备在整个系统中发挥着核心作用,对监测设备的完备性、精确性、稳定性和可靠性要高于普通授时接收机。所谓完备性指的是授时监测接收机在接收能力和处理能力上的针对性设计,要求具备对接收点所有授时信号的接收观测能力,以及各种定时模式下的处理输出能力,例如北斗单频授时、双频授时、差分授时,等等;精确性是指信号测量精度高,对信号异常具有敏感性;稳定性是指设备的时间测量性能、设备时延要稳定,不能存在显著的漂移和开关机时延变化,影响测量精度;可靠性则要求设备具备较长的无故障工作时间,避免设备的故障影响系统整体运行。

(3) 稳健可靠的数据处理。数据处理系统主要解决两个问题:一是授时系统时差解算与精度评估,通过传播时延修正、误差消除算法解算出标准时间,评估授时系统的授时偏差、不确定度和稳定度等关键指标;二是授时系统异常的快速判定与处置,依据不同频点、不同波束乃至不同台站、卫星的观测数据对授时系统状态正常性进行判定,及时发现授时系统异常并给出告警,同时系统应具备授时异常的智能分析、快速定位能力,并给出相应的处置策略,为授时系统的运控人员决策处置提供辅助支持。

授时监测过程中需考虑的关键性指标要素主要包括以下几类:

（1）系统溯源时间误差。授时监测系统参考时间基准为 UTC(BSNC)，这一时间基准是进行授时性能观测和评估的基准信号。同时在评估中需要考虑与系统时间溯源误差相关的因素：主要包括时间溯源比对误差和发播时差分辨力。

（2）发播系统误差。卫星系统的发播误差主要是由卫星发播系统造成的时间误差，包括星历误差、卫星钟差、转发器时延误差等，其中卫星星历预测误差带来的有效伪距误差在 3ns 左右，数据龄期为零时的典型卫星钟差在 2~3ns，转发器时延误差也在纳秒量级。

（3）传播路径误差。卫星授时由传播路径引起的误差主要包括电离层传播时延误差、对流层传播时延误差和多路径效应误差。参照 GPS 标准定位服务的典型 UERE 预算结果，电离层延迟残留误差为 21ns，对流层延迟残留误差为 0.6ns，多径效应残留物差为 0.6ns。

（4）接收端误差。卫星授时中与接收机相关的误差，包括观测噪声、天线相位中心偏差、设备零值误差、输出信号精度和时差测量误差。

授时监测系统的设计中，必须综合考虑上述误差因素，通过硬件选型设计、算法评估建模等方式，减少监测系统自身引入的误差；同时在授时监测数据处理中，这些误差项也将作为监测目标之一，为系统性能评估、状态异常定位等提供参考依据。

授时监测系统具备的主要能力包括：
（1）具备 RNSS 多模式授时监测与发播性能评估功能。
（2）具备 RDSS 单向/双向授时监测与发播性能评估功能。
（3）具备长波系统授时监测与发播性能评估功能。
（4）具备授时监测数据处理和评估信息发布功能。
（5）具备系统状态监控和异常报警功能。
（6）具备监测系统数据管理和图表显示功能。
（7）具备监测系统数据存储、备份和查询功能。

7.5.2.2 系统组成

授时监测系统由信号监测分系统、时间测量分系统、数据采集分系统、数据管理与应用分系统、数据处理分系统和监控显示分系统组成，具备对北斗卫星导航系统、长波授时系统等信号的接收和监测能力。各分系统的关系如图 7.29 所示。

信号监测分系统接收北斗卫星授时系统和长波授时系统的授时信号，完成对不同卫星、不同台站的多模式定时解算并输出系统所发播的标准时间同步秒信号，并输出定时结果信息。

时间测量分系统测量北斗卫星授时系统和长波授时系统发播时间与北京卫星导航中心保持的标准时间的时差。

数据采集分系统不但采集了卫星授时系统和长波授时系统的时差观测数据，而且采集各信号监测设备和时间测量设备所输出的与授时相关的导航电文、授时信息和状态参数。

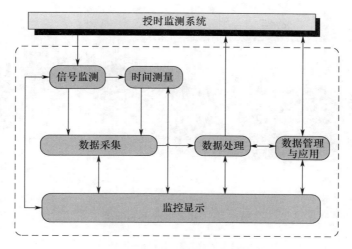

图 7.29 授时监测系统组成示意图

数据管理与应用分系统是整个系统的数据存储中心,提供系统所有设备状态数据、测量数据、处理结果与反馈信息的存储、查询、备份服务,并具备数据库状态监测和手动、自动备份功能。

数据处理分系统将测量数据进行综合处理和分析,对授时系统进行全面细致的性能评估,包括各个授时系统的授时不确定度、时间偏差、稳定度等性能指标,完成对授时系统性能的周期性统计分析,作为授时系统服务质量评估、运行维护和异常分析的重要依据。

监控显示分系统对系统的设备状态、系统关键参数等进行监视和显示,并具备系统状态控制能力,能够实现对授时系统异常状态的快速判定与实时报警,并将报警信息反馈到授时系统。

通过连续观测试验,得到的北斗卫星导航系统和长波系统的授时监测情况如图 7.30 和图 7.31 所示。

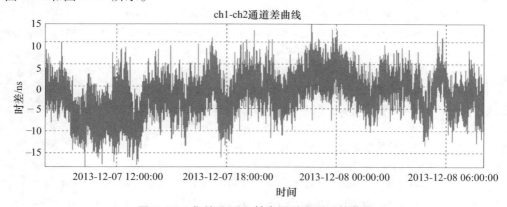

图 7.30 北斗 RDSS 单向授时监测时差曲线

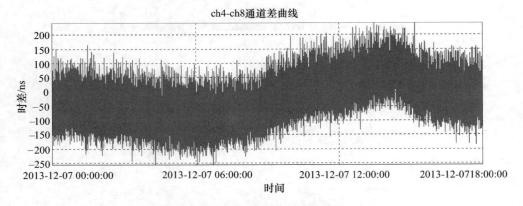

图 7.31 长波授时监测曲线

参考文献

[1] 韩春好.时空测量原理[M].北京:科学出版社,2017:186.
[2] 丁緜孙.中国古代天文历法基础知识[M].天津:天津古籍出版社,1987:1-2.
[3] 夏一飞,黄天衣.球面天文学[M].南京:南京大学出版社,1995:15-20.
[4] 黄秉英,周渭,张荫柏,等.计量测试技术手册(时间频率卷)[M].北京:中国计量出版社,1996:170-208.
[5] 童宝润.时间统一技术[M].北京:国防工业出版社,2004.
[6] 漆贯荣.时间科学基础[M].北京:高等教育出版社,2006.
[7] 李孝辉,杨旭海,刘娅,等.时间频率信号的精密测量[M].北京:科学出版社,2010.
[8] 李孝辉,窦忠.时间的故事[M].北京:人民邮电出版社,2012.
[9] 谭述森.卫星导航定位工程[M].北京:国防工业出版社,2010.
[10] 刘利.相对论时间比对理论与高精度时间同步技术[D].郑州:信息工程大学测绘学院,2004.
[11] 杨俊,单庆晓.卫星授时原理与应用[M].北京:国防工业出版社,2013.
[12] GPS Joint Program Office. Interfaces specification IS-GPS-800[S/OL].[2008-03-31]. https://www.gps.gov/technical/icwg/#is-gps-800.
[13] GPS Joint Program Office. Interfaces specification IS-GPS-200[S/OL].[2006-03-07]. https://www.gps.gov/technical/icwg/#is-gps-200.
[14] KAPLAN E D. GPS原理与应用[M].寇艳红,译.北京:电子工业出版社,2010.
[15] 李跃,邱致和.导航与定位[M].北京:国防工业出版社,2008.
[16] 赵当丽.长河二号导航系统时间同步及授时的研究[D].西安:中科院陕西天文台,2003.
[17] Network Working Group. Network time protocol (version 3) specification, implementation and analysis: RFC1305:1991[S/OL].[1992-03-24]. http://www.faqs.org/rfcs/rfc1305.html.
[18] Network Working Group. Simple network time protocol (SNTP) version 4 for IPv4, IPv6 and OSI: 1995[S/OL].[1996-10-20]. http://www.faqs.org/rfcs/rfc2030.html.

[19] IEEE Standards. IEEE standard for a precision clock synchronization protocol for networked measurement and control systems:2007[S/OL].[2008-03-10]. https://ieeexplore.ieee.org/servlet/opac?punumber=4483889.

[20] 中华人民共和国工业和信息化部.SJ/T 11418-2010 GLONASS 接口控制文件[S].北京:中国电子技术标准化研究所,2011:4.

[21] DOMINIC H. Galileo signals and the open service signal-in-space interface control document[C]//Proceedings of the 25th International Technical Meeting of the Satellite Division of the Institute of Navigation,September 17-21,2012,Nashville,c2012:2550-2571.

第8章 信息化战场中的时间频率

8.1 战争的时间观

8.1.1 古代战争的时间观

古代战争的时间观念脱胎于当时人类对时间的认知和度量。由于古代社会的生产力及科技水平有限,古人对时间的认知比较有限,处于比较粗放的阶段。我国古代主要通过日、月运动、四季轮回来感受时间的流逝,并据此编制日历。古人可以比较精确地丈量出山川的高度,河流的宽度及深度。但对于时间这个比较抽象的概念,古人一般以一天、一个时辰、一炷香来较为粗略地度量。

古人很早就开始研究时间对战争的作用于影响。孟子曾说"天时不如地利,地利不如人和","天时"在古代更加倾向性地表示为天气、季节的变化,而不是现代意义上的"时""分""秒",地利在古代更多的则是反映优势地形所能带来的效益。从这两个词汇的古今含义可以看出,古人无论是对时间还是空间的理解都停留在一个比较宏观的层次。在古代战争策略中,更加侧重对空间优势的运用,"时间"则是制定战争计划的参考因素之一。

我国著名经典兵书《孙子兵法》(图 8.1),历来备受推崇,在古代军事家的心中具有非常重要的地位[1]。该书共计 13 篇,其中有 2 篇(地形篇、九地篇)专门论述军事活动中"空间"利用的问题(图 8.2)。书中全面、深入地论述了空间在军事活动中的作用,从行军、侦察、布阵、作战等诸多方面对空间在军事活动中的作用做出了全面细致的讲解,并对"空间"做出了细致的系统分类。

图 8.1 孙子兵法

图 8.2 《孙子兵法·九地篇》

该书中没有专门章节论述时间在军事活动中的地位以及对军事活动的影响,对时间作用的论述更多地体现在如何利用季节气候变化、国运时机等来辅助战争谋划。

在具体的军事活动中,也有很多时间协同技术的雏形,如通过击鼓鸣金的方式来指挥各部行动、作战阵法变化等,使全军上下实现一个简单的时间统一,完成简单的协同作战。

8.1.2　近代战争的时间观

在人类的近代史期间,人们对时间的认知也随着科学技术的不断发展而逐渐深入。近代军事家拿破仑(见图8.3),在1799—1815年间进行的战争中,与反法联盟的军队反复交战,取得了惊人的战果,建立了近代战争史上最辉煌的战绩。拿破仑认为时间是取得战争胜利的重要因素,他一再强调快速机动,出奇制胜,在比敌人更快的时间内集结更多的资源,集中优势力量打击敌人。

在近代史上著名的军事著作《战争论》(见图8.4)中就军事活动中的时间应用问题做了专门的论述[2]。克劳塞维茨在书中指出,时间是影响战争胜负的一个重要因素。在书中第一卷第三篇"战略概论"的第十二章"时间上的兵力集中"中就详细论述了时间在战略及战术层面上的运用,书中写道:"一切用于某一战略目的的现有兵力应该同时使用,而且越是把一切兵力集中用于一次行动和一个时刻就越好。"克劳塞维茨还指出,"军事活动中的人、时间和空间以及它们的作用所能产生的结果必须综合考虑","因为时间通过和它结合在一起的其他条件对作战一方可能产生和必然产生的影响同时间本身直接产生的影响是完全不同的"。在第四篇"战斗"的第六章中克劳塞维茨又将战斗的持续时间对战略及决定战斗胜负时刻的影响详细地进行了描述。

图8.3　拿破仑指挥作战

图8.4　《战争论》

拿破仑和克劳塞维茨对时间在军事活动中的认知更加重视,注重大规模部队快速集结和协同运用,在军事活动中把时间和空间放到了同等重要水平。

8.1.3　现代战争的时间观

随着人类科学技术的迅猛发展,人们对时间的认知也逐渐从宏观走向了微观,从粗略走向了精细，时间在军事活动的价值得到了进一步提升和广泛认可。特别是电子化、信息化、高速运动、精确制导装备的发展，对时间的要求越来越高，有专家提出，"精确打击意义上，原子钟比原子弹还重要"。

现代军事学家围绕时间在军事活动中的作用进行了深入探讨，并在前人研究的基础之上提出了新的军事时间观念。国防大学郭武君在《论军事时间》一书中提出了军事时间观这个概念[3]，还有军事科学专家提出"制时间权"的概念，认为"制时间权"将成为夺取未来战争主动权的重要因素。

"制时间权"不仅指有效地掌控宏观层面的时间，也包含精准地掌握微观层面的时间。宏观层面是指：利用己方优势创造和把握有利的战机，并在战争进行时与敌方形成"时间差"，从而掌握战争的主动权，达到战争预期目的。如第二次世界大战初期，德军采用"闪击战"模式，以速度换时间，迅速地占领了大半个欧洲；1979年，苏军仅用一周的时间便全面占领了阿富汗；1983年，美军以迅雷不及掩耳之势，8天便控制了格林纳达。这些我们都可以看作是宏观层面上时间的运用。

而微观层面的时间通常指的是秒以下量级的时间，如微秒、纳秒等。在现代军事活动中，各类信息系统的信息传输及处理，卫星导航系统的精准定位，武器系统的精确控制以及联合作战行动的密切配合都离不开精准、统一的时间。未来新一代通信和指控系统对时空信息保障精度都有明确的要求，分析美军提出的综合电子信息系统，可以看到各类信息和系统对时间的要求无处不在（图8.5和图8.6）。通常情况下，信息化指挥平台时间同步精度需要优于500ms；联合信息分发系统数据链时间同步精度要优于100ns；信息处理时间同步精度要优于100ms；电磁频谱管理系统时间同步精度要优于100ms；栅格化信息基础网络运维系统时间同步精度要优于500ms，七号信令监测系统时间同步精度要优于5ms；联合战术通信系统时间同步精度要优于1ms；移动通信系统时间同步精度要优于1.5μs。

图8.5 战斗群的作战单元协同

图8.6 美军作战指挥信息系统

"制时间权"不仅代表在战争期间牢牢掌控住己方的时间，也代表着在战争期间要尽力干扰、破坏敌方对时间的掌控。在战争期间，必须对敌方的卫星导航系统及其他所有可能进行时间发播的系统(如长波,短波电台等)进行强有力的干扰和破坏,扰乱敌方的指挥信息系统,破坏敌方各作战力量之间企图进行的一切精确时间统一的行为,将战争的时间牢牢掌握在己方手中,继而夺取战争的"制信息权",为最终的胜利创造强有力的条件。

在各种高科技侦察手段大规模运用的今天,战场空间更加透明,各类侦察、导航、通信、控制对时间的依赖在逐渐增加,时间在军事领域的应用价值在不断提高,当代军事强国都非常重视时间在军事活动中的作用。美国海军研究委员会、国家科学院、精密时间与时间间隔科学技术评估委员会在2002年联合发布的《精密时间与时间间隔科学技术的评估》报告中就提到:"位置(纬度、经度、高度)和时间在防御和战斗中起着关键性作用。高准确的时钟和频率源对于国防部具有生死攸关的意义。因为这些器件的准确度和稳定度是指挥、控制、通信和情报、导航、技侦、电子战、导航制导和敌我识别系统性能的关键的决定性因素。"美军的军用标准时间是其海军天文台(USNO)保持的协调世界时,通过GPS及其他多种无线和有线手段来统一全球美军及其盟友的作战时间,并以其标准时间为基础支撑建设了庞大的战场信息网络,进而保障了美军的全球领先的信息化建设水平。

8.2 信息化战场的时间统一

8.2.1 联合作战的时统基础

信息条件下的现代化作战是体系与体系的对抗,只有多兵种力量形成联合作战体系,才能有利于赢得胜利。特别是现代化先进作战体系,都是依托于先进的综合电子信息系统来实现指挥控制和作战力量的联合,对时间有着严格的要求[1]。

联合作战在很大意义上就是使诸兵种参战力量在时间上实现密切配合和协同。而统一的时间则是各作战力量密切配合和协同的基础,没有统一的时间就无法实施精确有效的军事行动。在信息条件下的联合作战中,制定的作战计划非常复杂且环环相扣,完成和实施各阶段作战计划必须有着严格的时间要求。各作战力量在联合作战行动中必须与指挥部的时间严格保持一致,并按照作战计划中的时间要求实施行动,以分、秒为基本时间单位精确控制所属部队,做到精密配合、有机协作、步调一致(图8.7)。若在联合作战中,各部作战力量没有统一的时间参考,各自按照自己的时间来实施作战计划,那么在作战过程中就很难按照统一的作战规划相互协同、相互支援,最终失去对战场的控制权和作战意图的失败。

在信息条件下的联合作战中,各类高新技术武器装备大量运用于战场之中,如卫星导航系统、侦测系统、网络信息传输系统、精确打击武器,等等。战场信息的获取及传递速度突飞猛进,从发现目标到打击目标的时间大幅缩短。以美军为例,在海湾战争中,从发现目标到打击目标需要 3 天,在科索沃战争中需要 2h,在阿富汗战争中需要 12~19min(图 8.8),而在伊拉克战争中则只需要 9min。

图 8.7 多兵种联合作战　　　　　图 8.8 阿富汗战争

在战争节奏日益加快的今天,联合作战行动的实施变得异常复杂,行动所选择的时间点和时间段必须十分精确,各作战力量之间的时间必须高度统一,否则一步差,步步差,如果无法跟上战争的节奏,疲于应对,最终的结果就会导致失败。因此,在信息条件下的联合作战必须具备统一的标准时间,各作战力量必须严格向标准时间溯源,将各部之间的时间差严格控制在一个很小的范围之内。时间差越小,实施的联合作战行动就越精密,就有可能取得更好的战术效果。

8.2.2 敌我识别的时统前提

敌我识别系统可谓是战场上的"火眼金睛",它能准确有效地识别战场上的敌我双方并依次给予打击或保护。若没有敌我识别系统,或者军队的武器装备没有与敌我识别系统很好的匹配,就有可能出现"自己人打自己人"的"乌龙"事件。这类友军误伤的主要原因有:战斗敌我识别系统错误、导航系统故障、火控系统失误、战场通信失效、部队协同失灵,等等,而这些问题所涉及的技术系统的底层都需要精确的时间来保障,如果时间统一上出现问题就可能导致上述问题的产生。

在 1973 年 10 月的第四次中东战争中,埃及军方由于敌我识别系统没有发挥应有的作用,导致其防空部队在击落以色列 89 架战机的同时也击落了己方的 69 架飞机,可谓是杀敌一千,自损八百。在 2003 年开始的伊拉克战争中,因美英联军指挥混乱,且内部各作战力量之间的敌我识别系统没有很好地匹配,美英联军曾多次发生友军误伤事件,如美英联军战机被美国"爱国者"导弹击毁,美国海军陆战队 M1A1 坦克被友军武装直升机导弹击中等(图 8.9),造成了不必要的损失。

敌我识别自古以来在战场上作用就是重中之重。在冷兵器时代,军队作战区分敌我的方式大多依靠视觉或暗号方式,如以不同的服装颜色或装饰物对敌我双方进行外形上的区分,如在身体的显著部位如头部、臂膀上缠绕统一颜色的标识(图 8.10),除此之外还有经常使用的口令及暗号等识别方式。

图 8.9　美军被误击的"M1A1"主战坦克

图 8.10　红巾军服装标识

而在进入热兵器时代后,各种武器装备层出不穷,飞机、火炮、导弹、军舰等武器装备相继服役,作战纵深和作战范围不断扩大。在进入信息条件下的现代化战争中,战场逐渐趋于数字化及网络化。所有作战力量,包括飞机、火炮等在雷达及作战指挥系统中都只显示为一个亮点或以简单符号来标记。以往的简单依靠外形及感官进行的敌我识别方式已经失效。为解决这一问题,1935 年,英国皇家空军开始使用无线电信号来区分敌友。随后,为了识别更远距离的敌我目标,人们又发明了 Mark 二次雷达,采用应答方式来区分敌我目标,这种区分敌我的方式可以说是现代敌我识别系统的鼻祖,从图 8.11 可以看到敌我识别天线的一个样例。

图 8.11　敌我识别天线

现代敌我识别系统主要依靠应答方式进行工作。最简单的敌我识别系统应当包括两套问询机和应答机,图 8.12 说明了敌我识别系统的基本原理。

当雷达侦测到目标后,敌我识别系统的问询机会向待识别的目标发送一组有相应约定规则的特殊编码。如若目标为己方,则应答机会立即对收到的编码进行解码,并根据约定的规则由其设备上的全向天线向雷达发送应答信号。问询机在收到应答信号后立刻解码,如若应答信号正确则立即发送给雷达系统并在雷达屏幕上显示识别信号(图 8.13),这是敌我识别系统的基本流程。

由于信息化条件下的现代战场上的电磁环境十分复杂,并时刻存在着敌方对我方的电磁干扰及电子侦察窃听等情况。为了增强系统的抗干扰性,现在敌我识别系统的密码每隔一段时间就会自动变化一次,且系统发射信号的相应频率也随之变化。

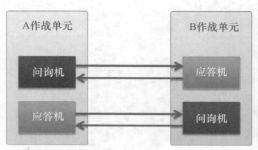 

图 8.12　敌我识别系统原理(见彩图)　　图 8.13　美军雷达侦察系统

这就需要系统内所有装备必须工作在统一的时间标准下,如果系统内的设备时间不统一,那么应答机就可能无法准确及时地解算出问询机所发出的问询信号,继而出现被系统误判为敌方的情况。例如:系统规定在 t 时刻问询密码会发生变化,并在密码中插入一段时长为 n 的序列,但装配应答机的装备时间却与系统时间不一致,就无法按照系统的规定在 t 时刻与系统保持同步的密码变化,且也无法准确地测量出所插入时长为 n 的序列,也就无法准确地解码,待装配应答机的装备到达 t 时刻对密码进行变更时,系统雷达却已经标示该装备为敌方,并可能发出攻击指令。在瞬息万变的信息化条件下的现代战场上,误差 1ms 的代价可能就是生命,甚至是被己方所误伤,由此造成作战力量不必要的损失是不应该的,其实是可以通过技术手段来避免的。

8.2.3　通信传输的时统要求

伴随着科学技术的不断进步,通信经历了从模拟通信到数字通信的发展。在模拟通信中,我们将信号加载到电磁波上,并通过引导校频的发送和接收实现系统频率的统一,从而区分电磁波上的各路信号。而在数字通信中,通常将信息经过编码加载到脉冲频率信号上,信息在传输的过程中会被拆分成一个一个的码元,然后经过通信网传输至目的地并解码,还原成完整的信息。就好比运输货物,因货物的规格较大,所以必须将其分解成一个一个的部件来运载,到达目的地后再按照顺序组装还原,图 8.14 是通信传输的一般流程。

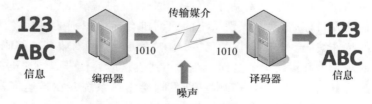

图 8.14　数字通信传输的一般流程(见彩图)

信息的传输并不是表面看起来的那么简单,如同拿起手机就可以拨打电话,计算机插上网线就可以上网一样,看似很简单的动作背后却有着许许多多的基础技术在支撑着与我们息息相关的通信网络。

在通信网中,为了保证信息传输的畅通,减少错码及乱码,提高信息的有效性,通常需要在通信网中引入时间同步网。时间同步网在通信网络中的作用就是统一通信网中各支线网络及节点的时间,使通信网的传输在同一个"节奏"上,有序地传输信息。比如说队列行进,每个队列都可以看作一个支线网络,而队列中的每个人都可以看作网络节点。如果各个支线网络和节点之间的时间不一致,每个人、每个队列都按照自己的时间前进,相互冲撞,毫无节奏感,那么整个队列就会陷入一片混乱。因此,现在通信网的重要节点的基站中都会配备数量不等的原子钟用以保持本地时间、产生时标信号,并向系统标准时间溯源,以确保整个网络通信传输的平稳、有序。如电信运营商的时钟同步网一般可分为 3 级,一级节点采用基准钟,二、三级节点分别采用二、三级节点钟,各级时钟的基本配置如图 8.15 所示。

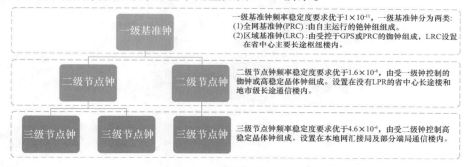

图 8.15　电信运营商时间同步网结构

军用通信网对信息的传输要求是必须实时、准确、有效、可靠,相比民用通信网对时间统一有着更加严格的要求,通常需要优于微秒(10^{-6})量级的时间同步。在军用通信网中,各网络节点通过卫星、光纤及电缆等途径交换信息,手段和方式多样。为了加强通信过程中的抗干扰性及保密性,还会经常使用一些特殊的技术手段进行信息传输,如跳频通信等(图 8.16)。

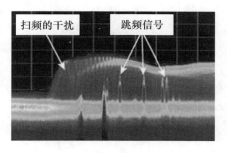

图 8.16　跳频信号(见彩图)

跳频通信的关键技术在于其跳频系统的同步,而跳频系统同步的基础就是时间频率的同步和一致性。如果网络中各节点的时间频率不一致,那么通信双方就无法保证其信息传输过程中的连续、可靠及信息的完整。现代跳频系统是通过跳频图案进行同步的,跳频图案同步的本质就是频率的同步。时间信息 TOD 是用来实现通信双方的精确时间同步,通过对 TOD 的完整接收,以及 TOD 与跳频频率之间的关系来实现跳频图案的同步。跳频同步通常包括两步,第一步是捕获状态,即跳频图案的同步;第二步是跟踪,调整通信双方的频率的相位差,使双方的跳频图案在时间上同步。时间信息 TOD 是一个变量,它随着时间的变化而变化,它产生于通信设备内部的时间发生装置,没有外部比对和控制的条件下,通信双方的时间偏差会越来越大,进而导致无法有效接收到对方所传输的信息。因此,必须采用特定的时间频率同步技术和装置才能保证通信双方的时间频率的一致性和通信联络的有效运行(图 8.17)。

图 8.17 军用跳频电台

在信息化条件下的现代战争中,信息传递的重要性不言而喻。信息是否可以实时、准确、有效、可靠地传输已经成为可以左右战争胜负的关键因素,而现代信息传输则是以精确的时间频率同步为基础。除了保障通信系统自身有效运行外,各类通信对抗、电子战也都需要精确的时间频率的支撑[5-6]。可见,时间频率同步对于信息化建设具有极其重要的基础支撑作用。

8.2.4 精确打击的时统保障

在信息条件下的现代化战争中,精确打击武器备受推崇。在海湾战争的前 5 天中,美军一共发射了 216 枚战斧式巡航导弹,精确地打击了伊拉克境内的重要军事目标,如雷达、机场、国防部、通信指挥所等,直接影响了战局的走势,为美军后期的军事行动奠定了基础。此后,美军大力推进精确打击战术的演进,力求在战场上以最小的代价取得最大的战果。在随后的科索沃战争中,美军使用的精确制导武器约占所使用的各类武器数量的 35%,而这一数字在海湾战争中只有 8%。在阿富汗战争中,这一比例达到了 60%,且命中率高达 90%。而在伊拉克战争中,精确制导武器的使用率更达到了 90% 以上。

精确制导武器的制导模式目前主要有:GPS 制导、惯性制导及自主式制导等[7]。由于单一制导模式的命中精度有限,故现代精确制导武器多采用复合制导模式。比如我国的"C-802"反舰导弹就采用的自主式制导与自控式制导相结合的方式

(图8.18),而美国的"战斧"BlockⅢ型巡航导弹采用的是惯性制导、GPS/地形匹配和自动寻的制导方式相结合的制导方式(图8.19),大大提高了打击精度。在精确制导系统中,时间频率的准确性对打击精准性具有重要影响。

图8.18 "C-802"反舰导弹

图8.19 "战斧"BlockⅢ型巡航导弹

在复合式制导模式中,导弹要精确地命中目标,通常需要导弹、卫星、雷达及控制站之间的精密配合。在指挥所确定目标之后,需使用卫星与雷达对目标所在地准确的三维位置、时间及速率进行测量,并将数据发送至武器控制站。控制站根据所接收的数据计算出预定的弹道轨迹并实施发射。导弹在飞行过程中利用自身的传感器感知周围的地形变化,包括高度差及气压变化并实时传送到控制站,同时卫星及雷达实时跟踪目标和导弹的方位数据传送至控制站。控制站系统计算机根据三者所发送的数据信息立即计算出弹道修正值并发送至导弹。导弹根据修正值修正自身弹道并最终精确命中目标。

从导弹发射到命中目标的过程中,所有采集到的数据,包括导弹飞行过程中的地形数据及目标所在的方位数据等都是实时传输的。这就对整个系统内部设备之间的时间同步提出了很高的要求。只有系统内所有设备的时间高度统一且保持一致才可以保证导弹精确的命中目标。假设,导弹与系统时间的误差为 $200\mu s$,此时导弹的加速度如果为 $9g$,则此时引起的速度偏差为 $0.018m/s$。再假设,如果卫星时间超前控制站时间 $1s$,则控制站会始终认为卫星发送的目标及导弹位置为下一秒的数据并进行计算,导弹根据错误的数据进行自身飞行轨迹修正,最终会偏离目标越来越远,无法达到战术预期。

在现在精确制导模式中,卫星导航系统占据重要的地位,而基于卫星导航系统的导航定位也是高度依赖于时间的精确测量和处理。卫星导航的基本原理是基于运行在指定轨道上的导航卫星,在卫星钟控制下,连续发射无线电导航信号,用户接收机接收至少4颗卫星的导航信号。恢复出导航测距码,与本地时钟推动的测距码相比较,完成用户对每颗卫星的伪距测量;并从卫星导航信号中解调出卫星星历,得到卫星位置,用户接收机根据已知的卫星位置和测得的至少4个伪距最终计算得出用户的位置。在这里提到了一个重要的概念,即伪距。伪距是指定时刻卫星同用户间的相对时差与信号自卫星到用户间的传播时延之和再乘以光速。伪距可以用以下公式表达:

$$R = (t + \Delta t) \times c \tag{8.1}$$

式中:R 为伪距;t 为信号自卫星到用户间的传播时延;Δt 为指定时刻卫星同用户间的相对时差。该公式展开后为

$$R = c \times t + \Delta t \times c \tag{8.2}$$

式中:$c \times t$ 即用户到卫星之间的实际几何距离;$\Delta t \times c$ 为由相对时差导致的测量误差。可见 Δt 越小,相对时差越小,测量的精度就越高,用户得到的位置信息也就越精确。若卫星与用户之间的相对时差为1ns,即 1×10^{-9}s,则最后经过计算得出的位置偏差为 0.3m。

即使在更先进的完全自主制导的导弹运用中,对时间的要求仍然不可或缺。如对指挥控制指令的快速响应、多个导弹批次之间的火力协同打击、动态目标的跟踪锁定与打击等,都对时间统一的精度要求非常高。由此可见,要想打得准,就要时间准,就需要使整个体系的时间得到精确同步和统一。

8.3 信息化战场的频率支撑

8.3.1 电磁信号与频率源

在信息化战场中,电磁信号遍布着整个战场空间。如雷达信号、卫星天线的信号、激光等都是电磁信号的一种。电磁信号是电磁场的一种运动形态,变化的电场会产生磁场,变化的磁场则会产生电场,而变化的电磁场在空间中传播就变成了电磁信号。由于电磁信号在空间中的传播如同水面波动一样,所以我们也把电磁信号称为电磁波,也常称为电波或电磁辐射。

在电磁波被发现之后,人们用许多名词和方式来表达和描述它,其中最常用的是频率和波长,频率代表着电波变动的次数(用字母 f 表示)。波长是电磁波在传播过程中每个周期的相对距离(用字母 λ 表示),也就是两个波峰或波谷之间的距离,它可以用电磁波的传播速度除以频率表示,而电磁波在真空中的传播速度等同于光速(用 c 表示,约为 3×10^8m/s)。三者的关系可以通过以下公式表达:

$$c = \lambda \times f \tag{8.3}$$

通过公式我们可以看出,低频电磁波有较长的波长,而高频电磁波的波长却较短。用频率来表示电磁波,单位有千赫(kHz)、兆赫(MHz)。在通信传输中,频率代表着信道的承载能力,通常频率越高的电磁波,其数据承载能力就越高,单位时间内传输的数据越多。频率也代表着能量,频率越高,往往可传递的能量也越多,如高能量激光,甚至可以用来制造激光武器(图 8.20)。

图 8.20　激光发射器

电磁波的形式多种多样,我们所说的无线电信号,如卫星信号、雷达信号等都是电磁波的一种。自从 1887 年德国物理学家赫兹证实了电磁波的存在后,人们又陆续地发现了更多形式的电磁波,其本质相同,只是频率和波长之间互有差别。如果按照电磁波频率从低到高排序的话,它们分别是无线电、红外线、可见光、紫外线、X 射线、γ 射线、高能射线(图 8.21)。

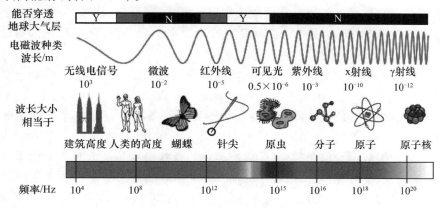

图 8.21　电磁波谱示意图(见彩图)

电磁信号的核心特征之一是其频率,在电磁信号的实际工程应用中,与电磁信号的生成、控制、调制、发射、接收、解调等相关的所有过程都需要稳定和准确的频率源来支撑和保障。

8.3.2　信息化武器装备与频率源

信息化武器装备一般是指以运用计算机技术、网络技术、微电子技术等现代高新技术手段,实现信息探测、传输、处理、控制、制导、对抗等功能的武器装备(图8.22)。信息化武器装备通常包括软杀伤型武器(信息战武器装备,如电磁干扰器、导航侦察卫星等)、硬杀伤型武器(信息化弹药,如精确制导武器等)等不同类型。信息战已经成为当今军事对抗的重要轴端之一,并且有完整的信息化装备系统和技术支撑[8-10]。

图 8.22　信息化武器装备核心部件

　　信息化武器装备类型繁多,这里以其中关键装备数据链为例进行分析和初窥。数据链是连接信息化战场的数据链装备和作战指挥中心的一种信息处理交换和分发系统,其技术在本质上是一整套通信协议(如频率协议、波形协议、链路与网络协议、保密标准等),以及被交换信息的定义。在数据链上传输的数据是依照不同格式定义要求的信息。数据链系统通常由战术数据系统、加密设备、数据终端(或调制解调器)、通信电台等构成,而这些装备一般统称为数据链装备,也是信息化武器装备的重要代表。

　　链路是一套完整的设施,包括完成通信所使用的设备、训练及程序,如卫星通信链路等,其表示的是一种固定能力。而数据链是一套完整的可以具备稳定实时传输数据的"通信线",我们可以将数据链简单理解为一条具有特殊用途的高速通信线路。与普通通信网不同,数据链实现的功能较为特殊,如 Link4A 主要负责航空母舰及舰载机之间的数据通信与控制,可以快速地为指挥员和战斗人员同时提供有关的数据和完整的战场态势信息,最大限度地发挥战术效能。

　　美军和北约非常重视数据链的研发与应用。自 20 世纪 60 年代就开始了对数据链的军事开发,并成功地研发出了战术数据链,美军称为 TADIL,而北约则称为 Link。常用的战术数据链有 Link4A、Link11 和 Link22 等态势数据链,以及战术通用数据链。美军及北约成熟的数据链使其在现代战争中面对战争对象有着非常大的信息优势,从战争的策划到结束,美军及北约始终掌握着战场的信息权及主动权,图 8.23 所示数据链连接了各类卫星系统和武器平台。

　　数据链装备是现代军事高新技术的代表之作,是信息战、网络战的"神经通道",各种类型的数据链,都离不开现代通信技术与计算机技术的支持,而这些都是建立在

图 8.23　由哥白尼卫星为海洋上各类作战单元传输的战场信息（见彩图）

精确稳定的时钟信号基础之上的。当前，所有的通信基站中都需要有准确稳定的时钟源。在所有的计算机系统中，最为重要的硬件是处理器，我们经常采用的描述处理器的方式是其频率参数，如 3GHz，这些频率从根本上都来自其内部的稳定的时钟。因而，在各类系统中的时钟输出信号稳定与否也是信息化武器装备稳定运行的关键因素之一。

信息化武器装备是现代通信技术、数字处理技术、计算机技术、网络技术等相互融合的结果，其关键部件对时间频率都有较高的要求，越先进的系统对高精度的时间频率技术要求越高，因此，高精度的频率源是信息化武器装备的核心支撑之一。

8.4　典型战例的时频作用分析

伊拉克战争是 21 世纪由美军发动的第一场初具信息化形态的战争，从中可以看到各类信息系统发挥的巨大作用，进而可以分析支撑这些信息系统和作战行动有效运行的底层技术支撑[11]，可以分析时间频率在其中所发挥的支撑保障作用。2004 年 11 月 2 日—15 日，美军发起了行动代号为"幻影愤怒"的第二次费卢杰之战。此次作战，美军在伊拉克国民卫队的配合之下，使用大量的信息化武器装备，运用多种战法和手段，成功消灭了大量的反美武装，重新夺得了费卢杰的控制权，达到了预定的作战目的，共击毙反美武装 1200 人，沉重地打击了反美武装。

费卢杰市位于伊拉克安巴尔省，在首都巴格达以西约 69km 处，2003 年时全城总人口约为 40 万，绝大多数居民是逊尼派穆斯林。该市城西毗邻幼发拉底河，河上一南一北横跨两座大桥，北桥的东端与城区相连，西端是费卢杰综合医院；南桥与贯穿全城的一条高速公路（10 号公路）相连；城东是一片工业区；城北是一个火车站和一条铁路线；市中心是名为纳兹扎区的原费卢杰旧城；全城有超过 200 座清真寺，因此费卢杰又称为"清真寺之城"。

参加此次战斗的美军、英军和伊军大约有 15000 人，其中 10000 人将攻入城内；其余 5000 人则在城外负责掩护。美军的主力是两个战斗团。第 1 战斗团由海军陆战队（USMC）1 团 3 营、海军陆战队 5 团 3 营和陆军（ARMY）的第 7 骑兵团 2 营

(CAV)等部队组成;第 7 战斗团由海军陆战队 8 团的 1 营、海军陆战队 3 团的 1 营和陆军的第 2 步兵团 2 营等部队组成。两个战斗团从西至东依次部署在费卢杰市的北方,如图 8.24 所示。此外,美伊联军还在幼发拉底河西岸进行了部署。所有攻击部队都有飞机和火炮部队支援。

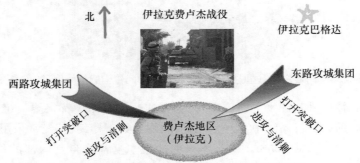

图 8.24　第二次费卢杰之战美军部署

　　战役于 2004 年 11 月 7 日晚正式打响。联军先从费卢杰的西面和南面发起佯攻。其中美国海军陆战队第 3 轻装甲侦察营和伊军第 36 突击营在美国海军陆战预备役第 23 团 1 营、第 1 战斗服务支援连和第 113 战斗服务支援连的协助下,拿下了幼发拉底河沿岸的费卢杰综合医院和附近一些村落;费卢杰综合医院位于"黑水桥"的西侧,美军认为这座医院是武装分子的一个重要指挥部,占领该医院不仅切断了武装分子的对外联络,还摧毁了武装分子的一个指挥中心;随后,联军又拿下了横跨幼发拉底河的两座大桥——黑水桥和南桥(10 号公路桥)。美国陆军的第 1 骑兵师第 2 旅则在城南驻守。至此,费卢杰的所有通道均被联军封闭。

　　在佯攻发起的同时,驻扎在费卢杰东北部的美军民政事务部队在伊拉克电力部门的协助下,切断了全城的电源。11 月 8 日晚 19:00 点,2 个主力攻击团开始从费卢杰北部开始发起全面进攻。其中,重装甲的第 7 骑兵团 2 营和第 2 步兵团 2 营为开路先锋。由于美军判断武装分子主力位于费卢杰西北角的朱拉恩区,因此在作战辖区的分配上让第 1 战斗团负责以朱拉恩区为主的 1/4 城区,而第 7 战斗团则负责其余 3/4 城区。在 6 个营身后紧跟着 5 个伊军营;再后面是民政部队和海军工程兵,他们的任务是恢复秩序和清扫道路。2 个主力攻击团和位于城南的第 1 骑兵师第 2 旅各有一个炮兵连直接提供火力支援,这些炮兵部署在费卢杰西南 22km 处。

　　城外的美军火力支援部队在进攻开始前没有对费卢杰进行预备射击和饱和轰炸,战斗爆发后火炮和空袭都由前线火炮观察员和无人侦察机控制,每一名火炮观察员、飞行员和行动指挥中心的军官都有同样的费卢杰地图,所有炮弹只针对确定的武装分子目标,以此尽可能减少了平民的伤亡。美军将 81mm 迫击炮的威胁距离定为 100m,把 60mm 迫击炮的威胁距离定为 50m。由于美军的远程支援火力精确度很高,城内的美军经常敢在距离目标不到 150m 的地方请求召唤火力支援。而美军飞机上定位系统可以在 8000m 高空清晰展现地面情况,当地面美军请求召唤炮火攻击时,天空的美军飞机会及时跟踪观察目标背后和附近是否有友军在危险范围内并及时告知炮火支援部队(图 8.25)。

图 8.25　费卢杰的苏哈达区航拍图

美军攻进城后,发现武装分子早已用废车、砖墙、水泥袋等将道路封死,而武装分子以 4~12 人的小队躲在经过加固的房屋内或屋顶上,用 AK47、火箭弹、机枪和迫击炮向美军射击;由于没有夜视装备,武装分子在夜里很难对美军构成真正威胁。美军则用推土机和挖掘机开道,一一清理前进道路上的路障。路障清除后在阿布拉姆坦克、布莱德利战车、120mm 数字迫击炮、AC-130 空中炮艇机、"眼镜蛇"武装直升机、"阿帕奇"武装直升机、155mm 火炮的全力掩护下,步兵逐房搜索清剿,不时与藏匿在房内的武装分子爆发激战;为了避免被悬挂在门上和墙上的诡弹杀伤,美军通常先召唤坦克推倒房屋的墙壁,或者安置炸药炸开房门,然后再冲入进行搜查。在巷战时,美军的坦克和车辆会尽量靠着街道的一侧,从而可以为在街道另一侧的车辆提供火力支援;有时候前头的坦克由于射角过小而无法攻击武装分子的火力点,殿后的装甲车就会承担起这一任务;美军狙击手则在后方隐蔽点埋伏随时狙杀出现的武装分子。在夜间,美军的远程侦察监测系统能在错综复杂的街区中寻找到前进的道路。11 月 16 日,美军宣布已经完全占领费卢杰,但此时仍有零星战斗发生。

此次战役,联军共发动了 540 次空袭,消耗了 14000 枚火炮和迫击炮炮弹、2500 发坦克主炮炮弹。在 11 月 7 日—12 月 23 日期间,美军在费卢杰共有 82 人战死(陆战队 72 人、陆军 9 人、海军 1 人)和 6 人非战斗死亡,另有 500 多人负伤;伊军也有 8 人战死,43 人负伤。截至 11 月 19 日,联军共打死 1200 名武装分子,俘虏 1000 余人;而第 1 陆战远征军指挥官萨特勒中将则称在整个费卢杰战役打死近 2000 名武装分子。

在这次行动中,美军综合运用了空地一体的侦察系统、GPS、数据链技术、具备精确打击的火力系统、单兵通信终端等信息化武器装备,成功地将战场数字化与网络化,夺取了战场的信息权,实现了战场的"单向透明"。作战指挥中心可以近实时地获取前线的作战情况,并可以根据情报实时调整作战部署和方针,指挥部队实施精密的联合作战行动。如在战斗伊始,美军就大批量地动用空中力量和精确打击武器,实施了高度联合的空地一体的破障行动,定点摧毁了大量反美武装的坚固堡垒、防空工事等重要军事目标。在转入地面推进后,美军继续使用空中火力对地面部队前进道路上的反美武装火力点进行清除,再使用炮兵和装甲兵护送步兵快速推进。在遇到敌方火力点后,步兵直接召唤待命的美军空中力量提供火力支援,如此往复,快速推进。在最后的扫尾工作中,美军狙击手通过空地一体的侦察系统实时地获取反美武装的位置信息,然后继续召唤空中火力支援或者地面突击等打击手段将反美武装人员逼出据点,使之暴露在空旷的地带,最终由狙击手完成清理工作。

第二次费卢杰之战是进入 21 世纪后,美军规模最大的一次城市攻坚战。美军综合运用了先进的信息化装备,在作战过程中各作战力量在指挥部的近实时指挥下实施了精密的联合作战行动,并成功地运用了非接触式巷战的作战模式,大大减少了美伊联军的伤亡,达到预定的战略目的,可以说是信息化条件下的城市攻坚战的经典之作(见图 8.26)。

图 8.26　第二次费卢杰之战

在此次行动中,大量运用了现代化的高技术手段来支撑保障作战行动,例如:空地一体的侦察系统、对敌方精确的火力打击、战场近实时数据传输系统、战场态势信息融合,以及各作战力量的联合协同等,这些核心系统和平台的底层技术支撑都需要统一的高精度的时间频率技术和装备来支撑,在美军的各类现代化通信、导航、控制、作战平台等装备中都广泛使用基于 GPS、原子钟等技术的时统设备或系统,为其提供准确的时间和频率保障。

8.5　时间战的新概念研究

自从 GNSS 在各领域得到广泛应用后,"导航战"的概念和许多策略被提出。导航战的初期重点关注系统、信号、定位等内容,并且很多情况下以导航接收机干扰与抗干扰的形式出现[12-13]。随着对时间频率作用重要性的认识逐步加深,"时间战"的思想也逐步得到了发展和加强,如 2017 年 5 月,美国"第一防务"网站刊文提出了美方部分专家"时间战"(time warfare)的基本认识和思想(见图8.27)。文中提出的基本思想如下：

每当谈及美军对定位、导航与授时(PNT)技术的依赖时,人们都会指向GPS。对GPS信号的干扰会使美军因无法获得定位和导航信息导致无法以"美国方式"发动战争,但是PNT中的另一关键支点却一直在被忽视,那就是T——授时。

据美国国土安全部门称,21号总统政策令指出的16个关键行业中,有11个依赖于精确授时。它在普通民众的生活中也具有极其广泛的用途,主要包括通信、移动电话、配电、金融等。依靠精确授时的军事能力包括感知、传感器融合、信息链、安全通信、电子战、网络行动以及指挥与控制。

美军负责PNT管理的机构是联合导航作战中心。当前美军在降级、拒止等作战限定环境中训练的重点大多是围绕如何识别和缓解定位和导航信号拒止的影响。既然授时功能如此重要,那么美军该如何进一步提高授时功能的抵抗能力。

图8.27 "第一防务"网站刊文提出的"时间战"文章题目

第一,认识到要想确保获得精确授时,当前的防御措施是不够的。美军需要进一步正视时间战争的概念,这意味着要用更新更广泛的方式来定义授时系统所面临的威胁。这不仅仅是电子攻击,还涵盖其他方面的作战。为此美军需要重新制定时间防御的基础设置和网络行动,在致力于推广精确授时应用的同时,设计、建立、维护以及提高良好的授时资源和授时分配。这也意味着规划好进攻性时间行动可以提升美军在服务和军事功能方面的优势。

第二,美国国防部应该提升授时的重要性地位。长期以来,PNT中的定时都被看作是小写的"t"。而通过将其与定位和导航分解开,可以使精确授时和时间间隔从被政策、规范和学说忽视的阴影中摆脱出来。因为授时功能与PNT的另两个要素并不是完全不可分的,在完全不依靠GPS或其他导航系统的情况下还有很多方式可以测量和分配授时。美国国防高级研究计划局(DARPA)研发的芯片级原子钟和具有增强稳定性的掌上原子钟就是这样的例子。

第三,美军需要一个专门机构负责时间战争中的具体行动。如果选择联合导航作战中心,那么名字应该改为联合时间作战中心,才能更全面地体现PNT的职能。同时它还应该从美国战略司令部领导的空军航天联合机能构成司令部分离,来弱化对GPS这类天基系统的依赖,同时通过将其移交战略指挥部,来强调时间战争中作战的重要性。

能够像精确授时这样在国家安全和日常生活中都能对美国产生大范围影响的技术很少,因此必须对它面临的威胁给予足够的重视。尽管国防部研发了很多新系统来分散风险,人们仍然需要从更广泛的角度来思考授时功能在战争中的地位。在没有经过深思熟虑、全面、连贯以及广泛的指导和政策考量的情况下,美国国防部用一些截然不同的、没有互操作性、同时也可能存在风险的授时系统更换现在运行良好却脆弱的GPS,是有很大风险的。因此在GPS拒止环境下,定位、导航和授时能力至关重要,各军事机构也都在呼吁寻找多种PNT方法来补充和支援GPS。

对于我国而言,也比较早地认识到了时间在国防和经济建设领域的重要性,并在该领域积极开展相关的理论研究、案例分析和系统完善。

参考文献

[1] 孙武. 孙子兵法[M]. 陈曦,译注. 北京:中华书局,2011.
[2] 克劳塞维茨. 战争论[M]. 中国人民解放军军事科学院,译. 北京:解放军出版社,2005.
[3] 郭武君. 论军事时间[M]. 北京:国防大学出版社,2009.
[4] 童志鹏. 综合电子信息系统——信息化战争的中流砥柱[M]. 北京:国防工业出版社,2008.
[5] 邓兵,张韫,李炳荣. 通信对抗原理及应用[M]. 北京:电子工业出版社,2017.
[6] DAVID L A. 通信电子战[M]. 楼才义,译. 北京:电子工业出版社,2017.
[7] 胡生亮,贺静波,刘忠. 精确制导技术[M]. 北京:国防工业出版社,2015.
[8] 晓宗. 信息安全与信息战[M]. 北京:清华大学出版社,2003.
[9] 文彻. 信息战[M]. 胡生亮,等译. 北京:国防工业出版社,2013.
[10] 库普里扬诺夫. 信息战电子系统[M]. 葛海龙,等译. 北京:国防工业出版社,2013.
[11] 樊高月,符林国. 第一场初具信息化形态的战争——伊拉克战争[M]. 北京:军事科学出版社,2008.
[12] 潘高峰,王李军,华军. 卫星导航接收机抗干扰技术[M]. 北京:电子工业出版社,2016.
[13] 陈军,黄静华. 卫星导航定位与抗干扰技术[M]. 北京:电子工业出版社,2016.

第9章 时间频率发展展望

时间频率技术发展迅速,每5~10年,性能指标就提高一个量级,时间频率量值已经成为国际7个基本物理量当中精度最高、发展最快的方向[1-2]。1955年第一台实用型原子钟诞生,当时的频率准确度为10^{-10}。到2015年,铯频率基准装投入稳定运行后,频率准确度可达10^{-16},可见精度提高了100万倍以上,指标提高趋势如图9.1所示。

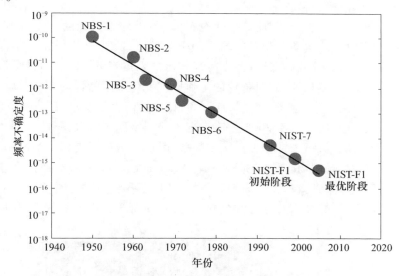

图9.1 原子钟频率准确度逐步提高趋势

近十几年来,时间频率技术又取得了许多新的进展和突破,如在新型频率基准、光频标、高稳频率源、高精度时间频率传递技术等领域,当前光频标装备已经可以实现锁定和短期稳定运行,其频率不确定度达到了$10^{-18} \sim 10^{-19}$水平,这将引领时间频率技术到达一个新的时代。下面介绍几个重要的新兴或热点方向供参考。

9.1 喷泉基准钟性能不断提升

当今最精密最准确的计量是时间频率的计量,而准确度最高的可连续运行的时间频率装置就是喷泉基准钟,如铯喷泉频率基准装置、铷喷泉频率基准装置,中国计量科学研究院、中科院国家授时中心等国内单位在喷泉基准钟的研制和应用方面取得了快速发展[3-5]。

喷泉频率基准装置的实现原理主要基于微观量子态的跃迁具有稳定不变的周期特性。1938年,Rabi等首先证实了原子共振能够产生稳定的钟跃迁。1949年Ramsey发明了分离振荡场技术,从而促进了1955年世界上第一台铯原子钟的诞生。1967年第13届国际计量大会决定采用原子秒,定义为"秒是铯133原子(^{133}Cs)基态的两个超精细能级之间跃迁所对应辐射的9192631770个周期所持续的时间"。该标准一直持续至今,实现了国际时间单位秒的标准化。随着原子秒定义的确立,铯原子钟的研究进入飞速发展阶段,准确度由初期的1×10^{-10}量级提高到1×10^{-14}量级。在商品型铯原子钟的基础上,进一步研制出准确度更高的"大铯钟",即铯喷泉频率基准装置,也称铯喷泉钟,众多研究铯喷泉钟的单位中德国的PTB、加拿大的NRC和美国的NIST所达到的准确度等性能尤为突出,由这些实验室型铯喷泉钟向BIPM定时发送数据,提供准确的秒长。

用于量子频标的理想粒子,应该是完全孤立、不受外界干扰的、在自由空间静止的粒子。但由于原子热运动及相互间的作用引起的谱线增宽,使得原子频标准确度与稳定度的提高受到了限制。随着激光冷却技术的发展,1995年法国计量局首次实现了激光冷却铯原子喷泉钟,使原子钟的工作原理发生了革命性的变化,准确度提高到$(1.5\sim2)\times10^{-15}$。随后美国、德国、意大利、日本等国也相继建成了原子喷泉频率基准。中国计量科学研究院于2003年底实现了我国铯原子喷泉频基。

经过20年的发展,喷泉钟作为各国的频率计量基准,已经得到广泛应用,美国国家标准技术研究院、德国物理研究院和中国计量院都已将喷泉基准钟作为守时系统的基准钟,图9.2为激光冷却原子原理和NIST-F1铯喷泉钟。美国海军天文台已经建成了4台铷喷泉钟并加入其守时钟组中,并正在新研3台用于其备份守时系统,图9.3为USNO的铷喷泉钟。

图9.2 激光冷却原子原理及NIST-F1铯喷泉钟

虽然喷泉钟已经进入实用化阶段,但喷泉钟性能提升的研究一直没有停滞,2000年,NIST频率基准NIST-F1的频率不确定度约为1×10^{-15},2013年,NIST-F1的频

图 9.3 USNO 铷喷泉钟

率不确定度减小到 3×10^{-16}。由于在分布腔相位(Distributed Cavity Phase)误差评估和微波透镜建模方面的重要突破,巴黎天文台 SYRTE-FO2 喷泉钟频率不确定度已经达到 2.1×10^{-16},英国国家物理实验室的 NPL-CsF2 的频率不确定度降低到 2.3×10^{-16}。2013 年,中国计量院发布了其 NIM5 的最新评定结果,对二级塞曼效应、碰撞频移、微波干涉开关、微波泄漏和分布腔相位误差等 13 个方面的影响因素进行复评,得到 NIM5 的频率不确定度为 2.0×10^{-15}。

表 9.1 给出了目前世界上主要铯喷泉钟的不确定度评定指标,最先进的频率基准不确定度接近 $(2\sim3)\times10^{-16}$,中国与国际先进水平还存在差距,还有很大的发展潜力。

表 9.1 目前世界上主要铯喷泉钟的频率不确定度

序号	频率基准	类型	频率不确定度
1	NIST-F1	喷泉钟(美国)	0.31×10^{-15}
2	SYRTE-F01	喷泉钟(法国)	$(0.4\sim0.48)\times10^{-15}$
3	SYRTE-F02	喷泉钟(法国)	0.21×10^{-15}
4	SYRTE-FOM	喷泉钟(法国)	$(0.82\sim0.86)\times10^{-15}$
5	NPL-CSF2	喷泉钟(英国)	0.23×10^{-15}
6	PTB-CSF1	喷泉钟(德国)	$(0.76\sim0.81)\times10^{-15}$
7	PTB-CSF2	喷泉钟(德国)	0.6×10^{-15}
8	NICT-CSF1	喷泉钟(日本)	$(0.9\sim1)\times10^{-15}$
9	NMIJ-F1	喷泉钟(日本)	3.9×10^{-15}
10	NIM5	喷泉钟(中国)	2.0×10^{-15}

随着科学家对各种物理现象的认识不断加深,喷泉钟的不确定度有望进一步降低,NIST 的新一代喷泉钟通过采用低温真空腔系统,将会使黑体辐射引起的频移降

至 $1/250$，从 2×10^{-14} 减小到 8×10^{-17}；通过改进冷却原子喷泉方式，有望使密度频移减小到 3×10^{-17}，最终 NIST-F2 的频率不确定度将小于 1×10^{-16}，接近微波钟指标的极限。

除了指标提升外，法国时间空间参考国家计量实验室（LNE-SYRTE）还致力于实现喷泉钟的工程化和可搬运，SYRTE-FOM 就是 LNE-SYRTE 设计研制的可搬运铯喷泉钟，如图 9.4 所示，主要用于实验室间的频率比对。在欧洲空间局的空间原子钟组（ACES）计划的支持下，巴黎天文台还开展空间喷泉钟（法拉奥）的研制，如图 9.5 所示，通过在国际空间站放置高性能的原子频标开展精密物理常数测量，2012 年巴黎天文台完成了"法拉奥"工程样机的研制，其频率不确定度约为 1.9×10^{-15}。

图 9.4　SYRTE-FOM 可搬运铯喷泉钟

图 9.5　法国航天局研制的激光冷却铯钟"法拉奥"工程机样

综上所述,喷泉钟在世界主要计量实验室已实用化,但是喷泉钟的性能指标仍然在应用中不断进步,可以预见在未来几年,随着人们对物理现象认识的加深,喷泉钟的指标将进一步提升,同时随着喷泉钟设计技术的不断娴熟,喷泉钟的工程化应用将会越来越广泛。

9.2 光频标未来将重新定义"秒"

基于光信号的频率标准装置研究是未来秒基准的重要发展方向,国内外许多研究机构都在该领域投入了大量研究,取得了很大的进展,一部分光频标已经可以比较稳定地锁定并实现短期的稳定运行[6-8]。

原子钟的准确度和稳定度均以其所应用的量子跃迁谱线频率的相对值来表示。与微波信号相比,光信号的频率高,并且有一些原子或离子的光学频率跃迁谱线很窄,其相应的 Q 值高达 10^{18}。利用这些谱线实现的原子钟(简称光钟),具有极高的频率稳定度。实现钟跃迁谱线的系统误差及其测算精度与谱线频率值本身没有一定的比例关系,所以光钟也具有很高的准确度潜力,预测其准确度和稳定度将优于 10^{-18}。

20 世纪末出现的 fs 光梳搭建了光频和微波之间的相干联系,为光频标迈向实际应用创造了技术条件。近 20 年来,随着冷原子物理的发展,飞秒光梳的诞生和迅速普及,国际上光钟研究小组的数目快速增长。据不完全统计,有美国 NIST[^{199}Hg$^+$],[^{27}Al$^+$],[^{40}Ca],[^{171}Yb (578nm)];美国 JILA[^{87}Sr (698nm)];法国 SYRTE 171Hg,[^{87}Sr];德国 PTB[^{171}Yb +],[^{87}Sr],^{229}Th$^+$;日本东京大学[^{87}Sr]、^{171}Hg;日本 NMIJ[^{171}Yb],^{87}Sr;日本 NICT[^{40}Ca$^+$]、^{87}Sr;英国 NPL ^{171}Yb$^+$,^{87}Sr$^+$。其中[ ]表示已经给出了至少一次自评定结果。此外,德国的马克思·普朗克量子光学研究所、Hannover 大学,美国华盛顿州立大学等也都开展了光频标的研究。2009 年,美国 NIST 镱原子光晶格钟评定系统误差为 3.6×10^{-16},2010 年,美国 NIST 的 ^{27}Al + 离子光钟自评定不确定度分别为 8.6×10^{-18}(两台铝离子光钟的频率比对符合到 1.8×10^{-17}),是目前频率不确定度最小的离子光钟,如图 9.6 所示。2013 年,NIST 再次发布其镱原子钟光钟的频率稳定度达到 2×10^{-18} 量级,比之前最好的原子钟还要好 10 倍,如图 9.7 所示。

目前国内有多家单位正在开展 8 种 10 台光钟的研制:中科院武汉物理与数学研究所[Ca$^+$]、Yb,清华大学 Ba$^+$、In$^+$,华东师范大学 Yb,北京大学 Ca,中国计量院 Sr,上海光机所 Hg$^+$,中科院国家授时中心 Sr,华中科技 Al$^+$ 等。中科院武汉数学与物理研究所开展了钙离子光钟的研究,这个小组在国内最早从事光钟研究,并已经实现了离子跃迁探测与锁定。2011 年,中科院武汉物理与数学研究所对其 Ca$^+$ 光频标的系统频移进行评估和测量,频率不确定度达到 3.9×10^{-15}。2013 年,中科院武汉物理与数学研究所对搭建的两台 Ca$^+$ 光频标进行直接比对,相对频率偏差为 3.7×10^{-15}。清华大学王力军小组目前正在开展铟离子光钟的研究。华东师范大学开展

图9.6　NIST设计的铝离子光频标及其量子阱

的是Yb原子光晶格钟的研究,他们在国内最早看到Yb原子的二级激光冷却现象,目前已经开始光晶格装载的实验,离最终的不确定度评估还有一段距离。中科院国家授时中心开展了锶原子光钟的研究,已经实现了一级蓝光冷却磁光阱。中国计量科学研究院开展了激光冷却锶原子光晶格钟的研究,通过研制激光冷却锶原子光学频率标准装置,探索原子光学频率标准的关键技术(图9.8)。

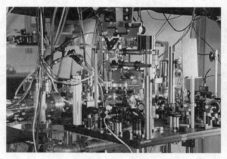

图9.7　NIST发布的Yb原子光频标稳定度达2×10^{-18}　　　图9.8　中国计量院的锶原子光晶格钟实验装置

光钟的研究已经走过了40年的历程,特别是近10年取得了跨越式进展。但基本上可以认定,光钟的研究仍然处于发展阶段。2007年国际时频咨询委员会(CCTF)鉴于光钟的不确定度仍在不断改进,将修改秒定义的讨论时间推迟到了2019年,以待光钟发展到比较成熟的水平。

9.3　新型超稳频率源快速发展

稳定的频率源是各类原子钟实现的基础,为了获得更高稳定的频率基准或满足新型雷达及通信需求,超稳频率源是时间频率领域的研究重点方向之一,特别是随着超稳激光和飞秒光梳的发展,进一步促进了该类技术的进步[9-10]。

早在1961年,国外研究人员把铜腔置于超低温条件下,得到腔的 Q 值为E7,比常温下高了3个数量级,这引起了超导腔的研究热潮。1967年,在铜腔内表面镀上 $100\mu m$ 厚的铌层,超低温环境下得到的 Q 值约为 1×10^{10}。从60年代开始,超导腔就开始用于高能物理学中的粒子加速器;70年代开始用作高稳定、窄谱线的微波频率源。后来随着工艺的改进,直接利用铌腔经过复杂的技术处理后获得高质量的内表面,并最终用于短期稳定度极好的时间频率标准的研制中。短稳标准可作为铯喷泉钟或光钟的本地振荡器,也可作为雷达及通信的频率参考源,在时间频率计量、深空探测和基础物理学研究等方面具有重要的应用价值,常见的短稳标准一般采用超导微波谐振腔和蓝宝石腔来实现,近几年随着超稳激光技术和光频梳技术的发展,利用光频梳将超稳激光变至微波频率成为短稳标准的重要技术手段。

近年来,在超稳激光和飞秒光梳方面的技术进步,使得利用飞秒光梳将超稳激光传递到微波频率成为可能。在光波段,由于低吸收和散射作用,在室温下 Fabry-Perot 谐振腔的品质因数可以达到 1×10^{11},将激光锁定到谐振腔上,可以使其在 $1\sim10s$ 间的频率稳定度达到约 2×10^{-16} 的水平,将这种超稳激光信号利用飞秒光梳传递到微波波段,便可以得到稳定度性能极好的微波信号。2011年,NIST 发布了其研究结果,利用518THz和282THz的两个频率稳定度为 $7\times10^{-16}/s$ 的超稳激光信号与锁模飞秒激光频率梳进行拍频,分别得到10GHz微波信号,图9.9为激光超稳微波信号产生原理,对两个10GHz信号进行频率稳定度和相位噪声测量,如图9.10所示。

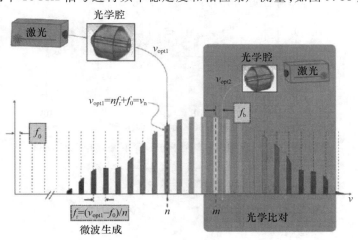

图9.9 激光超稳微波信号产生原理(见彩图)

测量得到两个10GHz信号的相对频率稳定度为 $8\times10^{-16}/s$,相位噪声达到 $-104dBc/Hz@1Hz$,底部噪声达到 $-157dBc/Hz$,比目前性能最好的晶振经无损耗变频至10GHz后的信号质量提升60dB,如图9.11和图9.12所示。

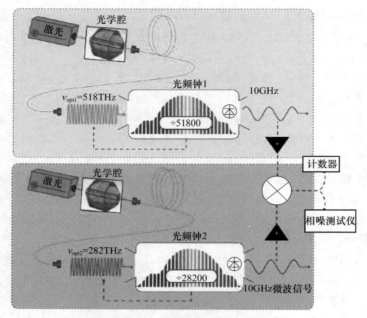

图9.10 激光超稳微波信号测量试验(见彩图)

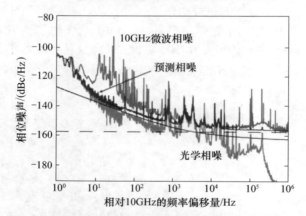

图9.11 激光超稳微波信号相位噪声测量结果(见彩图)

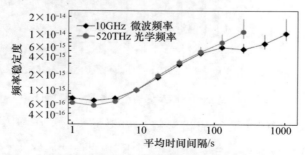

图9.12 激光超稳微波信号频率稳定度测量结果(见彩图)

9.4 卫星双向时间频率传递技术新发展

卫星双向时间频率传递是实现远程高精度时间频率传递的主要手段之一,被广泛应用于 BIPM 组织的国际时间频率传递网。随着原子钟准确度和稳定的不断提高,对传递链路的技术要求也在逐步提高,为此卫星双向时间频率传递在观测技术、处理技术等方面也在采用一些新思路来获得更好的性能[11-12]。

1)基于软件无线电技术的新型卫星双向时间比对调制解调器

在卫星双向时间和频率传递中,传统 TWSTFT 可以达到优于 1ns 的测量不确定度和 10^{-15} 量级的频率稳定度(平均时间 1 天)。TWSTFT 的测量精度决定于伪随机码的码片速率,而传统的 TWSTFT 使用 2Mchip/s 或 2.5Mchip/s 的速率,其占用带宽约为 5MHz,这使得长时间租用卫星带宽是一笔巨大的开支。为了降低费用,通过降低信号带宽,势必降低系统测量的短期稳定度。因此,为获得更高精度且短期稳定度优越的卫星双相时间频率比对方式,日本国家情报通信研究所(NICT)开发出一种基于双伪随机噪声(DPN)码的新型调制解调器,它的信号特点与当前 Galileo 系统和新一代 GPS 的二进制偏移载波调制信号很类似,这种调制解调器是基于软件无线电技术实现的。

目前,NICT 已经与台湾无线电通信实验室 TL 建立了基于 DPN 的卫星双向时间频率传递链路,使用 400kHz 的带宽便可达到 30ps 的时间比对不确定度,天频率稳定度可达到 10^{-15} 量级。将 DPN、PPP、TWSTFT 这 3 种方法的传递性能进行比较,结果如图 9.13、图 9.14 所示,图 9.15、图 9.16 为 DPN 系统实物部分。

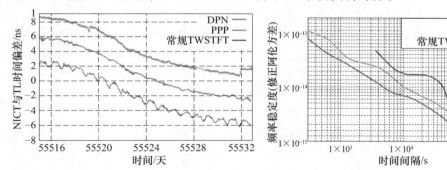

图 9.13 3 种方法的时间比对结果(见彩图)　　图 9.14 3 种方法的频率传递结果(见彩图)

2)基于载波相位的卫星双向时间比对技术

当前,基于伪码相位测距的卫星双向时间比对设备被公认为时间频率传递领域最有效且精度比较高的传递系统,经过国际多家时间频率实验室多年实际测试,证明该方法的时间比对不确定度优于 1ns。但随着原子钟频率稳定度的不断提升,需要更高稳定度的传递方法与之相匹配。基于载波相位的卫星双向时间频率传递技术相

图 9.15　DPN 室外天线

图 9.16　DPN 室内测试设备

对于码相位测距技术,受到多径效应和 Sagnac 效应的影响更小,必将提高卫星双向时间频率传递的时间不确定度和频率稳定度,因此基于载波相位的卫星双向时间频率传递技术已经成为目前该领域的研究热点和难点。

美国海军天文台的 Blair Fonville 是将载波相位理论应用到卫星双向时间比对技术的第一人,他在理论上推导出基于载波相位技术的卫星双向时间比对原理公式并做了详细的残差分析。2005 年,Blair Fonville 在美国海军天文台和德国物理技术研究院进行了实验,在短基线和长基线情况下测得的万秒频率稳定度可以达到 10^{-14} 量级,初步验证了载波相位卫星双向时间频率传递的可行性,但技术尚不成熟。

2012 年,日本国家情报通信研究所在 Blair Fonville 的载波相位卫星双向时间频率传递理论基础上,研制出一套技术相对成熟的设备,并在本土进行了零基线和短基线实际实验测试。其中,零基线的载波相位技术测试是采用共钟方式进行的,该种方法使得测试结果完全消除了由于原子钟自身的漂移所引入的误差,测试结果体现了载波相位卫星双向时间频率传递自身的性能。

该系统使用 NICT 研制的专用载波相位调制解调器。调制端选择 2MHz 码速率,通过商用室外单元将中频 70MHz 变为上行频率 14GHz,并依靠东经 172°的 GE-23 号 GEO 卫星 12GHz 的下行链路实现双向比对过程;接收端的低噪声放大器将信号转换到 70MHz 中频,解调器再通过 ADC 将双向比对信号进行采样,这个采样过程是完全精确同步于外部 UTC 的 1PPS 信号。

零基线测量结果显示,基于载波相位的卫星双向时差测量结果方差优于 50ps,且测量值与温度变化存在很大关系,而时间间隔为 1s 的频率稳定度已经达到 $2×10^{-13}$。图 9.17 和图 9.18 分别显示了零基线共钟情况下时间偏差和频率稳定度曲线。

NICT 短基线测试实验基线长度 150km,两站分别位于 Tokyo(35.7°N,139.5°E)和 Kashima(36.0°N,140.7°E)。短基线测试条件与零基线测试条件不同的是,B 站的频率基准选为 B 站本地的氢原子钟,并且使用 GPS 载波相位接收机 Septentrino PolaRx 作为比对标准。短基线测量结果显示,基于载波相位的卫星双向时间频率传递技术与 GPS 载波相位技术在时间传递上一致,两者之差的不确定度为 0.2ns,并且时间间隔为 1s 的频率稳定度为 $3×10^{-13}$。

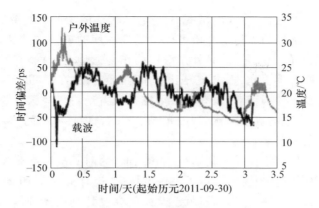

图 9.17 零基线时差曲线

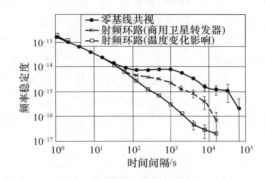

图 9.18 零基线频率稳定度曲线

可见,当前基于载波相位的卫星双向时间频率传递技术已经应用于氢原子频标,同时这种技术为更高频率稳定度的光纤双向时间频率传递技术开辟了一条新的道路。

9.5 光纤时频传递引领远程校准技术革新

随着物理学领域研究的突破和高精度导航定位需求对原子频标的推动,新一代光学频率标准的频率不确定度已经达到 10^{-18} 量级,传统的 GPS 类时间频率传递方法和卫星双向时间频率传递方法已难以满足这种新型原子频率标准的频率测量、比对、传递要求,需要研究更高精度或更稳定的时间频率信号的传递技术,远程校准技术亟待迎来一次革新。

近年来,基于光纤的时间频率信号传递技术,以其结构简单、成本低、抗干扰能力强等优势引起了各国研究机构的重视,并获得了快速的发展[13-15]。构建光纤传输链路时,可以为系统定制专用的传输光纤,也可以利用现有的光纤网络作为传输链路,例如波分复用网络、同步数字体系网络等。与此同时,这类技术已经完成了从提出到大规模的实验研究的过程,传递的精度不断提高,传递的距离不断增加。

光纤作为性能优异的光传输介质可以传递高纯度的单频微波调制的光信号、超短光脉冲、编码调制的光信号等,另外光纤网络作为通信主干网建设情况较为完善,国内外的研究机构着眼于此,提出了若干很有发展前景的方案,进行了一些卓有成效的实验。而纵观世界各国,凡是没有自主可控并且占绝对优势天基授时系统的国家和地区,都投入了大量的资源,研究利用光网络的高精度钟源时间信号和高精度频率信号的传递和分发。

美军在20世纪70年代其天基系统成熟之前,为对其战略导弹实施精确导航定位,利用军用电缆网络在短距离实施了高精度传递,授时精度在10ns量级。从80年代后期开始,美国的喷气推进实验室就已开始研究设计利用光纤网络进行高等级时钟信号和频率信号的传递,用于构建美国航空航天局的航天测控导航网络,该授时网络的性能已在甚长基线干涉度量和阵列天线观测中得到验证。目前,美国航空航天局仍对其基于光纤网络的高精度时间频率传送网进行进一步的升级改造。

欧洲正在考虑利用光纤将所有的天文台互连,实施时间和频率的高度统一,其频率秒精度要达到10^{-15}以上,日稳定性在10^{-17}以上,目前法国和德国的相关单位已进行了相关的理论和实验研究。日本也十分重视利用光纤网进行高精度时间频率传递的研究工作。日本国家计量研究院、东京大学和横滨大学做了大量的理论和实验研究。

在国内,清华大学与国家计量院联合开展了光纤稳相双向微波频率传递技术研究,中科院国家授时中心开展了直接光频光纤频率传递技术研究,国防科技工业第二计量测试研究中心也开展了光纤频率传递技术的研究,主要是传递短稳标准。随着时间频率传递精度要求的提高,以及光钟的发展,光纤时间频率传递将是未来几年发展和研究的重点。

德国科学家在PTB与德国马克思·普朗克量子光学研究所(MPQ)之间实现了920km的194THz光频率传递,频率稳定度达到了$5\times10^{-15}/s$。光频率由锁定到超高精细度谐振腔的分布式反馈激光器产生,激光器的噪声可以得到有效的抑制,利用9个掺铒光纤放大器中继放大,获得了超常的传输距离,性能指标如图9.19所示。

波兰克拉科夫科技大学的Przemysław Krehlik等搭建了强度调制直接探测时间同步系统,用微波调制直流光,并使用光电探测器直接解调。利用此系统实现了双向比对法时间同步技术,并对影响传输精度的因素进行分析。

瑞典的K. Jaldehag等从2004年开始实施一项利用现有的光纤通信网络进行时间和频率信号传递的项目,在同步光纤网络上利用10Gb/s的OC-192/STM-64数据包,完成了精度为纳秒量级、传输距离为500km的时间信号传递。

日本NICT实验室的Miho Fujieda等研制出一种级联的频率分发系统,并利用该系统完成了1GHz信号114km的传输和10GHz信号90km的级联传输,其中10GHz信号传输的稳定度为$6\times10^{-18}/$天,具体性能如图9.20所示。

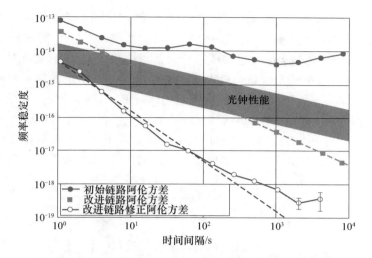

图9.19　PTB与MPQ之间光频传输性能指标（见彩图）

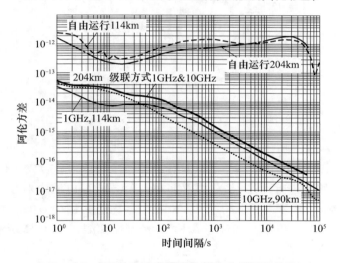

图9.20　NICT实验室级联的频率分发系统性能

西澳大利亚大学物理系的科学家利用光纤进行稳定微波频率的传递，主动稳定是利用链路对光纤的热、声、机械变化进行补偿来实现的，在实际100km的链路中，微波频率传递的秒稳定度可以达到$1.3×10^{-15}$。

波兰科学院空间研究中心宇航动力天文台和华沙测量中心办公室之间通过420km的光纤连接，可以完成国家时间与国际时间的原子钟比对。两个实验室都具有主动氢和铯钟，光纤比对了10MHz和1PPS信号，通过对光纤传播延迟的主动平衡实现时间频率传递，可以达到10ps以内的时间传递精度和$1×10^{-17}$/天的阿伦方差。

美国的Jonathan A. Cox等研制出一套全光飞秒脉冲时间同步系统。利用这个系统，实现了连续168h的精度为5fs的时间传递，传递距离为340m。系统中主激光器

215

是一个主动锁模掺铒光纤光孤子脉冲激光器,能够产生波长为1550nm重复频率为200MHz的超短脉冲,这个激光器被一个标准频率源驱动。在平衡互相关探测仪测得传输链路时延后,通过步进马达和压电控制器对链路进行调节,实现时间同步。传输链路由300m长的单模光纤和大约40m的色散补偿光纤组成。因为利用单模光纤传输100m以上时,三阶色散效应的影响不可忽略,而DCF可以很好地减小其带来的影响。由于系统环路损耗为12dB左右,需要加入双向的掺铒光纤放大器用来对脉冲信号进行放大。在传输链路的末端加入一个法拉第转镜,用来保持反射脉冲的偏振态,在转镜前面也加入一个偏振控制器来实现对偏振态的调节。时间传递性能如图9.21所示。

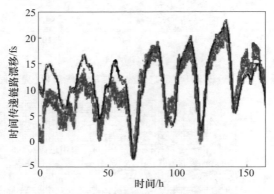

图9.21 全光飞秒脉冲时间同步系统时间传递性能

国内清华大学的研究人员将9.1GHz的频率信号和500Hz的时间信号分别调制到两个波长不同的激光器上,然后通过波分复用技术将两信号合成一路,在专门熔接的80km光纤链路上进行传递,并利用双向还回的方式在电域内对频率信号和时间信号进行噪声补偿,频率信号取得了7×10^{-15}的秒稳定度和5×10^{-19}的天稳定度,时间信号在平均50次后获得了50ps的传输精度,传递性能如图9.22所示。

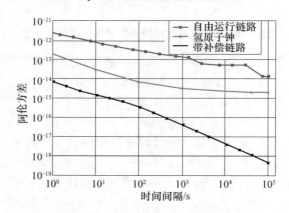

图9.22 清华大学时频传递装置的传递性能

表9.2给出了目前世界上研究光纤时频传递的机构获得的技术指标,我国与国际先进水平还有一定差距,但有较大发展潜力。

表9.2 目前世界上研究光纤时频传递的机构获得的技术指标

序号	研究机构	技术方案类型	距离	频率不确定度	时间传递精度
1	德国物理技术研究院 德国马克斯普朗克量子光学研究所	直接进行光频传输	920km	$5\times10^{-15}/s$ $1\times10^{-18}/(1000s)$ $4\times10^{-19}/天$	无
2	波兰克拉科夫科技大学	将单频微波与时间信号调制到光信号上	60km	$4\times10^{-14}/s$ $1.2\times10^{-17}/(10000s)$	15ps
3	NICT	将微波调制到光信号上	204km	$6\times10^{-14}/s$ $5\times10^{-17}/天$	无
4	西澳大利亚大学	将微波调制到光信号上	100km	$1.3\times10^{-15}/s$	无
5	波兰科学院空间研究中心宇航动力天文台	将单频微波与时间信号调制到光信号上	420km	$1.3\times10^{-17}/天$	10ps
6	美国麻省理工学院	飞秒脉冲测量传输时延	340m	无	5fs
7	日本国家计量院	将单频微波与时间信号调制到光信号上	100km	$1\times10^{-15}/s$	20ps
8	法国巴黎天文台	将单频微波与时间信号调制到光信号上	540km	$2\times10^{-18}/(30000s)$	250ps 长期波动<25ps
9	上海光机所	将单频微波与时间信号调制到光信号上	60km	$6.2\times10^{-14}/s$ $6.9\times10^{-18}/天$	23.3ps
10	清华大学 中国计量科学研究院	将单频微波与时间信号调制到光信号上	80km	$7\times10^{-15}/s$ $5\times10^{-19}/天$	50ps

具体地,作为时间频率传递领域研究的热门课题,光纤时频传递技术主要的研究方向包括主动稳相双向微波频率光纤传递、直接光频光纤传递、光纤时间信号传递技术和飞秒脉冲测量传输时延技术等。对于微波频率信号的光纤传输,双向锁相传输技术可以实现$10^{-15}/s$和$10^{-18}/天$量级的稳定度;光纤直接光学频率传输可以实现$10^{-16}/s$甚至更高量级的传递稳定度;利用光纤进行时间传递可以实现数十皮秒的传递精度;牺牲传输距离指标,利用飞秒脉冲可以获得飞秒量级的传输精度。

综上所述,光纤网络作为通信网的主干部分,具有容量大、速率高、温度系数小、稳定性好、损耗低等诸多特性,在国防计量领域可以很好地承担主干传输网络的角色。展望军工时频传递与校准网络的发展,一方面,使用光纤作为传输链路可以很好地与光频标进行匹配,利用光纤授时在精度和稳定度方面的巨大潜在优势,可以保证时频传递网络的高精度和高稳定度。另一方面,国防计量领域有着安全保密、抗干扰性强、稳定性强的特殊要求,建立可多点下载的高精度光频传输系统可以圆满地实现国防最高计量站和各次级时间标准计量站等之间的时间比对、频率分发等。光纤时间频率传递技术必将引领即将到来的远程校准技术革新。

9.6 北斗卫星授时技术改变中国时间服务格局

北斗卫星导航系统是我国自主研发、独立运行的卫星导航系统,2012年10月25日我国成功将第16颗北斗导航卫星送入预定轨道,标志着我国北斗卫星导航系统区域组网顺利完成,具备了在亚太地区进行导航授时服务的能力。依托于我国北斗卫星导航系统建立时间传递链路成为国内各时频实验室研究的重点。当前北斗二号系统稳定运行,成为我国时间服务的最主要的手段。此外,北斗三号卫星自2017年后开始密集发射,到2020年完成全球组网计划,北斗系统将可覆盖全球,定位精度可达2.5m,标准授时精度可达10ns[16-17]。

我国北斗二号卫星导航系统可提供单向50ns(RNSS)、双向10ns(RDSS)的高精度授时服务。基于北斗的卫星共视技术可以提供优于5ns的高精度时间传递服务,北斗精密单点定位技术则可以提供1ns左右的更高精度的时间传递服务[18-20]。2012年开展了北斗二号系统多频点定时试验,结果表明,北斗B1/B2频点定时精度优于20ns,B3频点定时精度优于10ns。

北斗共视原理与GPS共视基本一致,考虑到我国北斗卫星导航系统还具有短报文通信功能,这为建立远距离时间传递链路和实时数据传输链路的一体化设计提供了有利的条件,这也是与其他导航系统相比北斗所具备的特色优势之一,图9.23为利用北斗RNSS共视、RDSS短报文通信功能来进行北斗实时共视的技术原理框图。

依托于我国北斗卫星导航系统,我们可以进一步发展北斗载波相位共视法、北斗全视法等。当前北斗全球系统正在进一步建设中,预计2020年左右将可为全球用户提供10ns量级的授时服务。随着我国北斗卫星导航系统的不断完善,北斗时间频率传递技术的日趋成熟,北斗卫星导航系统必将在时频传递领域发挥重大作用,北斗授时服务将成为我国时频服务的主力军。

9.7 结 束 语

近10年来,我国时间频率领域取得了非常快速的发展,我国在许多关键领域取得了较大的突破。

光钟研制方面,中科院武汉物理与数学研究所、中国计量科学研究院、国家授时中心、华东师范大学、华中科技大学、清华大学、北京大学相继开展了光钟项目研究。目前中科院武汉物理与数学研究所已成功研制出Ca离子光钟,但其连续运行时间较短,暂不具备工程应用条件。中国计量科学研究院及北京大学还在持续研究。近几年,我国国产原子钟也取得较大的发展。中科院上海天文台、北京无线电计量与测

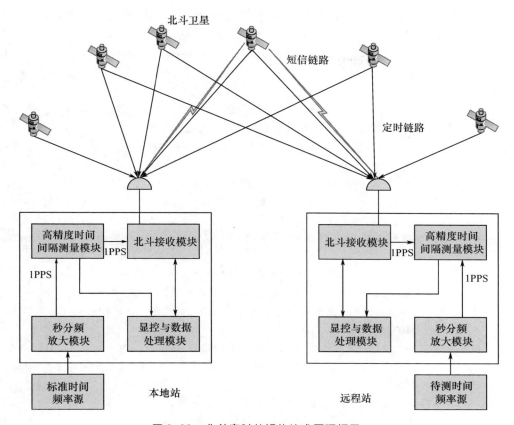

图 9.23　北斗实时共视的技术原理框图

试研究所等单位研制的氢原子钟性能指标有较大提升,可以达到小系数 10^{-15} 量级,可以达到守时型原子钟的基本要求。

国内的 4 家主要时频实验室性能水平也在不断提升。北京卫星导航中心、中国计量科学研究院、中科院国家授时中心、北京无线电计量与测试研究所的钟组质量在提高,数量在增加,国内多家实验室之间的比对链路在完善和提高,为未来建立中国统一的标准时间奠立了良好的基础。

我国北斗二号工程建设与运行,在中国及周边地区提供了连续稳定的高精度授时服务,已成为我国最主要的授时手段。目前,北斗全球系统已经正式开通服务,可为全球用户提供 10ns 量级的授时服务。

高精度时频技术在国内许多关键领域得到越来越多的重视和应用。如我国的电力系统、通信系统、金融系统、交通系统、国防建设等方面。我国时频的产业体系也在逐渐形成,从原子钟、时统系统、时统终端、时统模块、时统芯片等各类设备都在快速的发展。

国家时间频率体系建设也已经开展了广泛深入的论证,并逐步推进到实施阶段。

可以预见,在未来的若干年,我国的时间频率技术、设备、系统、性能必将跨上新的台阶,进入世界前沿行列。

参考文献

[1] 王义遒. 原子钟与时间频率系统[M]. 北京:国防工业出版社,2012.

[2] 泰瑞·奎恩. 从实物到原子——国际计量局与终极计量标准的探寻[M]. 张玉宽,译. 北京:中国质检出版社,2015.

[3] 王倩,魏荣,王育竹. 原子喷泉频标:原理与发展[J]. 物理学报,2018,67(16):154-170.

[4] 阮军,王心亮,刘丹丹,等. 铯原子喷泉钟 NTSC-F1 研制进展[J]. 时间频率学报,2016,39(3):138-149.

[5] 林睿. 铯原子喷泉钟冷原子碰撞频移的测量研究[D]. 北京:中国科学院大学(中国科学院国家授时中心),2017.

[6] 林弋戈,方占军. 锶原子光晶格钟[J]. 物理学报,2018,67(16):124-144.

[7] 管桦,黄垚,李承斌,等. 高准确度的钙离子光频标[J]. 物理学报,2018,67(16):172-181.

[8] 常宏,张首刚. 中国科学院国家授时中心光晶格锶原子光频标研究进展[J]. 时间频率学报,2016,39(3):150-161.

[9] 姜海峰. 超稳光生微波源研究进展[J]. 物理学报,2018,67(16):83-105.

[10] 赵文宇,姜海峰,张首刚. 铯原子喷泉钟低噪声频率综合器的研制[J]. 时间频率学报,2008,31(2):81-85.

[11] 王学运,王海峰,张升康,等. 全新卫星双向时间比对调制解调器设计[J]. 电子学报,2017,45(10):2555-2560.

[12] 荆文芳,卢晓春,刘枫,等. 卫星双向载波相位时间频率传递及其误差分析[J]. 测绘学报,2014,43(11):1118-1126.

[13] 王力军. 超高精度时间频率同步及其应用[J]. 物理,2014,43(6):360-363.

[14] 刘涛,刘杰,邓雪,等. 光纤时间频率信号传递研究[J]. 时间频率学报,2016,39(03):207-215.

[15] 陈炜,程楠,刘琴,等. 275km 京沪光纤干线高精度时频传递研究[J]. 中国激光,2016,43(7):205-212.

[16] 杨长风. 中国北斗导航系统综合定位导航授时体系发展构想[J]. 中国科技产业,2018(6):32-35.

[17] 杨元喜,许扬胤,李金龙,等. 北斗三号系统进展及性能预测——试验验证数据分析[J]. 中国科学:地球科学,2018,48(5):584-594.

[18] 殷龙龙. 基于 PPP 在线时间比对技术研究[D]. 北京:中国科学院研究生院(国家授时中心),2015.

[19] 杨帆. 基于北斗 GEO 和 IGSO 卫星的高精度共视时间传递[D]. 北京:中国科学院研究生院(国家授时中心),2013.

[20] 广伟. GPS PPP 时间传递技术研究[D]. 北京:中国科学院研究生院(国家授时中心),2012.

缩 略 语

ACES	Atomic Clock Ensemble in Space	空间原子钟组
ACTS	Automated Computer Time Service	计算机电话时间服务系统
ADEV	Allan Deviation	Allan 方差平方根
AltBOC	Alternate Binary Offset Carrier	交替二进制偏移载波
APL	The Johns Hopkins University Applied Physical Laboratory	约翰·霍普金斯大学应用物理实验室
AVAR	Allan Variance	Allan 方差
BCRS	Barycentric Celestial Reference System	（太阳系）质心天球参考系
BDS	BeiDou Navigation Satellite System	北斗卫星导航系统
BDT	BDS Time	北斗时
BIH	Bureau International de l'Heure	国际时间局
BIPM	Bureau International des Poids et Mesures	国际计量局
BIRM	Beijing Institute of Radiation Measurement	北京无线电计量测试研究所
BOC	Binary Offset Carrier	二进制偏移载波
BRS	Barycentric Reference System	（太阳系）质心参考系
BSNC	Beijing Satellite Navigation Center	北京卫星导航中心
CGPM	General Conference on Weights and Measures	国际计量大会
CS	Central Synchronize	中央同步器
CV	Common View	共视
DARPA	Defense Advanced Research Projects Agency	美国国防高级研究计划局
DME	Doppler Measurement Error	多普勒测量误差
DPN	Dual Pseudo-Random Noise	双伪随机噪声
EAL	Free Atomic Time Scale/Échelle Atomique Libre	自由原子时
ET	Ephemeris Time	历书时
FFM	Flicker FM	调频闪变噪声
FPM	Flicker PM	调相闪变噪声
FSDU	Frequency Standard Distribution Unit	频标分布单元
GCC	Galileo Control Center	Galileo 控制中心
GCRS	Geocentric Celestial Reference System	地心天球参考系

GEO	Geostationary Earth Orbit	地球静止轨道
GGTO	GPS to Galileo Time Offset	GPS 与 Galileo 系统时间偏差
GLONASS	Global Navigation Satellite System	（俄罗斯）全球卫星导航系统
GLONASST	GLONASS Time	GLONASS 时
GNSS	Global Navigation Satellite System	全球卫星导航系统
GNSST	Global Navigation Satellite System Time	GNSS 时
GPS	Global Positioning System	全球定位系统
GPST	GPS Time	GPS 时
GRS	Geocentric Reference System	地心（非旋转）参考系
GST	Galileo System Time	Galileo 系统时
HDEV	Hadamard Deviation	Hadamard 方差平方根
HVAR	Hadamard Variance	Hadamard 方差
IAU	International Astronomical Union	国际天文学联合会
ICD	Interface Control Document	接口控制文件
IEEE	Institute of Electrical and Electronics Engineers	电气与电子工程师协会
IERS	International Earth Rotation and Referece Systems Service	国际地球自转参考系服务
IGS	International GNSS Service	国际 GNSS 服务
IGSO	Inclined Geosynchronous Orbit	倾斜地球同步轨道
IMVP	Institute of Metrology for Time and Space	俄罗斯时间计量与空间研究所
INRIM	Istituto Nazionale di Ricerca Metrologica	意大利国家计量院
INS	Inertial Navigation System	惯性导航系统
IODC	Issue of Data Clock	钟数据龄期
IRIG	Interrange Instrumentation Group	靶场仪器组
ITU	International Telecommunication Union	国际电信联盟
iGMAS	International GNSS Monitoring and Assessment System	国际 GNSS 监测评估系统
JST	Japan Standard Time	日本标准时间
LNE-SYRTE	Laboratoire National de Métrologie et d'Essais, Systèmesde Référence Temps Espace	法国时间空间参考国家计量实验室
MBOC	Multiplexed Binary Offset Carrier	复用二进制偏移载波
MC	Master Clock	主钟
MDEV	Modified Allan Deviation	改进 Allan 方差平方根
MEO	Medium Earth Orbit	中圆地球轨道
MHVAR	Modified Hadamard Variance	改进 Hadamard 方差

MJD	Modified Julian Day	修正儒略日
MOT	Magnetic Optical Trap	磁光阱
MOY	Minute of Year	年内分钟计数
MPQ	Max Planck Institute of Quantum Optics	马克思·普朗克量子光学研究所
MVAR	Modified Allan Variance	改进 Allan 方差
NICT	National Institute of Information and Communication Technology	日本国家情报通信研究所
NIM	National Institute of Metrology	中国计量科学研究院
NIST	National Institute of Standards and Technology	美国国家标准技术研究院
NMIJ	National Metrology Institute of Japan	日本国家计量院
NPL	National Physical Laboratory	英国国家物理实验室
NRC	National Research Council of Canada	加拿大国家研究委员会
NRL	Naval Research Laboratory	美国海军研究实验室
NTP	Network Time Protocol	网络时间协议
NTSC	National Time Service Center	中国科学院国家授时中心
OM	Optical Molasses	光学黏胶
OP	Observotpire de Paris	巴黎天文台
PCS	Phase Controlled System	相位控制系统
PDOP	Position Dilution of Precision	位置精度衰减因子
PFS	Primary Frequency Standard	频率基准装置
PNT	Positioning, Navigation and Timing	定位、导航与授时
PPP	Precise Point Positioning	精密单点定位
PPS	Pulse Per Second	秒脉冲
PSD	Power Spectral Density	功率谱密度
PSTN	Public Switched Telephone Network	公共交换电话网络
PTB	Physikalisch-Technische Bundesanstalt	(德国)物理技术研究院
PTF	Precision Timing Facility	精密定时单元
PTP	Precision Time Protocol	精密时间协议
PVT	Position, Velocity and Time	位置、速度和时间
RAFS	Rubidium Atomic Frequency standard	铷原子频标
RDSS	Radio Determination Satellite Service	卫星无线电测定业务
RMS	Root Mean Square	均方根
RNSS	Radio Navigation Satellite Service	卫星无线电导航业务
RRFM	Random Run FM	调频随机奔跑噪声

RTK	Real Time Kinematic	实时动态
RWFM	Random Walk FM	调频随机游走噪声
SCC	Sytem Control Center	系统控制中心
SI	Système International d'Unités	国际单位制
SIS	Signal in Space	空间信号
SOW	Seconel of Week	周内秒计数
TA	Temps Atomique	原子时
TAI	International Atomic Time	国际原子时
TCB	Barycentric Coordinate Time	质心坐标时
TCG	Geocentric Coordinate Time	地心坐标时
TDB	Barycentric Dynamical Time	质心力学时
TDOP	Time Dilution of Precision	时间精度衰减因子
TDT	Terrestrial Dynamical Time	地球力学时
TKS	Time Keeping System	时间保持系统
TOA	Time of Arrival	到达时间
TOD	Time of Day	日期时间
TRS	Terrestrial Reference System	地球（地固）参考系
TSP	Time Service Provider	时间服务提供商
TT	Terrestrial Time	地球时
TWSTFT	Two-Way Satellite Time and Frequency Transfer	卫星双向时间频率传递
UEE	User Equipment Error	用户设备误差
UERE	User Equivalent Range Error	用户等效距离误差
URE	User Range Error	用户测距误差
USNO	United States Naval Observatory	美国海军天文台
UT	Universal Time	世界时
UTC	Coordinated Universal Time	协调世界时
WFM	White FM	调频白噪声
WN	Week Number	整周计数
WPM	White PM	调相白噪声
YN	Year Number	年计数